高等学校土木工程专业卓越工程师教育培养计划系列规…

# 钢结构课程实践与创新能力训练

董　军　唐柏鉴　邵建华　编著

曹平周　夏长春　主审

WUHAN UNIVERSITY PRESS

武汉大学出版社

图书在版编目(CIP)数据

钢结构课程实践与创新能力训练/董军,唐柏鉴,邵建华编著.—武汉:武汉大学出版社,
2015.2
高等学校土木工程专业卓越工程师教育培养计划系列规划教材
ISBN 978-7-307-14752-2

Ⅰ.钢…　Ⅱ.①董…　②唐…　③邵…　Ⅲ.钢结构—高等学校—教学参考资料　Ⅳ.TU391

中国版本图书馆 CIP 数据核字(2014)第 257657 号

责任编辑:蔡　巍　鲁周静　　责任校对:邓　瑶　　装帧设计:吴　极

出版发行:**武汉大学出版社**　(430072　武昌　珞珈山)
　　　　　(电子邮件:whu_publish@163.com　网址:www.stmpress.cn)
印刷:武汉科源印刷设计有限公司
开本:880×1230　1/16　印张:15.25　字数:552千字　插页:8
版次:2015 年 2 月第 1 版　　2015 年 2 月第 1 次印刷
ISBN 978-7-307-14752-2　　定价:33.00 元

高等学校土木工程专业卓越工程师教育培养计划系列规划教材

## 学术委员会名单
（按姓氏笔画排名）

主 任 委 员：周创兵

副主任委员：方　志　　叶列平　　何若全　　沙爱民　　范　峰　　周铁军　　魏庆朝

委　　　员：王　辉　　叶燎原　　朱大勇　　朱宏平　　刘泉声　　孙伟民　　易思蓉
　　　　　　周　云　　赵宪忠　　赵艳林　　姜忻良　　彭立敏　　程　桦　　靖洪文

## 编审委员会名单
（按姓氏笔画排名）

主 任 委 员：李国强

副主任委员：白国良　　刘伯权　　李正良　　余志武　　邹超英　　徐礼华　　高　波

委　　　员：丁克伟　　丁建国　　马昆林　　王　成　　王　湛　　王　媛　　王　薇
　　　　　　王广俊　　王天稳　　王曰国　　王月明　　王文顺　　王代玉　　王汝恒
　　　　　　王孟钧　　王起才　　王晓光　　王清标　　王震宇　　牛荻涛　　方　俊
　　　　　　龙广成　　申爱国　　付　钢　　付厚利　　白晓红　　冯　鹏　　曲成平
　　　　　　吕　平　　朱彦鹏　　任伟新　　华建民　　刘小明　　刘庆潭　　刘素梅
　　　　　　刘新荣　　刘殿忠　　闫小青　　祁　皑　　许　伟　　许程洁　　许婷华
　　　　　　阮　波　　杜　咏　　李　波　　李　斌　　李东平　　李远富　　李炎锋
　　　　　　李耀庄　　杨　杨　　杨志勇　　杨淑娟　　吴　昊　　吴　明　　吴　轶
　　　　　　吴　涛　　何亚伯　　何旭辉　　余　锋　　冷伍明　　汪梦甫　　宋固全
　　　　　　张　红　　张　纯　　张飞涟　　张向京　　张运良　　张学富　　张晋元
　　　　　　张望喜　　陈辉华　　邵永松　　岳健广　　周天华　　郑史雄　　郑俊杰
　　　　　　胡世阳　　侯建国　　姜清辉　　娄　平　　袁广林　　桂国庆　　贾连光
　　　　　　夏元友　　夏军武　　钱晓倩　　高　飞　　高　玮　　郭东军　　唐柏鉴
　　　　　　黄　华　　黄声享　　曹平周　　康　明　　阎奇武　　董　军　　蒋　刚
　　　　　　韩　峰　　韩庆华　　舒兴平　　童小东　　童华炜　　曾　珂　　雷宏刚
　　　　　　廖　莎　　廖海黎　　缪宇宁　　黎　冰　　戴公连　　戴国亮　　魏丽敏

## 出版技术支持
（按姓氏笔画排名）

项 目 团 队：王　睿　　白立华　　曲生伟　　蔡　巍

# 特别提示

教学实践表明,有效地利用数字化教学资源,对于学生学习能力以及问题意识的培养乃至怀疑精神的塑造具有重要意义。

通过对数字化教学资源的选取与利用,学生的学习从以教师主讲的单向指导的模式而成为一次建设性、发现性的学习,从被动学习而成为主动学习,由教师传播知识而到学生自己重新创造知识。这无疑是锻炼和提高学生的信息素养的大好机会,也是检验其学习能力、学习收获的最佳方式和途径之一。

本系列教材在相关编写人员的配合下,将逐步配备基本数字教学资源,其主要内容包括:

## 课程教学指导文件

(1)课程教学大纲;

(2)课程理论与实践教学时数;

(3)课程教学日历:授课内容、授课时间、作业布置;

(4)课程教学讲义、PowerPoint 电子教案。

## 课程教学延伸学习资源

(1)课程教学参考案例集:计算例题、设计例题、工程实例等;

(2)课程教学参考图片集:原理图、外观图、设计图等;

(3)课程教学试题库:思考题、练习题、模拟试卷及参考解答;

(4)课程实践教学(实习、实验、试验)指导文件;

(5)课程设计(大作业)教学指导文件,以及典型设计范例;

(6)专业培养方向毕业设计教学指导文件,以及典型设计范例;

(7)相关参考文献:产业政策、技术标准、专利文献、学术论文、研究报告等。

**本书基本数字教学资源及读者信息反馈表请登录www.stmpress.cn下载,欢迎您对本书提出宝贵意见。**

# 丛 书 序

　　土木工程涉及国家的基础设施建设,投入大,带动的行业多。改革开放后,我国国民经济持续稳定增长,其中土建行业的贡献率达到 1/3。随着城市化的发展,这一趋势还将继续呈现增长势头。土木工程行业的发展,极大地推动了土木工程专业教育的发展。目前,我国有 500 余所大学开设土木工程专业,在校生达40 余万人。

　　2010 年 6 月,中国工程院和教育部牵头,联合有关部门和行业协(学)会,启动实施"卓越工程师教育培养计划",以促进我国高等工程教育的改革。其中,"高等学校土木工程专业卓越工程师教育培养计划"由住房和城乡建设部与教育部组织实施。

　　2011 年 9 月,住房和城乡建设部人事司和高等学校土建学科教学指导委员会颁布《高等学校土木工程本科指导性专业规范》,对土木工程专业的学科基础、培养目标、培养规格、教学内容、课程体系及教学基本条件等提出了指导性要求。

　　在上述背景下,为满足国家建设对土木工程卓越人才的迫切需求,有效推动各高校土木工程专业卓越工程师教育培养计划的实施,促进高等学校土木工程专业教育改革,2013 年住房和城乡建设部高等学校土木工程学科专业指导委员会启动了"高等教育教学改革土木工程专业卓越计划专项",支持并资助有关高校结合当前土木工程专业高等教育的实际,围绕卓越人才培养目标及模式、实践教学环节、校企合作、课程建设、教学资源建设、师资培养等专业建设中的重点、亟待解决的问题开展研究,以对土木工程专业教育起到引导和示范作用。

　　为配合土木工程专业实施卓越工程师教育培养计划的教学改革及教学资源建设,由武汉大学发起,联合国内部分土木工程教育专家和企业工程专家,启动了"高等学校土木工程专业卓越工程师教育培养计划系列规划教材"建设项目。该系列教材贯彻落实《高等学校土木工程本科指导性专业规范》《卓越工程师教育培养计划通用标准》和《土木工程卓越工程师教育培养计划专业标准》,力图以工程实际为背景,以工程技术为主线,着力提升学生的工程素养,培养学生的工程实践能力和工程创新能力。该系列教材的编写人员,大多主持或参加了住房和城乡建设部高等学校土木工程学科专业指导委员会的"土木工程专业卓越计划专项"教改项目,因此该系列教材也是"土木工程专业卓越计划专项"的教改成果。

　　土木工程专业卓越工程师教育培养计划的实施,需要校企合作,期望土木工程专业教育专家与工程专家一道,共同为土木工程专业卓越工程师的培养作出贡献!

　　是以为序。

2014 年 3 月于同济大学四平路校区

# 前　言

　　本书是"高等学校土木工程专业卓越工程师教育培养计划教学改革研究与课程教材示范建设项目"成果之一。本书遵循土木工程卓越工程师教育培养计划的精神和原则,在总结作者多年钢结构教学经验和广泛调研钢结构行业发展的基础上,经专题研究而成。本书既可作为高等学校土木工程专业本科生教材或学生自学参考书,又可供相关工程技术人员参考。

　　卓越工程师教育培养计划对学生的实践能力和创新能力提出了更高、更明确的要求,结合课程加强对学生实践能力和创新能力的培养是亟待探索的重要课题。钢结构作为建筑业最重要和最有前景的部分,行业发展十分迅速,对人才的需求十分旺盛,尤其是大量钢结构工程不但规模宏大,而且技术难度高、创新性强,对钢结构人才的实践能力和创新能力提出了越来越高的要求。而现有钢结构教学体系对学生实践能力的培养还不够系统深入,对创新能力的培养还十分薄弱,必须切实加强。

　　本书围绕有效加强学生钢结构实践能力和创新能力的培养展开。全书共分7章,第1章为实践与实践能力训练,介绍实践能力的概念、钢结构实践能力的内涵以及提高钢结构实践能力的途径;第2章为创新与创新能力训练,介绍创新能力的概念、内涵以及培养创新能力的策略;第3章为专业课堂训练——钢结构施工详图设计,介绍钢结构施工详图设计基础知识,通过对常见的轻型门式刚架结构和钢框架结构详图设计进行详细的案例分析,帮助学习者有效培养钢结构详图的设计能力;第4章为工学结合训练——钢构件制作训练,在介绍钢构件制作基础知识的基础上,详细介绍典型构件的制作流程和方法,对常见的钢结构门式刚架、框架和网架进行详细的案例分析,以帮助学习者有效培养从事钢构件制作需要的技术和能力;第5章为场学结合训练——钢结构安装训练,围绕门式刚架、框架、网架这三种常见的结构形式,介绍多种钢结构的安装方法,并给出了详细的案例,便于有效培养学习者从事钢结构安装所需的综合能力;第6章为实验室训练,通过介绍典型的钢结构课程实验,提供钢结构课程实验室训练的示范;第7章为创新能力训练,通过对预应力钢结构、自适应结构、高层消能隔震结构等非传统结构原理及构成的介绍,提供钢结构课程创新能力培养的示范。为便于读者学习、思考和教师组织研讨,每章最后附有独立思考。

　　本书由南京工业大学董军,江苏科技大学唐柏鉴、邵建华编著;江苏科技大学沈超明、裴星洙、王飞,南京工业大学彭洋、池沛参与了部分编写工作。

　　本书是对钢结构教学改革的一次全新尝试,由董军教授提出基本思路,同时联合唐柏鉴副教授拟订编写大纲,经课题组成员讨论后分头负责开展相关研究。课题组调研了相关高校和典型钢结构企业,进行了多次深入交流研讨,最终形成了本书。其中第1、2章由董军、唐柏鉴编写;第3、4、5章由邵建华、唐柏鉴编写;第6章主要由唐柏鉴编写,其中沈超明编写了6.5节;第7章主要由唐柏鉴、董军编写,其中彭洋和池沛编写了7.2节,裴星洙编写了7.3节,王飞编写了7.5节,鲁班公司谈健息提供了7.6节中的部分工程图。全书由董军统稿,对各章尤其是课前导读和独立思考等关键部分进行了反复推敲,希望能奉献给广大读者一本精品教材。

　　河海大学曹平周教授、南京市建筑设计研究院有限责任公司夏长春总工程师担任本书主审,提出了很多宝贵的意见。

　　在本书编写过程中,编著者参阅、借鉴和引用了许多优秀教材、专著和文献资料,同时,也引用了多个高校的教学资料,在此一并致以诚挚的谢意。

　　由于作者的学识和能力有限,书中难免存在疏漏和不妥之处,恳请读者批评指正。

董军

2014 年 3 月 10 日于南京工业大学地坤楼

# 目　　录

# 1

# 实践与实践能力训练

## 课前导读

▽ 内容提要

培养和提高土木工程专业大学生钢结构方面的工程实践能力，首先要科学掌握钢结构实践能力的内涵和培养途径。本章从实践与实际能力的基本原理出发，建立钢结构实践能力培养的科学依据。

▽ 能力要求

通过本章的学习，学生应熟悉在校期间的实践环节，并从概念上了解钢结构工程设计、制作、安装的一般流程。

# 1.1  实 践 能 力  >>>

### 1.1.1  实践及实践能力的基本概念

实践是指在认识指导下解决问题的过程。人的一切外在的、客观性的活动都可以称为实践活动。实践活动是人的社会性的表现形式,人的生存价值就体现在实践活动中。

实践能力是指人们运用已有的知识和技能有目的地解决实际问题过程中所表现出来的能力和素质。实践能力以其解决问题的层次和质量为衡量指标。实践能力具有如下基本特征:① 实践能力是人们在实践过程中形成和发展起来的;② 实践能力可以在人的一生中保持持续的发展态势;③ 实践能力虽然与认识能力有一定的关系,但认识能力强并不意味着实践能力强,比如某个个体在学业方面表现出较高的水平,但不一定能顺利解决实际问题,反之亦然。

### 1.1.2  实践能力内部结构

实践能力是一个复杂而统一的身心能量系统,包含实践动机、一般实践能力、专项实践能力和情境实践能力 4 个基本构成要素。实践能力的基本构成要素如图 1-1 所示。

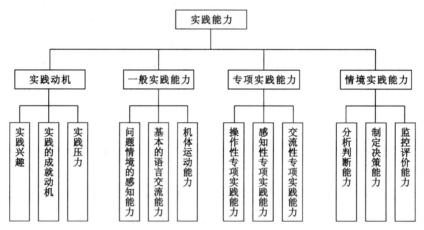

图 1-1  实践能力的基本构成要素

实践动机是指由实践目标或实践对象所引导、激发和维持的个体活动的内在心理过程或内部动力。适度的动机有助于提高完成工作任务的效率。实践动机是人类实践活动的前提,对个体的实践活动具有激活、指向、维持和调整的功能。实践动机能够推动个体参加实践活动,促使个体将认识转化为实践;实践动机能使个体的实践活动指向一定的对象或目标;实践动机有助于个体维持其进行的实践活动。实践动机主要由实践兴趣、实践的成就动机和实践压力构成。实践兴趣是个体从事实践活动的心理倾向。实践兴趣一旦形成,个体就会对实践活动产生积极的情感体验。实践兴趣也会随着实践活动的顺利进行而不断被强化。实践的成就动机是个体希望从事对他有重要意义的、有一定困难的、具有挑战性的实践活动,在活动中能取得优异的成绩,并能超过他人的动机。实践的成就动机对个体实践的效果有重要作用。实践压力是指客观环境对个体施加的参与实践的要求,它迫使个体从事实践活动。实践压力具有一定的外在性和情境性,它不是个体内在的心理需要,但却可以转化为个体内在的实践动机。在实践动机的三个构成中,实践兴趣和实践的成就动机占主导地位,实践压力也可以激起个体的实践活动,但是它唯有在转化成实践兴趣或实践的成就动机时,才具有维持个体主动参与实践的功能。

一般实践能力包括个体在实践中的基本生理和心理机能,构成个体实践能力的生理和心理基础。简而言之,一般实践能力就是个体解决各种实际问题需要的最基本的能力和素质,包括问题情境的感知能力、机体运动能力和基本的语言交流能力。它不指向解决具体问题,但却影响个体问题解决的效果。其测量指标有感知、动作灵敏性、精确性、定时性以及各种感知、动作的协调性和稳定性,还有语言表达的流畅性和准确性。

专项实践能力指个体在解决问题中所表现出来的专项技能。任何一项具体任务的解决都包含某些专项实践能力。它是在认识指导下的运用各种感知能力和肢体运动能力完成具体任务的能力,包括操作性专项实践能力、感知性专项实践能力和交流性专项实践能力。因为解决专项任务的过程、方法是相对固定的,受情境因素影响较少,所以专项实践能力的形成,要求学习者具有恒心和毅力。

一般实践能力与专项实践能力之间既有明显的区别,也存在密切的联系。就区别而言,一般实践能力不指向解决具体问题,但专项实践能力包含解决具体问题的专门取向。一般实践能力是个体在诸多实践领域中必须具备的,是在多个实践领域中运用频率较高的那部分实践能力;专项实践能力是在某个或某些特定实践情境中为解决特定问题所需要的专门实践能力。一般实践能力的发展水平对个体的实践能力有长远的、全面的和基础性的影响。一般实践能力具有普遍性和概括性,专项实践能力则具有具体性和针对性。因此,专项实践能力较一般实践能力更易测量和评估。就联系而言,一般实践能力是专项实践能力的前提和基础。一般而言,如果个体的一般实践能力因素有缺陷或发展水平不高,那么其专项实践能力的发展必然受到限制或影响。但不是说必须等到个体一般实践能力发展成熟后,才能开始从事专项实践活动。在一般实践能力发展的不同阶段,个体需要从事与之匹配的专项实践活动,从而使其一般实践能力和专项实践能力都得到强化和提高。

情境实践能力是指在具体、真实的情境中,实践者根据自身能力和具体情境条件的相互关系,恰当地决定行动路线并付诸实现的能力要素。专项实践能力与情境实践能力的区别在于:前者指的是解决某一问题所需要的专门技能要素,实践者如果没有这些技能要素,就很难解决问题。而情境实践能力指的是,当实践者面临具体情境中的具体问题时,在综合考虑包括动机、一般实践能力基础、专项实践能力水平和环境条件的匹配关系后,作出行动决定并具体实施的能力要素。正是由于情境实践能力的情境性,因此情境实践能力与现实情境变化有直接的关系,在解决实际问题中,参与问题解决的情境实践能力的各种要素成分最多,是解决问题的核心能力,也是实践能力的重要构成要素。

可见,对于解决问题来说,实践动机、一般实践能力、专项实践能力和情境实践能力缺一不可。以为邻居刘大妈修理电灯这一任务为例,帮助有困难的人是实践者的内在动机;具有基本攀登能力和交流本领是一般实践能力;会使用电笔则是专项实践能力;而决定是单独修理还是请人协助,并具体实施则属于情境实践能力。

### 1.1.3 实践能力培养策略

实践能力的培养应当以实践能力的内部结构为依据,基于上述实践能力构成要素的分析,对大学生实践能力培养可得到如下启示。

① 激发学生的实践动机是培养学生实践能力不可缺少的前提条件。

实践动机是个体从事实践活动的原动力。没有相应的实践动机,个体根本不可能从事实践活动。因为实践能力是个体在实践过程中产生和发展起来的,所以缺少实践动机的个体的实践水平注定是有限的。因此,应当把培养学生的实践动机作为培养学生实践能力不可缺少和必须首先启动的重要内容。首先,要善于给予学生适度的实践压力,使学生能在教师的要求下参与相应的实践活动。其次,要善于保护学生参与实践的兴趣。可以说,任何健康的生活、生产和社会性实践兴趣对学生实践能力的培养都有重要意义。最后,要善于提升学生的实践成就动机。实践成就动机源于主体获得认可、称赞的内在需要。对学生来说,从一个成功实践走向另一个成功实践,更容易激发起他们不断实践和探索的欲望。

② 关注学生生理和心理素质综合协调发展是促进学生实践能力发展的基础性条件。

如前所述,个体相关的基本生理和心理发展水平(一般实践能力),是构成个体实践能力的重要基础。

当前我国高等教育这方面存在的问题是:仅仅重视与学习有关的心理素质的发展,忽视其他心理和生理素质的协调发展,解决问题的能力得不到应有发展。

③ 在解决具体问题过程中,实施具有针对性的专门训练是提高学生实践能力的重要途径。

解决任何一个具体问题几乎都包含有相应的专项技能。专业化水平越高的领域,要求实践者具备的专项技能的项目越多,水平和层次越高。因此,专项技能构成了实践能力必不可少的结构要素。不同实践领域所需要的专项实践能力因素不尽相同,但一些专项技能尤其是同一实践领域的专项技能是可迁移的。因此,要提高学生的实践能力,培养其专项实践能力十分必要。依据学生的兴趣,提高他们与职业相关的专项实践能力。每一种职业都要求就职者具备相应的专项技能,而就职者专项技能的水平又直接影响其工作绩效。个体在很早就具备一个或几个领域的专业潜质,教育者以学生的潜质和职业兴趣为出发点,有的放矢地增强其与职业相关的专项实践能力,必然会为学生日后在各自的岗位上表现出高水平的实践能力打下坚实的基础。

④ 在真实的情境中提出解决真实问题的要求和条件,是提高学生实践能力的关键环节。

在具体情境中解决一个真实问题是非常紧张而复杂的过程,因为真实的问题往往受诸多条件的影响和制约,要求实践者具备相应的实践动机、一般实践能力、专项实践能力。情境实践能力是在反复实战的基础之上,才能最终达到实践者对自身能力与具体情境关系的评估非常切合实际,对实践过程中各环节可能遇到的困难作出详尽的预案,在实践中能瞬间对突发的问题作出准确的判断和决策。教育者应当向学生提供各种丰富、真实的问题情境,让他们在切实解决问题的过程中,锤炼其情境实践能力。实际上,这样的问题情境随时随处都会出现,只要教育者用心发现、合理利用,它们都可以成为培养学生情境实践能力的教育契机。

上面从实践能力的内部结构,讨论了实践能力的培养策略。若外化到大学生的实践过程,依据上述实践能力理论,大学生实践能力培养的方法还可以进一步具体化。一个完整的实践活动过程,包括实践动机启动过程、问题表征过程、问题分析过程、解决方案的选择与设计过程、解决方案的执行过程、问题解决中的监控和评价过程。那么,大学生实践能力是指大学生完成一个完整的实践过程所必须具有的条件,包括实践兴趣、理解力、策划力、执行力、表达力。

实践兴趣是大学生实践能力中的先导性因素。通过观察、感知各种实践场景而产生的兴趣是感觉兴趣,这种兴趣是原始的,一般是不稳定、不持久的;通过亲自动手操作来获得实践现象所产生的兴趣是操作兴趣,只要能按既定的操作步骤,把相关的实践现象"做"出来,这种兴趣就可以得到满足;通过探究实践现象产生的原因和规律而形成的一种实践兴趣是探究兴趣,这种兴趣具有稳定、持久的特点,是实践最基本和最重要的动力;在运用所学知识、技能和方法进行一些创造性的实践活动中所形成的兴趣是创造兴趣,这种兴趣是实践兴趣的最高水平,是大学生实践最强劲的动力。

理解是通过思考去弄清实践对象的特征、性质和联系,理解力是大学生实践能力的基础。理解力包括质和量两个方面。从质的方面讲,是指思考问题的思路、认识实践对象的视角。从量的方面看,是指懂得实践活动的已知条件、起始状态和目标状态,对实践情境中问题的条件、性质、关键环节、可能存在的障碍、变化趋势等作出较为全面、切合实际的反应。

策划力是在具体实践情境中提出实践方案的能力,是大学生实践能力的核心。实践策划是以实践活动的特定目标为中心,根据具体实践情境中的知识和信息,来全面构思、设计和选择合理可行的实施方案。策划力强才能做出好的策划,才能减少实施方案过程的盲目性,最大限度地消除不确定因素,提高实践成功的机会。

执行力就是把实践方案付诸实践的能力,是一种储存在大脑中的以往执行过程中成功的知识和熟练的技能。执行是将实践方案在作出主观的综合性归纳的基础上,转变为行动计划,通过选用相应的"工具",安排合理的"工序"来完成任务的过程。执行力是实践成功的一个充分必要条件。当实践方案已经确定后,执行力就变得最为关键。

表达力是大学生在具体实践活动完成后能清晰交流、陈述的能力,是大学生实践能力区别于其他主体实践能力的规定。表达主要包括口头和书面两种形式。同学之间、师生之间的交流,有助于激励思想。表达是总结实践和提升智力的过程,也是评定实践效果的有效依据。

实践兴趣、理解力、策划力、执行力、表达力这些要素是前后紧密联系、彼此相互影响的。任何一种要素的变化,必然引起大学生整体实践能力的变化。实践兴趣是推动大学生迈开实践活动的第一步,是激活和维持大学生实践活动的源泉。尤其是良好的实践探究兴趣和创造兴趣,会使大学生在某种精神力量的支配下参加实践活动,同时产生较强的实践能动性,对实践过程中出现的问题自觉、认真思考。理解力、策划力是大学生完成实践活动的思维力,执行力、表达力更多体现为行动力。大学生具有的上述实践能力要素,会作为内部能量保留下来,成为其顺利完成各种实践任务、提高自身素质所必备的内部条件和内在的可能性。这种内部能量在不同实践情境中的运用,就成为大学生实践能力的各种外在表现形式。

## 1.2　钢结构实践能力的内涵　>>>

钢结构实践是指钢结构工程生产全过程中的各项活动。

钢结构实践能力是指在钢结构工程生产全过程中解决各种各样问题的能力和素质。

一般钢结构工程生产全过程涵盖钢结构施工图设计、详图设计、构件加工制作、现场安装、加固、拆卸回收等主要环节;广义地讲,其还可以包括钢材的冶炼等前端过程。

### 1.2.1　钢结构工程师的特征

钢结构工程师可以概括为以土木工程甚至更广泛的工程技术科学为基础,以钢结构工程应用为目标,同时具备崇高思想品德的工程师,其归根结底属于工程师范畴。根据工程的完整概念,即运用科学原理、技术手段、实践经验,利用和改造自然,生产、开发对社会有用产品的实践活动的总称,工程的本质就是实践。因此,钢结构工程师的核心素质是实践能力。其应具备如下特征。

（1）工程综合、工程集成是现代工程师的基本特征

现代社会中工程师的基本作用是一种集成作用,其任务是构建整体。因为现代工程问题覆盖范围广泛,系统非常复杂,往往涉及多门学科的综合知识。从钢结构本身的工程技术来看,包括钢结构研究、设计、制作加工、现场安装、维修保养、拆卸等;从社会环境看,涉及政治、经济、社会、法律、地域、资源、人文、心理和生理等各种各样的因素。因此,工程本身就是一个集成的过程。

工业发达国家批评其工程师的两句话很有意思,其中一句话是"技术上狭窄的"（technically narrow）,即仅熟悉某一种或某一类技术。如建筑工程师不懂暖通、水电,钢结构工程师不熟悉基坑问题、混凝土工程问题等。这个问题在我国的工程师中似乎很严重。另一句话则是"狭窄于技术的"（narrowly technical）,即仅仅掌握工程技术,对于软学科素养,如经济成本、经营、管理、人文等,非常缺乏。这个问题在我国同样存在。作为一个合格的钢结构工程师,针对一个具体的钢结构工程,应解决好"会不会做"（该具体工程涉及的技术问题能否解决）、"值不值得做"（考虑人、财、物、时间等因素,能否经济合理地完成该工程）、"可不可以做"（从法律、政策、环境等层面考虑,是否允许这样的工程进行）。因此,一个合格的钢结构工程师,不仅应掌握土木工程基础理论和实践知识,还要懂得工程与社会、人、环境等因素之间的复杂关系,扩展人文、社会及管理科学等方面的知识,成为具有良好综合素质的、全面发展的现代钢结构工程师。

（2）实践能力要求高是钢结构工程师的最显著特点

钢结构工程同其他工程技术一样,一方面它依赖于基础科学和技术科学提供的理论知识;另一方面,因其具有综合性、复杂性、应用性,并以造福于人类为目的,以及在多重的约束条件下寻求最优化方案等特点,决定了它还依赖于源自工程实践的经验定律和经验法则。因此,合格的钢结构工程师,工程理论知识学习和工程实践训练二者缺一不可,应同时具备"智慧脑"和"灵巧手",而实践能力是工程师的灵魂。即使作为常年坐在办公室的钢结构设计师,不仅要会操作电脑将钢结构图绘制出来,更要了解钢结构构件的加工制造、现场安装;不仅要了解这些实践操作技术,还要了解设备,否则设计出来的钢结构工程经常是"空中楼阁",无法实现。

总之,作为新时代的钢结构工程师,应该是复合型、创造型人才,具有较强的适应能力、发展能力和竞争能力,具有扎实的理论基础、深厚的知识和较强的工程意识、创新意识以及解决工程实际问题的能力。

### 1.2.2 钢结构工程实践能力的内涵

钢结构工程实践能力是一个综合范畴。从哲学意义上讲,实践能力是一种有目的、有意识地改造主观世界和客观世界的能力。它体现在主观见之于客观的活动之中,是联系主、客观的桥梁,是人类各种能力的整体显现和实际运用,是人类最基本的能力。可见,钢结构工程实践能力绝非仅指实际动手能力、操作能力,它涵盖从事钢结构工程过程中所需要的各种能力,如应变能力、观察能力、表达能力、动手能力、社交能力、信息处理能力等。

通常钢结构工程实践能力至少包含两个层面上的能力,即基本能力和综合能力。

(1) 基本能力

基本能力指完成某一指定专门业务活动或具体工作任务的能力,比如某钢结构工程详图设计、现场安装等专门环节。能力的大小主要以完成该任务的质量与效果来衡量。基本能力主要包括工程技术动手能力、加工操作能力、绘图能力、数学运算能力、语言表达能力、人际交往能力、信息检索与处理能力、外语能力、计算机能力等,视不同专业和将来从事职业的需要而有不同的侧重。完成任务质量好、效率高的人,从事该项任务的实践能力就强,反之就弱。

基本能力的特点,首先体现为基本属于"单项技能"的层次。这是最初步的能力,主要涉及任务中某一类学科方面的业务内容,比较单纯,因此培养这种能力,一般可以按统一计划进行。大学现有的课程实验和课程设计,大都要求学生严格按照指导书、手册等规范完成任务,因此基本上都属于基本能力训练。

对于钢结构工程师而言,诸多能力当中的语言表达能力容易被忽视。这里的语言表达能力包括口头表达能力和书面表达能力。钢结构工程师进行方案可行性论证答辩,向总工程师等上级领导汇报工作,作学术报告,进行技术谈判,向普通技术人员进行技术交底或技术宣讲,都需要口头表达能力;撰写学术论文、技术报告、实验报告、工作计划、工作总结、技术任务书、设计说明书,就要有书面表达能力。若钢结构工程师缺乏语言表达能力,就无法同别人交流思想、讨论问题,就会影响自身其他能力的发挥。对于在校学生而言,表达能力主要包括完成毕业设计(论文)能力、课程演讲能力、课程论文能力、文化活动能力、社会交往能力和社会调查能力。

(2) 综合能力

综合能力是指独立办事和分析解决问题的能力,能力大小和水平主要看解决或处理困难问题所取得的效果。这种困难,一般具有宏观性、系统性、新颖性。综合能力的特点在于具有综合性、独立性与主动性、一定程度的创造性。它集中反映了工程师适应环境,接受知识,观察、分析、判断、处理和解决实际问题的整体能力水平,包括组织管理能力、社会适应及应变能力、设计能力、科研能力、创新能力等。

综合性是指解决问题时常常要综合考虑技术本身、成本计算、社会价值、可行性等方方面面的因素。如钢结构设计,需要与用户沟通,充分了解其需求,采用先进的、合适的技术,尽可能降低工程造价,满足环境要求等问题。只有全面考虑问题,才能提出恰当的解决办法。

独立性与主动性是指接受任务的人不是依照别人的指示,亦步亦趋地被动工作,而是自信地独立把任务担当起来,积极开动脑筋,对遇到的每一个问题都尽量采取对策。

一定程度的创造性是指具体问题具体分析,不生搬硬套统一模式去解决不同的任务。每一个实际问题不可能完全一样,即使相同的问题处于不同的环境或者由不同的人来操作,也不可能用固定的方法来解决。针对某一个具体的问题,都需要独特的解决问题的方法,就需要反映一定程度的创造性。很多钢结构工程师热爱钢结构工程,就是因为没有两个完全相同的钢结构工程,每一个工程都有它的"新"点,从而激发了他们的兴趣。

### 1.2.3 影响学生钢结构实践能力培养的因素

影响学生钢结构实践能力培养的因素主要有以下几个方面。

① 理论知识是基础。增强感性认识、学好专业技术课程、掌握基本概念和原理是实践能力培养的基础。许多学生在面对实际问题时不知所措,除了没有受到足够的工程训练外,还有可能是没有学好专业课程而造成的。比如,高等数学、大学物理、力学等没有学好,几乎不可能学好后续的钢结构课程;若没有很好地掌

握钢结构原理,同样不可能学好钢结构设计、施工等技术工程。没有坚实的理论基础,就算动手能力很强,也不可能形成解决实际钢结构工程问题的能力。

②　工程意识是前提。强化现代工程意识培养,这是钢结构实践能力培养的前提。现代工程意识是一个内涵丰富的概念,它不仅包含能使工程项目更加完美,更符合社会需求的意识,如质量意识、创新意识、求美意识等;还包含能在工程项目的实施过程中,使其与整个社会(包括实施者本身)更加协调,并能保持社会整体持续发展的意识,如环保意识、安全意识、人本意识等;也包含能使工程和生产取得更高价值和效益的意识,如效益意识、优化意识、市场意识、协作意识、竞争意识和开放意识等。

虽然工程意识是工程师深厚功底和长期大量实践的结果,但是在学校中就培养必要的工程意识,可以取得事半功倍的效果,为工作之后较快地呈现素质优势,较快地取得成绩以及进一步发展奠定良好基础。

③　结合实际是重点。设身处地地处理、解决问题,在真实或者接近真实的工程背景中锻炼实践能力。学生在学校都会学习各种钢结构构件以及工程的设计、构件的各种加工制作、常见钢结构的现场安装技术等,但更多的仅仅是"记住",就像毕业设计,很多都是根据虚构的标准条件,对规则结构进行计算、分析;至于施工组织及技术,更是几乎没有约束条件,完成即可。显然,这样的设计和施工与实际工程相差很大,实际工程都有很多条件和约束。工程师第一步工作就是分析条件和约束。根据有关专家分析,毕业设计做得很棒的学生,其毕业设计大多是在企业完成的。这些学生和工人打成一片,虚心向一线技术人员请教。因此,学生一定要置身于实际环境中分析问题、解决问题,特别是钢结构工程环节很多,往往是从事设计的人不从事施工,从事构件加工制作的人不从事现场安装,更需要学生在实践中锻炼,掌握经验。

④　勤于思考是关键。勤于思考、敢于提问,是培养实践能力的关键。缺乏独立性,不爱提问,依赖性强是"应试教育"之下学生的通病。学生遇到难题,按自己的思路无法解决时,要学会从习惯思维中解放出来,如用逆向思考的方法,打破习惯思维的局限性,以创新的思路去解决问题。

## 1.3　提高钢结构实践能力的途径　>>>

提高钢结构实践能力,最直接、最根本的途径应该是积极投身到钢结构生产的各个过程中,可以根据个体的薄弱部分而投身到相应的生产环节,从事实际生产。

对于在校学生,提高钢结构实践能力的途径则要广泛得多。一般来说,实践教学体系(图1-2)包含三个方面的内容:一是理论教学中的实践性理论教学环节;二是与理论教学环节相对应的实践性教学环节,包括实验、实训、实习以及毕业设计等各种实践性活动;三是实践教学衍生的各种学生课外活动,即被普遍识别为第二课堂的活动。

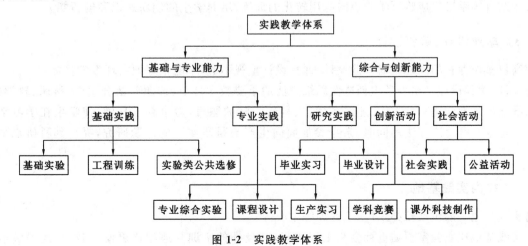

图1-2　实践教学体系

### 1.3.1　课堂教学

学生钢结构实践能力的培养,不仅仅依赖于实践教学环节,还应贯穿整个教学计划,通过完善课程设置培养并提高学生的钢结构实践能力。

课程设置应在保证有扎实的教学和科学基础的前提下,改革现有的课程体系,使之尽早面向工程实际,更好地面向课程交叉、动手实验、工程实践、团队工作、系统思考和创新设计等;应在尽量提高实践教学环节比例的同时,改变以课堂和书本为中心的教学方式,将与实践密切联系的课程放在实践中教学。

目前,大学生的大部分时间都花在了课堂上,因此,应从课堂教学改革入手,培养学生的实践能力。例如,工程案例法,通过分析案例,启发学生理解有关知识、原理,树立工程观念,增强实践意识。

### 1.3.2　实验

根据钢结构培养目标,同济大学开设了三层次的教学实验,很有示范价值。

(1) 基础层次的教学实验

基础层次的教学实验适用于一般本科生教学,主要以认知性实验、演示性实验和技能操作性实验为主。在认知性实验中,学生观看实验录像,参观并感性认识典型钢构件及连接的实物特征和破坏形态,初步了解钢结构的实验流程和方法。演示性实验则以稳定和连接这两个钢结构基本原理课程的教学难点为突破口,开设钢结构构件稳定性能与钢结构连接工作机理的验证性实验,包括工字形截面、T形截面、L形截面、十字形截面柱的整体稳定实验,工字形截面柱的局部稳定实验以及工字形截面梁的整体稳定实验。这类实验着重让学生观察破坏模式,处理实验数据,解读实验现象,同时进行规范化实验操作程序的训练。

(2) 综合层次的教学实验

综合层次的教学实验适用于学有余力的本科生教学,主要以突出学科知识综合运用的实验为主。学生可根据预先设定的实验目的,自己独立制订实验方案,利用小型切割机和焊机加工实验模型,并动手完成实验。如对比不同截面形式、长细比、端部约束条件等参数对构件整体稳定性的影响,不同构造方式对节点转动能力的影响等,具体包括截面形式、长细比、钢材强度和约束条件对轴心受压柱整体稳定性的影响,加载方式和边界约束对梁整体稳定性的影响,加劲肋对梁腹板局部稳定性的影响,焊缝连接和螺栓连接的传力特点、破坏模式以及连接方式对梁柱节点转动性能的影响等。通过该类实验,培养学生独立思考、综合运用所学知识解决实际问题的能力。

(3) 创新层次的教学实验

创新层次的教学实验适用于优秀本科毕业生及研究生的创新课题研究,以设计性、研究性实验为主。学生可结合大学生创新计划项目或毕业论文选题开展具有一定探索意义的工程试验研究,如新型构件或节点的性能试验、低周反复拟动力试验等。该类试验着重在更高层次上引导学生通过自主选题、自设方案、试验与分析相结合等手段完成将所学知识向应用转化的训练,培养学生的创新意识和创新能力。

### 1.3.3　毕业设计、课程设计

目前高校普遍存在的问题是对毕业设计、课程设计重视不够,不能很好地实现教学目标。

毕业设计、课程设计是培养学生创造性思维方法的重要教学环节,选题要结合生产、科研、教学的实际,优化选取既能满足教学基本要求,又能联系生产、科研实际的题目,力争真题真做,使学生在学习掌握本专业的最新研究与工程设计方法的同时,亲身参加面向生产与科研实际的课题研究,提高其科研水平和实践能力。

### 1.3.4　校内实践基地

校内实践基地一般包括校办工厂、工程训练中心等。

校内实践基地比实验室更贴近社会和工程实际,与校外的实训基地相比更便于教学,既提供给学生一个近乎真实的工程环境,又能灵活地配合工程理论和实践教学;既是一个训练场所,又是学校产学研的基地。

就钢结构校内实践基地而言,浙江大学设置了工程设计教学训练室和工程结构训练室。对于低年级的学生,介绍有关结构设计的基础知识,演示和讲解有关实验的原理、方法和过程,使学生能尽早接触和了解有关结构设计的基础知识、基本实验方法和基本技能,让学生开阔眼界、增长知识,达到启迪创新意识和创新思维的目的。对于高年级的学生,通过综合性、研究性、工程性的设计实验,结合大学生训练计划的课题项目以及平时学生的创造性构想或学习和生活中碰到的课题,利用基地的实验、测试设备和仪器,使学生能够独立完成实验方案设计、仪器选用、数据采集、实验结果分析等全过程。

### 1.3.5　校外实习基地

一方面,培养工科大学生的实践能力必须与工业企业密切联系和合作。国外工科大学在培养学生的实践能力方面,无论是工程实习、项目设计还是科学研究训练、实验等,都与工业企业的实际情况紧密联系,源于企业,用于企业。我国正不断加强产学研合作,提高高校自身办学能力,真切深入地了解社会经济的需求、企业发展的需要,并增强与之相适应的主动性,以创造一个良好的教育环境,培养具有较强实践能力的大学生,满足企业和社会发展对人才的需求。

另一方面,校内实习基地往往受到场地、设备、经费等因素的限制,不可能完全具备工程实践教学所需要的各种条件。校外实习基地是校内实践教学条件的重要补充。

学生通过在现场参观、实习可以加深对钢结构的感性认识,并能把学习到的理论知识应用于实际工程。在钢结构生产车间,教师现场讲解钢结构生产、制作过程。在现场认识钢结构体系时,可结合各类体系作专题讲解。高效率的钢结构认识实习对提高学生的学习兴趣,激发学生的学习热情至关重要。在学生进行生产实习时,对有意向今后从事钢结构设计施工的学生,教师可帮助其进入钢结构设计单位或施工企业进行生产实习。

### 1.3.6　大学生研究训练计划

大学生研究训练计划,是指以学生个体兴趣为导向,学校有组织地引导他们参加各种形式的科技创新训练与研究实践,以培养学生的实践能力和创新意识。科技创新活动是培养大学生综合素质的有效手段,通过开展学术研究,可以培养学生的探索精神和探究式学习习惯,提高其观察、想象能力;通过对具体问题的分析论证,可以提升其逻辑思维能力;通过设计、研制过程,可以改善其动手操作能力、专业知识综合应用能力;通过撰写科研报告、论文,可提高其文字写作水平、科学表达能力。通过科技创新活动,可以培养其创新意识,提高其综合设计能力、工程实践能力、科技创新思维能力。

2007年,国家设立了大学生创新实验项目;2011年,国家设立了大学生创新创业训练计划。这些计划旨在开发与训练大学生的自主创新意识与能力。具体到各所学校或各个学院,每学期或每年可由教师结合自己的工作需要,提出一批科研、教学课件建设、科技开发生产等方面的题目,向学生公布,学生按照自己的兴趣、特长,提出申请,通过师生“双向选择”,将一部分学生吸收到教师的实验室、科研室或科技公司中,充当助手,完成一部分力所能及的工作。

研究训练及创新实验项目的实施与完成不是孤立的,应贯穿整个大学教育的全过程,并与其他教学环节有机结合。大学生创新能力训练应立足训练,重在过程。训练不仅强调技能与方法培养,更要强调方法和精神训练。同时,随着科学技术的迅猛发展,创新能力的培养不仅存在于本领域与本学科,更多的是来自学科之间的融合与交叉,来自具有跨学科知识结构的复合型人才的培养。

### 1.3.7　第二课堂

课堂内的实践,由于受到传统教学体制包括教学方案、课程设置、教学时数、教师教学方法等的束缚,其空间十分有限。丰富多彩的课外实践活动,是培养学生实践能力与创新精神和发展学生个人兴趣的有效途径。其形式有校内的科技竞赛活动、科研训练、勤工俭学、社团活动,校外的社会调查、科技知识宣传活动、“三下乡”活动等。

针对土建类专业不同年级学生的成长规律和成长需求,可构建"杠铃片"式的分层次模块化实践平台:基础实践平台、学科创新平台、科技研究平台、职业体验平台,如图1-3所示。

图1-3 实践平台

基础实践平台以常规而丰富多样的专业科技活动竞赛为主体。该平台覆盖面大,活动设计集专业性、趣味性、动手性为一体,寓教于乐,如桥梁设计制图比赛、膜结构比赛、楼体模型比赛、减震趣味设计大赛、建筑摄影比赛等。

学科创新平台以专业竞赛为主体,如结构设计大赛、建筑设计大赛、测量大赛等。

科技研究平台,以科技竞赛和课题研究为方向。该平台以课题研究团队和学科创新团队为主要对象,通过鼓励这些团队参与校、省、国家"挑战杯"大学生课外学术科技作品竞赛,教师或企业的课题项目等方式,加强产学研合作。

职业体验平台以实习和创业为主体,该平台主要面向毕业班的学生。学校为学生尽早地进入企业实习和创业实践提供条件,如建立就业见习基地以及大学生创业园等,让学生体验真实的工作环境。

## 知识归纳

本章重点介绍了实践能力的概念及基本构成要素,基于这些要素阐明了实践能力的培养策略和路径,并扩展到钢结构,详细介绍了钢结构实践能力的内涵和培养方法。

## 独立思考

1-1 试以典型钢结构活动为例,用实践能力的内部结构原理进行解释,并进一步讨论这些实践能力构成要素的培养方法。

1-2 以你参加的某种钢结构实践能力活动为例,谈谈参加活动的感受,分析与参加理论教学的不同点,提出进一步改进活动的建议。

1-3 简述你对实践能力培养和单纯参加生产劳动关系的认识。

1-4 简述你对实践能力培养有效途径的看法,主要是靠学校组织,还是靠个人努力。

## 参考文献

[1] 中华人民共和国教育部高等教育司.研究性学习和创新能力培养的研究与示范[M].北京:高等教育出版社,2010.

[2] 陈渝,朱建渠.工程技能训练教程[M].2版.北京:清华大学出版社,2011.

[3] 高进.工程技能训练和创新制作实践辅导手册[M].北京:清华大学出版社,2012.

[4] 何万国,漆新贵.大学生实践能力的形成及其培养机制[J].高等教育研究,2010,31(10):62-66.

[5] 吴志华.论学生实践能力发展[D].长春:东北师范大学,2006.

[6] 赵建华.大学生实践能力的结构分析[J].江苏高教,2009(4):88-90.

# 2

# 创新与创新能力训练

## 课前导读

▽ **内容提要**

要提高创新能力，首先需要科学掌握创新的概念及内涵，树立科学的观念，进而采用科学的培养方法和途径进行训练，其中主动实践的理念对于教育工作者和学生尤为重要。

▽ **能力要求**

通过本章的学习，学生应掌握自然辩证法的基本知识，熟悉大学生的教育环节，并从概念上了解钢结构工程设计、制作、安装的一般流程。

## 2.1 创 新 能 力    >>>

### 2.1.1 创新及创新能力的基本概念

创新是人们为实现一定目的,遵循事物发展的规律,对事物的整体或其中的某些部分进行变革,从而使其得以更新和发展的活动。这种更新与发展,可以是事物从一种形态转变为另一种形态,也可以是事物的内容与形式由于增加新的因素而得以丰富、充实、完善等,还可以是事物内部构成因素的重新组合,这种新组合使事物的结构更合理,功能更齐全,效率更高。创新是知识经济时代的一个本质特征。

创新过程一般可分为三个阶段:一是"问题",即发现了现实生活中需要解决的某个问题;二是"构想",即在头脑中构想解决这个问题的方法;三是"实施",即把头脑中构想的解决方案付诸实践,从而使问题得到圆满的解决。

创新能力是指人们在各种创新活动中所表现出来的能力和素质。创新能力是人的能力中最重要、最宝贵、层次最高的一种综合性能力,包括创新实践能力和创新思维能力。创新实践能力主要是指动手操作能力,实验能力和创造性成果的表达、表现能力等,这些能力的获得都离不开实践活动;创新思维能力是指人在思维活动中不拘泥于旧的思维模式和框架,具有丰富的联想能力和预测未来的一种思维能力,创新能力的培养是基于实践、始于问题的思维过程,实践活动对创新思维能力的提高起着直接的促进作用。

### 2.1.2 创新能力的构成要素

(1)创新性知识

创新性知识是与一般性知识相对而言的,主要是指在改革创新的实践活动中运用的具有高频度、高价值的,对创新实践活动起直接作用的关键性核心知识。创新性知识在创新能力中居基础地位,包含四个方面:知识质量、知识结构、知识活力、知识创新效率。知识质量取决于两个方面:知识的有序和知识的能量。处于杂乱无章、一盘散沙状态的知识是无法进行创新的。只有高效、系统有序的知识信息,才能形成知识的创新效应。知识的能量是指随着学习的不断深入,逐步掌握学科的核心知识和前沿知识。这种知识在本学科的知识体系中具有较大的辐射力和突破力,能带动或促进本学科的发展,并易于在理论研究与实践开发中迅速取得重大突破,获得重大成就。知识结构主要是由文化基础知识、专业基础理论知识和专业知识构成的。不同领域的人才所具备的知识结构是不一样的。知识活力是指对所学知识在创新实践中融会贯通、运用自如的能力,是得心应手地跨领域、跨学科进行渗透、横移的能力。对基础知识和核心知识不仅要知道是什么,弄清为什么,更要对知识存在和运用的主客观条件了如指掌。只有这样,才能在工作过程中根据时空条件的变化灵活地运用自己掌握的知识,来指导工作实践,从而有所创新。知识创新效率是指在一定时间内运用知识在思维实践和操作实践中解决新问题、创造新成果的次数,也就是知识运用于创新实践的频度。

(2)创新意识

创新意识是人脑在不断运动变化中的客观事物的刺激下,自觉产生积极改变客观事物现状的创新意愿和创新欲望。

创新意识主要由好奇心、求知欲、怀疑感、创新需要、创新动机组成。它们在创新意识的系统中的地位和作用各不相同,但又相互联系、相互促进。好奇心和求知欲是激发创新意识的重要因素。怀疑感在创新意识的形成和发展中具有特别重要的作用,创新意识的产生往往是从对某一事物产生怀疑开始的,许多有意义、有价值的成果都是在怀疑、挑战传统和权威的过程中产生的。创新需要是人脑对事物改革创新需求的一种反映。它一旦形成,就成为创新意识中比较稳定的、起决定作用的因素。创新动机是实现一定改革创新目的的动因。它既给人的创新活动以动力,又对人的创新活动的方向进行控制。创新动机对创新意识具有始动、指引、强化、激励等功能。

（3）创新性思维

创新性思维是指以新颖独创的方法解决问题的思维过程。它是人类思维的高级形式。具体地说,创新性思维就是反映事物本质属性和内、外有机联系,具有新颖的广义模式的一种可以物化的高级思维活动过程。它在创新能力中起着"加工厂"的作用。创新性思维不仅能够提示事物的本质和事物之间的非常规性活动轨迹,还能够提供新的、有价值的成果。创新性思维实质上是各种不同的思维形式在目标思维的引导下的对立统一、辩证互补。逻辑思维与非逻辑思维的辩证统一是创新性思维的起点,任何创新性思维都是在前人已有的知识和理论经验的基础上进行的接力性突破和创造,非逻辑思维是在逻辑思维之外的另辟蹊径。发散思维和收敛思维的对立统一、辩证互补,是创新性思维所遵循的基本顺序和思维路径。发散思维不是沿着一条线或在一个平面内的思维,而是对一个认识对象,从多方位、多角度、多学科、多手段的考察和探索,力图真实地反映这个事物的整体以及这个整体和它周围事物构成的立体画面,从中找寻解决问题的最佳方案。收敛思维的最大作用在于把发散思维牵引回来,向某一思维节点发起思维攻势,这种思维攻势是多侧面、多角度的,具有时间持续性和空间立体性的特点。

（4）创新性实践

创新性实践是指改造社会和自然的有意识的创新活动,它在创新能力中居于基础地位。

实践是主体变革客体而达到主客体统一的活动。从这个意义上说,创新能力是变革客观事物,实现主客体相统一的重要个性品质特征。创新能力正是在改造客观事物,谋求主客体统一的过程中发挥出自己独特的作用的。实践活动从行为发生的角度看,是经过了人脑完整自觉的协调控制。这种反应的基本过程是:主体在接受到外界对象的刺激后,并不直接作出反应,而是将所获得的感觉和知觉信息在头脑中进行加工、储存,然后在自觉的情况下再以行为输出的方式输出加工过的信息,发动、控制、协调机体的活动。这种行为是自觉地、有目的地进行的,具有主动性、可控制性和创新性。

创新需要有实践作为基础,如果只是在头脑中空想某个创意,而不付诸实践,只能是存在于头脑中的空想。实践中本身就蕴含着创新的因子,实践是认识的来源、目的以及检验认识正确与否的标准,在实践中,在对问题做进一步的反思和追问及解决的过程中,会激发创造性的想法。

就一个完整的创新过程而言,创新能力具体体现为以下四方面的能力。

① 学习的能力,即对已有知识及知识源点的接触、筛选、吸收、消化的能力。

② 发现问题的能力,即对已有知识框架结构的漏洞或盲点的发掘以及对知识框架结构的完善;对已有知识框架结构合理性的质疑以及对知识框架结构的重建;在对现实中客观存在的现象进行观察、思考从而将问题从一般现象中提炼、归纳出来的能力。

③ 提出解决问题方案的能力,即分析问题的成因、解决的可能性及可能的途径、需要的相关条件的能力。

④ 实践其方案的能力,即运用已学的和新调集的知识,根据所设想的解决方案,实际动手操作解决问题的能力。

## 2.2 创新能力的内涵 >>>

### 2.2.1 创新能力与实践的关系

实践是创新实现的基本途径。它检验着创新,推动着创新的发展,是创新发展的动力。任何创新都是在实践中形成、检验和发展的,因而实践产生了创新。

（1）实践是创新能力发展的动力

人类的进化,同时也意味着人类本能的退化;人类越向前发展,就越无法靠自然本能而生存;人类越靠近文明,就越需要更多地依靠自己的实践活动去创造新的生活。这是人类进化和文明发展的一个基本规律,在历史进程中,人的创新能力得到了越来越快的发展。因此,实践是人的创新能力发展的动力。

(2) 实践是创新能力形成的唯一途径

从古至今,人获得新认识、新知识的途径只有两条,一是通过自己的亲身实践,获得直接经验,并融进自己的知识结构中;二是从社会学习间接经验,并内化融进自己的知识结构中。间接经验是别人的直接经验。因此,归根结底,认识是开始于直接经验,来源于实践的。即使是从社会学习间接经验,也必须通过自己的实践活动去理解它。只有经过自己实践而内化为自己知识结构中不可分割的一部分,才是真正属于自己的知识。

人类祖先在为生存而斗争的原始实践中形成了原始的创新能力,人类通过实践获得更多新的认识。一切新的认识无一例外都来源于实践。创新能力的形成,对于人类整体而言必须通过实践活动,对于个体而言同样必须通过实践活动。

根据“两个飞跃”的马克思主义认识论,由感性认识上升为理性认识的“第一个飞跃”,阐明了人类创新能力形成的源泉与过程。动物没有理性思维能力,唯独在人类实践基础上才可能拥有人类能力的最高形式——创新能力。人借助优异的创新能力不断地认识世界和改造世界,这样产生了“第二个飞跃”,即由人类的优异的创新能力转化为认识世界和改造世界的种种实践活动,并在人类诸种实践活动中提高自身的创新能力。

创新离不开实践,历史上任何一个重大发现都源于实践。不能想象一个不参加科学实践的人,能够有什么科学创新,或者指导别人去创新。缺少实践(包括实验)、呆板、枯燥、填鸭式的教学,再加上花样百出的考试,将不少年轻人引进了“新八股”的泥潭。

(3) 实践是检验创新成果的唯一标准

人们从事创新活动所获得的结果,无论是物质性的还是精神性的,都需要再到实践中去检验。一项具体的创新活动究竟是不是获得了成功,这项创新活动达到了什么水平,具有什么样的价值,都还是未定的,或者说是不能给出肯定答案的。这就需要用某种比照标准来检验它,而这个比照标准只能是实践。

对某项具体的创新成果的检验,一般从如下三个方面进行。

① 某项具体的创新活动是否获得成功,活动的结果是不是创新成果,需要拿到实践中去检验。检验的结论一般有三种:该项创新活动是成功的,活动的结果是创新成果;该项活动是失败的,活动的结果不是创新成果;该项活动在研究方向和路线上是正确的,也获得了一定程度的成功,但还存在着许多没有解决的问题。

② 某项创新活动达到了什么水平,也拿到实践中去检验。检验的结论一般是给该项活动或该项成果作出一个评定。

③ 某项创新活动的成果具有什么样的价值,还是需要拿到实践中去检验。检验的结论一般是“具有理论价值”“具有实用价值”“预期具有远期价值”等之类的判定。

对于任何创新活动和创新成果,都应该拿到实践中去检验。

### 2.2.2　创新能力与实践能力的关系

创新能力是主体在对象性活动中改变现存事物、创造新的事物的本质力量。创新能力是主体在长期生活实践过程中,通过不断地主体对象化、客体主体化的塑造与建构,逐步形成与发展起来的;是主体各种能力整合而成的一种能力,是主体能力系统的能力,而不是与某种具体能力并列的一种能力。

人的实践能力是人生产与创造性再生产的能力,是人通过不断改变生存的自然环境与社会环境满足人的需要的能力。实践能力内含着创新能力,创新能力正是伴随着实践能力的进步而进步的。创新能力是主体运用自己的本质力量,能动地改变世界的能力。这种能力不是先天的、与生俱来的,而是在主体以实践为基础的各项活动中不断发展而来。创新能力有其生理基础,但其本质还是社会历史的产物,是在认识与实践活动中建构起来的。创新能力是人的认识与实践能力的一种表现形式,从属于人的认识与实践能力。因此,创新能力与人的认识与实践能力的进化相关。

因此,创新能力强调的是提出问题、解决问题的新颖性和独特性,而实践能力主要是看完成某项任务的质量和效率。一个人的创新能力需有相应的实践能力作为基础。没有实践能力的人,绝不可能成为具有创新精神和创新能力的人。当然,创新过程又会进一步培养创新精神,增强实践能力,为实现新的创新奠定基础。

### 2.2.3　创新能力的本质

① 创新能力是在实践中形成的。

创新能力是人们对创新个性、创新思维、创新技法、创新技能学习掌握后在实践应用中形成的能力。也就是说,创新能力的培养强调的是将创新个性、创新思维、创新技法、创新技能付诸应用,这是培养创新能力的基本途径。应用的事物可以是工作上的,也可以是生活上的,但不能只局限于一般知识的认知、记忆性学习和练习。

② 创新能力的培养更重视创新个性品质的锻炼。

人们很重视智力投资,但成功只有 20% 来自智商,其余 80% 来自情商。创新能力的很大部分也来自非智力因素,如创新个性品质。

在创新能力的构成要素中,创新个性品质是创新能力的基础,也是培养创新能力的重点。只掌握创新思维、创新技法和创新技能,却缺乏创新者应有的先进文化素养以及胆识、活力、冒险精神与团队精神,是难以开展创新活动的。而具备了创新个性品质的人,就会以过人的胆识和勇气去克服困难,创新性学习和工作,追求卓越,带领团队创新成功。因此,需要特别注重创新个性品质的培养和锻炼。

③ 有志者都能成为有较强创新能力的人。

创新能力对于个人来说并不是天生的,也不是企业家、发明家或创新活动家的专利,而是一种可以培养和磨砺的能力。虽然个人无法选择自己的先天条件,但完全可以通过训练、锻炼对创新能力进行开发,为社会作出更大的贡献。

④ 培养创新能力的一种有效方法——模拟训练掌握方法、实践锻炼形成能力。

创新能力的知识并不深奥,但其形成却不简单。它首先难在要突破习惯定势,即突破原有的思维习惯、行为习惯和消极的文化氛围的束缚,坚持以新的思维、积极的行为来对待生活。这是对每个创新能力培育者的挑战和考验。因此,培养创新能力,最重要的是克服"只想不动""只学不用"的惰性,树立积极的人生观、价值观。以模拟训练为主要方法,各项能力全面培养,协调发展。在课外,学习者要自觉、努力地将所学用于实践,在实践中提高创新能力。

## 2.3　创新能力培养策略　>>>

### 2.3.1　主动实践是创新能力培养的关键

李培根院士指出,高教工作者都能意识到实践环节的重要,然而如何加强实践环节,如何真正有利于学生创新能力的培养,很多人还缺乏思考,观念落后。

自 20 世纪 90 年代以来,我国高等教育得到了迅猛发展,但不少学校的实践环节未能及时跟上,很多管理者以及教师非常关切,正努力改变这一现状,如纷纷建设实训基地,加强实验室建设等。硬件条件的改善不是一件太难的事,然而仅仅停留在此,还远远不够。

事实上,我国的大学,特别是重点大学,从来没有缺少过实践环节,但是为什么我们的学生解决实际问题的能力以及创新能力不足呢?"被动实践"是其主要原因之一,即实践的对象、方法、程序等关键要素都是由教师制定的,学生在教师规定的框架中,沿着既定的路线去完成实践任务。在这样的框架中,学生的创新思想如何能自由驰骋?在基本规定的路径中,为了达到目标,学生如何能发挥自己的想象力?审视一下现在的实践教学环节,被动实践的确太多了,其害处不仅是抑制学生的创新思维,而且这种实践也难以给学生留下深刻的印象,将来自然也影响学生处理实际问题的能力。

与被动实践相对应的,则是主动实践。主动实践就是让学生尽可能真正作为主体参与实践活动的各个环节,包括对象的确定、方法的制定、程序(路线)的设计、问题质疑、分析总结等。启发学生主动实践,是创新能力培养的关键所在。

主动实践可以培养学生多方面的能力和素质,关键几点如下。

① 质疑力。在学生的实践环节,教师应该启发学生质疑,质疑本身就是"主动"的表现,同时质疑力也是想象力的基础。

② 观察力。主动实践是培养学生观察力的很好的手段,因为主动实践与被动实践的最大区别是让学生自己去发现问题,尽可能找到最本质的东西,这就需要学生仔细观察相关领域中的事物和现象。

③ 协同力。稍微大一点的项目,需要多个人协同完成。对每一个个体而言,其协同力就是指其主动与别人协同的能力。

④ 领导力。很多项目都需要有人领导,因此,在主动实践的过程中,应该培养学生的领导力,尤其是对优秀的、能力强的学生。

无疑,这些能力是增强创新能力的关键。

主动实践的理念适合各类学科。应把主动实践的理念贯穿学习的各个环节,包括典型的实践环节,如课程设计、毕业设计,还包括基础理论学习。同时对不同的学生应注意区别。虽然主动实践的思想对不同的学生都可以适用,但毕竟学生的基础、理解力、悟性等都不一样。因此,对不同的学生主动实践的程度、形式就要有所不同。教师在组织、启发、引导方面应有针对性,针对的因素主要是基础知识与动手能力。

### 2.3.2 创新能力培养机制与模式

针对当前我国工科高校普遍的培养机制和模式,应从以下方面强化创新能力的培养。

(1) 创新教育理念

只有教育理念和思想有了创新,才能有其他方面的创新。在人才培养过程中,将以传授知识为主的教学形式转变为将传授知识、培养能力和提高素质融为一体的教学形式,并把学生的创新意识、创新精神和创新能力作为其核心素质之一,强调为学生获得终身学习能力、创造能力以及生产发展能力奠定基础;在人才质量评价标准上,要改变评价人才只注重知识、成绩和技能而忽视创新能力的倾向,把学生的综合素质和创新能力作为衡量人才质量的重要依据,把培养创新型人才与社会发展进一步紧密结合起来。

(2) 改革教学模式

改革课程设置,完善知识结构体系。课程是实现培养目标的基本单元。课程体系设置是否合理决定着学生知识面的宽窄和学生知识结构的优劣。改革课程体系,就要从课程设置的总体上建设一个有利于实现学生自主性学习、尽早参与研究工作、学习和研究并进的教学框架,建立"以人为本"的课程体系。一方面,要形成课程调节机制,其实质是淡化专业,强化课程。另一方面,构建多样化的跨学科课程体系,调整学生的综合知识结构,增强学生的社会职业适应能力。

改革教学方法与手段,促进学生个性发展。采用启发式教学、探究式教学、现代化教学,构建科学的考试制度。

加强教学、科研、实践"三结合",培养学生的综合能力。大学生能否成为创新型人才,不仅取决于其掌握和拥有了多少知识,还取决于其能否通过挣脱旧知识体系和框架的束缚,利用已有知识开拓新知识。

① 构建科学合理的实践教学体系,注重学生实践能力的培养。实践是创新的来源,实践教学环节是培养学生创新精神与实践能力的重要环节。加强实验教学,改革实验教学内容,着眼于本科学生创造性实验能力的培养。加强实习基地建设,实习基地是学生投身社会实践的大舞台,也是检验学生综合实践能力的重要场所,实习基地包括校内实习基地和校外实习基地。

② 支持和鼓励本科生科研,注重学生研究能力的培养。积极开展本科生科研训练计划,建立本科生导师制,鼓励和支持学生参加课外科技创新活动。

③ 鼓励产学研有机结合,切实保证创新型人才的成长。产学研有机结合有利于高校的体制改革,转变封闭办学模式,提高学生的应变能力和适应能力,还有利于改善学习办学条件,并在此基础上提高教育质

量,培养具有较强实际工作能力和创新能力的创新型人才。

（3）加强师资队伍建设

没有一支创新型的教师队伍,就没有大批的创新型学生。培养人才的根本在于创新型教师队伍的建设。只有建设一支高水平的用于创新的师资队伍,才能真正实现创新人才的培养。

（4）优化校园环境

优化校园环境,不仅要优化校园的物资环境,保证创新活动开展,更要注重优化校园的文化环境,激发学生的创新意识。文化环境是校园意识形态、价值观念和学习精神风貌的集中体现。目前,制约学生创新的重要因素正是文化环境。创新文化包括观念文化和制度文化。观念文化是影响创新活动的最主要的因素,是创新的内在动力。制度文化是指创新活动的社会环境,是创新活动的外在动力。

（5）完善教学制度

教学制度是影响教学质量的重要因素。只有创新教育体制,才能从根本上提高教学质量,培养创新人才。完善教学制度可采用以下几种方式:① 进一步完善选课制,全面实现学分制。② 实行"弹性学制",给予学生选择学习进程的自主权。③ 实行主辅修制。④ 完善优秀人才培养制度。⑤ 建立科学合理的评价体系。

## 知识归纳

> 本章重点介绍了创新能力的概念、基本构成要素、实践能力与创新能力的关系,在此基础上阐明了创新能力的培养策略,特别介绍了主动实践理念。

## 独立思考

2-1　你对创新的概念和内涵有什么看法?

2-2　联系日常学习生活和身边实际,举例说明其中的创新和有利于创新能力培养的方面。

2-3　谈谈你对创新性质分类的看法,是否一定要取得重大理论突破才是创新?

2-4　课程学习中有无必要强调创新?怎样才能创新?

2-5　你在钢结构课程学习中有哪些创新思路和做法?

2-6　钢结构与相关主干课(如结构力学、混凝土结构理论)相比,独特的创新性有哪些?

2-7　创新和实践有何主要联系?

2-8　你对创新能力培养和实践能力培养的联系有何看法?

2-9　你愿意成为一个敢于创新、勇于实践的人并为之努力奋斗吗?

## 参考文献

[1]　中华人民共和国教育部高等教育司.研究性学习和创新能力培养的研究与示范[M].北京:高等教育出版社,2010.

[2]　王洪忠,陈学星.创新能力培养[M].青岛:中国海洋大学出版社,2008.

[3]　蒋晓虹,卢永嘉.大学生创新能力的学理分析和培养要素[J].苏州大学学报:哲学社会科学版,2009(10):117-118.

[4]　李存金.大学生创新思维能力培养的实践途径与机制[J].创新与创业教育,2013,4(1):1-5.

[5]　李立明,何桂英,刘子建,等.大学生创新训练计划与创新型人才培养[J].高等理科教育,2008(3):84-87.

[6]　李培根.主动实践:培养大学生创新能力的关键[J].中国高等教育,2006(11):17-19.

**3**

# 专业课堂训练——
# 钢结构施工详图设计

## 课前导读

### ▽ 内容提要

　　本章主要内容包括：钢结构施工详图构造设计与连接计算，钢结构施工详图的绘制和设计流程，钢结构施工详图的常用设计软件，施工详图的识读，轻型门式刚架和钢框架结构的案例分析。本章的教学重点为钢结构施工详图的绘制以及钢结构施工详图案例分析,教学难点为钢结构施工详图案例分析。

### ▽ 能力要求

　　通过本章的学习，学生应掌握建筑力学和钢结构设计原理相关知识，能灵活运用钢结构的节点设计、构造连接等内容；熟悉建筑制图标准和规范；能够熟练操作和应用AutoCAD等基本的计算机绘图软件；初步了解构件的加工制作和钢结构工程的施工等。

# 3.1 钢结构施工详图设计的基础知识 >>>

我国的钢结构设计制图分为设计图和施工详图两个阶段。设计图一般由具有相应设计资质级别的设计单位提供；施工详图通常由钢结构制造公司或施工单位根据设计图编制，有时也会委托设计单位或详图公司代为编制。

设计图是制造厂编制施工详图的依据。因此，设计图应首先在其深度及内容方面以满足编制施工详图的要求为原则，完整但不冗余。在设计图中，对设计依据、荷载资料（包括地震作用）、技术数据、材料选用及材质要求、设计要求（包括制造和安装、焊缝质量检验的等级、涂装及运输等）、结构布置、构件截面选用以及结构的主要节点构造等均应表示清楚，以利于施工详图的顺利编制，并能正确体现设计的意图。主要材料应列表表示。

施工详图又称加工图或放样图等。它按照设计图的技术条件和内容要求，通过图形、线条、尺寸和说明等，用技术语言向制造者表达制造各种类型钢结构构件所必需的数据和说明，详细地指出切割、打孔的方式，以及怎样用螺栓、焊缝连接构件，并考虑运输和安装能力确定构件的分段和拼装节点。施工详图也包含少量的连接和构造计算。它是对设计图的进一步深化设计，目的是有序地指导制造厂或施工单位的制造、加工和安装。不完全相同的构件单元需单独绘制表达，并应附有详尽的材料表，图纸表示详细，数量多。

钢结构设计图与施工详图的区别如表 3-1 所示。

表 3-1                                **钢结构设计图与施工详图的区别**

| | 项目 | 设计图 | 施工详图 |
|---|---|---|---|
| 1 | 设计依据 | 根据工艺、建筑要求及初步设计等，并经施工设计方案与计算等工作而编制的较高阶段施工设计图 | 直接根据设计图编制的工厂制造及现场安装详图（可含有少量连接、构造等计算），只对深化设计负责 |
| 2 | 设计要求 | 表达设计思想，为编制施工详图提供依据 | 直接供制造、加工及安装的施工用图 |
| 3 | 编制单位 | 目前一般由设计单位编制 | 一般应由制造厂或施工单位编制，也可委托设计单位或详图公司编制 |
| 4 | 内容及深度 | 图样表示较简明，图样数量少，其内容一般包括：设计总说明、结构布置图、构件图、节点图、钢材订货表等 | 图样表示详细，数量多，其内容除包括设计图内容外，着重从满足制造和安装要求编制详图总说明、构件安装布置图、构件及节点详图、材料统计表等 |
| 5 | 适用范围 | 具有较广泛的适用性 | 体现本企业特点，只适宜本企业使用 |

钢结构施工详图设计内容包括两个部分：① 按设计图对钢结构构件进行构造设计和连接计算；② 进行钢结构施工详图的绘制。

## 3.1.1 钢结构施工详图构造设计与连接计算

设计图在深度上一般只绘出构件布置、构件截面与内力及主要节点构造，故在详图设计中需补充进行部分构造设计与连接计算，具体内容如下。

### 3.1.1.1 构造设计

钢结构施工详图阶段要根据钢结构相关设计、施工规范规定对构件的构造进行完善设计，其重点在钢结构节点设计上。钢结构施工详图的构造设计一般包括以下几方面的内容。

① 桁架、支撑等节点板设计与放样。

② 梁支座加劲肋或纵横加劲肋构造设计。

③ 组合截面构件缀板、填板的布置与构造。

④ 螺栓群与焊缝群的布置与构造。

⑤ 桁架或大跨度实腹梁起拱构造与设计。

⑥ 施工时施拧的最小空间要求、现场组装的定位、细部构造等设计。

### 3.1.1.2 连接计算

钢结构的连接计算主要包括以下几方面的内容。

① 构件与构件间的连接部位,应按设计图提供的内力及节点构造进行连接计算及螺栓与焊缝的计算,选定螺栓数量、焊脚高度及焊缝长度。

② 对起拱拱度、高强度螺栓长度、材料量及几何尺寸与相贯线等进行计算。

③ 对组合截面构件还应确定缀板的截面与间距。对连接板、节点板、加劲板等,按构造要求进行配置放样及必要的计算。

### 3.1.1.3 节点设计

（1）节点设计原则

组成结构的各个构件必须通过节点相连接,才能形成协同工作的结构整体。钢结构施工详图的节点设计时必须考虑安装螺栓、现场焊接等的施工空间及构件吊装顺序等,避免构件运到现场无法安装,还应尽可能使工人能方便地进行现场定位与临时固定。因此,钢结构的节点设计应遵循下列基本原则。

① 在节点处传力简捷明确,安全可靠。

② 确保连接节点有足够的强度和刚度。

③ 节点加工制作简单,安装方便。

④ 节约材料,造价低廉,造型美观。

（2）节点设计的基本知识

连接节点的设计是钢结构设计中重要的内容之一。钢构件的连接通常有焊接连接和螺栓连接。铆钉连接在建筑工程中现已很少采用。

① 焊接连接。

焊接连接分为对接焊缝连接和角焊缝连接,其中对接焊缝连接又可分为焊透的对接焊缝连接与非焊透的对接焊缝连接。焊透的对接焊缝强度高,受力性能好。对于承受动力荷载作用的焊接结构,采用对接焊缝最为有利。焊条的选用应和被连接金属材质相适应:E43 对应 Q235 钢,E50 对应 Q345 钢,E55 对应 Q390 钢和 Q420 钢。当将不同的两种钢材进行焊接时,宜采用与低强度钢材相适应的焊条。

焊接设计中不得任意加大焊缝尺寸,焊缝的重心应尽量与被连接构件重心接近。一般设计图标明了焊缝长度和焊脚尺寸,如果设计图只提供截面和内力,应该按焊缝的计算公式进行计算。

焊接连接节点应注意以下几点。

a. 角焊缝焊脚尺寸的规定:角焊缝的最小焊缝尺寸不应小于 $1.5\sqrt{t}$,($t$ 为较厚焊件厚度,单位为 mm);角焊缝的焊脚尺寸不宜大于较薄焊件厚度的 1.2 倍(钢管结构除外)。

b. 当板件采用搭接接头时,其沿受力方向的搭接长度不宜小于较薄焊件厚度的 5 倍及 25 mm。

c. 箱形截面柱在与梁翼缘对应位置设置的隔板应采用全熔透对接焊缝与壁板相连;工字形截面柱的横向加劲肋与柱翼缘应采用全熔透对接焊缝连接,与腹板可采用角焊缝连接。

d. 梁与柱刚性连接时,柱在梁翼缘上、下各 500 mm 的节点范围内,柱翼缘与柱腹板间或箱形柱壁板间的连接焊缝,应采用开坡口的全熔透焊缝。

e. 框架柱接头宜位于框架梁上方 1.3 m 附近;上、下柱的对接接头应采用全熔透焊缝,柱拼接接头上、下各 100 mm 范围内,工字形截面柱翼缘与腹板间及箱形截面柱角部壁板间的焊缝,应采用全熔透焊缝。

② 螺栓连接。

螺栓连接分为普通螺栓连接与高强度螺栓连接。

普通螺栓抗剪性能差,不宜用于重要的抗剪连接结构,一般用于次要结构部位。普通螺栓按加工精度分为 A 级、B 级和 C 级。普通螺栓连接一般采用 C 级螺栓,其螺栓连接的制孔应采用钻孔。

高强度螺栓的使用日益广泛,常用 8.8s 和 10.9s 两个强度等级。根据受力特点分为承压型和摩擦型,两者计算方法不同。高强度螺栓最小规格为 M12,常用 M16～M30;超大规格的螺栓性能不稳定,设计中应慎重使用。

节点螺栓的直径和数量一般由设计人员确定,如果设计图只提供截面和内力,应该按螺栓的强度计算公式进行计算,同时注意以下几点。

a. 每一个杆件在节点上以及拼接头一端的永久性螺栓不宜少于两个。

b. 螺栓的最大、最小容许距离应满足《钢结构设计规范》(GB 50017—2003)的要求。

c. 对直接承受动力荷载的普通螺栓受拉连接应采用双螺母或其他能防止螺母松动的有效措施。

d. 连接板可简单取其厚度为梁腹板厚度加 4 mm,然后验算净截面抗剪等。

### 3.1.2　钢结构施工详图的绘制

钢结构施工详图设计是一门专业的工程学科。为了正确地绘制详图,从事施工详图设计的人员只有具有专业知识,牢记规范和标准中的有关规定,了解最新的设计、制作、安装的发展水平,才能将零件间、构件间的连接方法及零件的加工要求处理得合理可行,使详图设计有可靠的依据,确保绘制的施工详图实用。

#### 3.1.2.1　施工详图的编制内容

钢结构施工详图内容包括图纸目录、钢结构施工详图总说明、柱脚锚栓布置图、结构布置图、构件详图、安装节点图、零件详图、构件清单、螺栓清单等。施工详图的编制内容主要包括以下几个方面。

① 图纸目录。

图纸目录视工程规模的大小,可以按子项工程或以结构系统为单位编制。

② 钢结构施工详图总说明。

钢结构施工详图总说明应根据设计图总说明编写,内容一般应有设计依据(如工程设计合同书、有关工程设计的文件、设计基础资料及规范、规程等),设计荷载,工程概况,对钢材的钢号、性能要求,焊条型号和焊接方法、质量要求等;图中未注明的焊缝和螺栓孔尺寸要求,高强度螺栓摩擦面抗滑移系数,预应力,构件加工、预装、除锈与涂装等施工要求,注意事项,以及图中未能表达清楚的一些内容,都应在钢结构施工详图总说明中加以说明。

③ 柱脚锚栓布置图。

按一定比例绘制柱网平面布置图,在该图上标注出各个钢柱柱脚锚栓的位置,即相对于纵横轴线的位置尺寸,并在基础剖面图上标出锚栓空间位置标高,标明锚栓规格数量及埋设深度。

④ 结构布置图。

施工详图的结构布置图主要说明各个构件在平面中所处的位置,并对各种构件选用的截面进行编号,以供现场安装用。

结构布置图以钢结构设计图为依据,分别以同一类构件系统为绘制对象,绘制本系统的平面布置和剖面布置(一般有横向剖面和纵向剖面)。以门式刚架钢结构为例,应包括:钢柱布置图,钢梁布置图,柱间支撑、屋面支撑布置图,檩条、拉条等附属结构布置图。结构布置图应注明各构件的定位尺寸、轴线关系、标高等。结构布置图一般附有构件表、设计总说明等。

⑤ 构件详图。

构件详图依据设计图及布置图中的构件编号编制,主要供构件加工厂加工并组装构件用,也是构件出厂运输的构件单元图。划分构件单元时,在满足设计技术要求和加工厂加工条件的情况下,既要考虑到产品功能能否实现,又要兼顾运输的安全性、便捷性。

绘制构件详图时,应按主要表示面绘制每一构件的图形零配件及组装关系,并对每一构件中的零件编号,编制各构件的材料表和加工说明等。绘制桁架式构件时,应放大样确定杆件端部尺寸和节点板尺寸。

⑥ 安装节点详图。

在绘制施工详图中的节点图时,对只是整理现场安装时需要运用的节点,一般不再绘制安装节点详图,仅当构件详图无法清楚地表示构件相互连接处的构造关系时,才可绘制相应的节点图。

### 3.1.2.2 施工详图的绘制方法

施工详图应清晰地显示构件几何形状和断面尺寸,包括构件在平面图、立面图中所处的安装位置、构件编号、轴线、标高等。绘制钢结构施工详图关键在于详细。因为图纸是直接下料的依据,所以尺寸标注要详细准确,图面表达要意图明确、精练。根据图形的具体情况合理安排图面,突出重点,主次有序,争取用最少的图形,最清楚地表达设计意图,以达到减少绘制图纸工作量,提高工作效率的目的。

(1) 施工详图绘制的基本规定

钢结构施工详图图面、图形所用的图线、字体、比例、符号、定位轴线、图样画法、尺寸标注及常用建筑材料图例等均按照现行国家标准《房屋建筑制图统一标准》(GB/T 50001—2010)、《建筑结构制图标准》(GB/T 50105—2010)、《焊缝符号表示法》(GB/T 324—2008)和《技术制图 焊缝符号的尺寸、比例及简化表示法》(GB/T 12212—2012)等的有关规定采用。

① 图纸幅面。

根据钢结构施工详图的特点,常用的图纸幅面为 A1 和 A2,必要时也可采用 1.5A1,在一套图纸中应尽量采用一种规格的幅面,不宜多于两种幅面(图纸目录用 A4 除外)。

② 比例。

所有图样应按比例绘制,绘图时根据图样的用途和复杂程度按常用比例选用。一般结构布置的平面、立面、剖面采用 1∶50、1∶100、1∶150,构件图采用 1∶10、1∶20、1∶50,节点图采用 1∶10、1∶20,也可采用 1∶5、1∶25。一般情况下,图样宜选用同一种比例。当构件的纵向、横向截面尺寸相差很大时,亦可在同一详图中的纵向、横向选用不同的比例。轴线尺寸与构件尺寸也可选用不同的比例绘制。

③ 图面线型。

绘制施工详图时,图形中保持相对的粗细关系,并应根据不同用途选用各种线型,常用的线型有粗实线、粗虚线、粗点画线、中实线、中虚线、细点画线、折断线、波浪线等。同一张图纸内,相同比例的各图样,应选用相同的线宽组。

④ 字体。

图纸上书写的文字、数字和符号等,均应清晰、端正,排列整齐。钢结构详图中使用的文字优先采用仿宋体,汉字采用国家公布实施的简化汉字,同一图纸中字体种类不应超过两种。

⑤ 定位轴线及编号。

施工详图中的轴线是定位、放线的重要依据,定位轴线应用细单点长画线绘制。定位轴线应编号,编号应写在轴线端部的圆内。圆应用细实线绘制,直径为 8～10 mm。定位轴线圆的圆心应在定位轴线的延长线或延长线的折线上。

平面用和纵向、横向、剖面布置图的定位轴线及其编号应以设计图为准,横向编号应用阿拉伯数字,按从左至右顺序编写;纵向编号应用大写拉丁字母,按从下至上顺序编写。

⑥ 尺寸标注。

图样上的尺寸,包括尺寸界线、尺寸线、尺寸起止符号和尺寸数字,如图 3-1 所示。

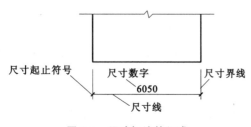

**图 3-1 尺寸标注的组成**

尺寸起止符号 尺寸数字 尺寸界线
6050
尺寸线

尺寸界线应用细实线绘制,一般应与被标注长度垂直,其一端应离开图样轮廓线不应小于 2 mm,另一端宜超出尺寸线 2～3 mm。尺寸线应用细实线绘制,应与被注长度平行。图样本身的任何图线均不得用作尺寸线。尺寸起止符号一般用中粗斜短线绘制,其倾斜方向应与尺寸界线成顺时针 45°角,长度宜为 2～3 mm。

图中标注的尺寸,除标高以 m 为单位外,其余均以 mm 为单位。图样上的尺寸,应以尺寸数字为准,不得从图上直接量取。

⑦ 符号。

钢结构详图中常用的符号有剖切符号、对称符号、连接符号、索引符号等。

a. 剖切符号。

剖切符号分为剖视图的剖切符号和断面图的剖切符号。剖视图的剖切符号应由剖切位置线及剖视方向线组成,而断面图的剖切符号则只用剖切位置线表示,两者都以粗实线绘制。剖面图或断面图,如与被剖切图样不在同一张图内,应在剖切位置线的另一侧注明其所在图纸的编号,也可以在图上集中说明。

剖切位置线的长度宜为 6~10 mm;剖视方向线应垂直于剖切位置线,长度应短于剖切位置线,宜为 4~6 mm。绘制时,剖切符号不应与其他图线接触。

剖视图的剖切符号的编号采用粗阿拉伯数字,按剖切顺序由左至右、由下向上连续编排,并应注写在剖视方向线的端部,如图 3-2 所示。断面图的剖切符号的编号也采用阿拉伯数字,按顺序连续编排,并应注写在剖切位置线的一侧,编号所在的一侧应为该断面的剖视方向,如图 3-3 所示。

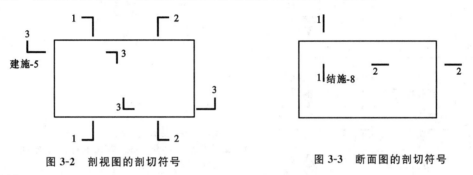

图 3-2　剖视图的剖切符号　　　　图 3-3　断面图的剖切符号

b. 对称符号。

完全对称的构件图或节点图,可只画出该图的一半,并在对称轴线上用对称符号表示。

对称符号由对称线和两端的两对平行线组成,如图 3-4 所示。对称线用细单点长画线绘制;平行线用细实线绘制,其长度宜为 6~10 mm,每对的间距宜为 2~3 mm;对称线垂直平分两对平行线,两端超出平行线宜为 2~3 mm。

c. 连接符号。

较长的构件,沿长度方向的形状一致或按一定规律变化时,为使图画紧凑,可以使用连接符号,以折断线断开省略绘制。如图 3-5 所示,将构件中间截去一段,两端靠拢画出,并在断开处画上折断线。但应注意,构件虽采用了断开画法,但仍要标注构件的实际全长尺寸。

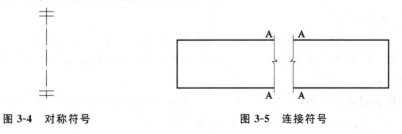

图 3-4　对称符号　　　　图 3-5　连接符号

d. 索引符号。

图样中的某一局部或构件,如需另见详图,应以索引符号索引。索引符号是由直径为 8~10 mm 的圆和水平直径组成,圆及水平直径应以细实线绘制。索引符号按下列规定绘制。

(a) 索引出的详图,如与被索引的详图同在一张图纸内,应在索引符号的上半圆中用阿拉伯数字注明该详图的编号,并在下半圆中间画一段水平细实线,如图 3-6(a)所示。

(b) 索引出的详图,如与被索引的详图不在同一张图纸内,应在索引符号的上半圆中用阿拉伯数字注明该详图的编号,在索引符号的下半圆用阿拉伯数字注明该详图所在图纸的编号,如图 3-6(b)所示。数字较多时,可加文字标注。

(c) 索引出的详图,若采用标准图,应在索引符号水平直径的延长线上加注该标准图册的编号,如图 3-6(c)所示。需要标注比例时,文字在索引符号右侧或延长线下方,与符号下对齐。

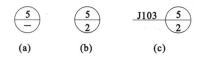

**图 3-6  索引符号**

(a) 本图索引;(b) 索引 2 号图 5 号节点;(c) J103 图集中 2 号图 5 号节点

⑧ 螺栓及螺栓孔的表示方法。

在钢结构施工详图上需要将螺栓孔的施工要求在图样中表示出来,常用的图例如表 3-2 所示。螺栓规格一律以公称直径标注,如以直径 20 mm 为例,图面标注为 M20,其孔径应标为 $\phi = 21.5$ mm。

表 3-2  螺栓及螺栓孔的表示方法

| 序号 | 名称 | 图例 | 说明 |
|------|------|------|------|
| 1 | 永久螺栓 | | |
| 2 | 高强度螺栓 | | 1.细"+"线表示定位线<br>2.采用引出线标注时,横线上标注螺栓规格,横线下标注螺栓孔直径<br>3.M 表示螺栓型号<br>4.$\phi$ 表示螺栓孔直径 |
| 3 | 安装螺栓 | | |
| 4 | 图形螺栓孔 | | |
| 5 | 长圆形螺栓孔 | | |

⑨ 焊缝符号表示方法。

在钢结构施工详图上应将焊缝的形式、尺寸和辅助要求用焊缝符号标注出来。《焊缝符号表示法》(GB/T 324—2008)规定,焊缝符号主要由指引线和基本符号组成,必要时还可以加上辅助符号、补充符号和焊缝尺寸符号,如表 3-3 所示。

指引线由箭头线和两条基准线(一条为实线,另一条为虚线)两部分组成。对有坡口的焊缝,箭头线应指向带有坡口的一侧。基准线的虚线可以画在实线的上侧或下侧。基准线一般应与图样的底边相平行,但在特殊情况下也可与底边相垂直。

基本符号表示焊缝的基本截面形式,如"◿"表示角焊缝,"∨"表示 V 形坡口的对接焊缝。基本符号与基准线的相对位置有如下规定:a.基本符号在实线侧时,表示焊缝在箭头侧;b.基本符号在虚线侧时,表示焊缝在非箭头侧;c.对称焊缝允许省略虚线;d.在明确焊缝分布位置的情况下,有些双面焊缝也可省略虚线。

辅助符号是表示焊缝表面形状特征的符号,如果要求通过加工使焊缝表面齐平,应在基本符号上加一短横线。补充符号是为了补充说明焊缝的某些特征而采用的符号,如带有垫板、三面或四面围焊及工地施焊等。

表 3-3 焊缝符号

| 类型 | 名称 | | 示意图 | 符号 | 示例 |
|---|---|---|---|---|---|
| 基本符号 | 对接焊缝 | I 形 | | ‖ | |
| | | V 形 | | V | |
| | | 单边 V 形 | | V | |
| | | K 形 | | K | |
| | 角焊缝 | | | ◺ | |
| | 塞焊缝 | | | ⊓ | |
| 辅助符号 | 平面符号 | | | — | |
| | 凹面符号 | | | ⌣ | |

| 类型 | 名称 | 示意图 | 符号 | 示例 |
|---|---|---|---|---|
| 补充符号 | 三面围焊符号 | 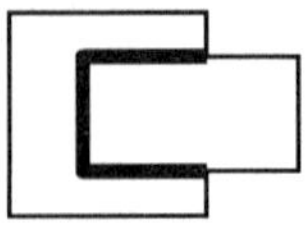 | ⊏ | 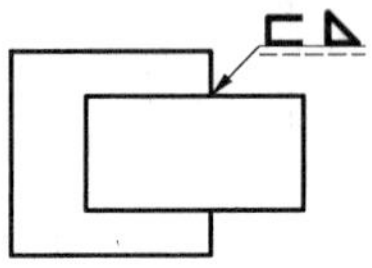 |
| | 周边焊缝符号 | 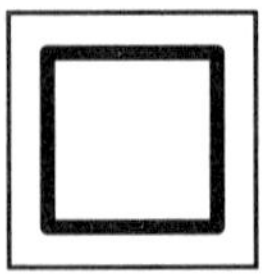 | ○ | 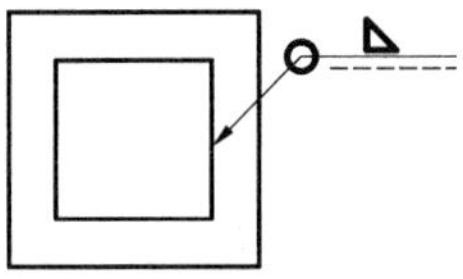 |
| | 工地现场焊接符号 | |  ▶ | 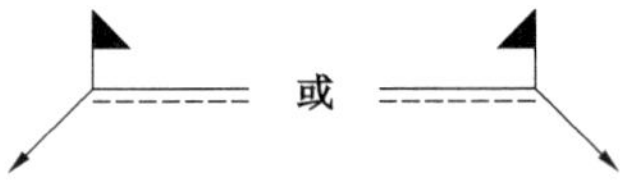 或 |
| | 焊缝底部有垫板的符号 | 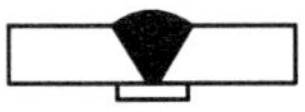 | ▭ | 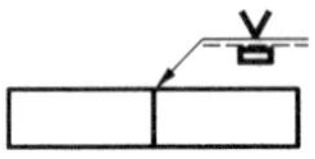 |
| | 尾部符号 | | < |  |
| 栅线符号 | 正面焊缝 |  | | |
| | 背面焊缝 |  | | |
| | 安装焊缝 |  | | |

焊缝的基本符号、辅助符号、补充符号均用粗实线表示,并与基准线相交或相切。但尾部符号除外,尾部符号用细实线表示,并且在基准线的尾端,用来标注需要说明焊接工艺方法和相同焊缝数量。

焊缝尺寸标注在基准线上。这里应注意的是,无论箭线方向如何,有关焊缝横截面的尺寸(如角焊缝的焊角尺寸 $h_f$)一律标在焊缝基本符号的左边,有关焊缝长度方向的尺寸(如焊缝长度)则一律标在焊缝基本符号的右边。此外,对接焊缝中有关坡口的尺寸应标在焊缝基本符号的上侧或下侧。

当焊缝分布不规则时,在标注焊缝符号的同时,还可以在焊缝位置处加栅线表示。

(2)钢结构施工详图的绘制方法

钢结构施工详图的绘制应遵守以上的基本规定,并参照下面的基本方法进行。

① 布置图的绘制方法。

a.绘制结构的平面、立面布置图,构件以粗单线或简单外形图表示,并在其旁侧注明标号,对规律布置的较多同号构件,也可以指引线统一注明标号。

b.构件编号一般应标注在表示构件的主要平面和剖面图上,在一张图上同一构件编号不宜在不同图形中重复表示。

c.同一张布置图中,只有当构件截面、构造样式和施工要求完全一样时才能编同一个号,尺寸略有差异或制造上要求不同(例如有支撑屋架需要多开几个支撑孔)的构件均应单独编号。对安装关系相反的构件,一般可将标号加注角标来区别,杆件编号均应有字首代号,一般可采用同音的拼音字母,钢结构常用构件代号见表3-4。

表 3-4  钢结构常用构件代号

| 序号 | 名称 | 代号 | 序号 | 名称 | 代号 | 序号 | 名称 | 代号 |
|------|------|------|------|------|------|------|------|------|
| 1 | 刚架 | GJ | 10 | 托梁 | TL | 19 | 抗风柱 | KFZ |
| 2 | 钢梁 | GL | 11 | 檩条 | LT | 20 | 墙架梁 | QL |
| 3 | 钢柱 | GZ | 12 | 刚性檩条 | GLT | 21 | 墙架柱 | QZ |
| 4 | 系杆 | XG | 13 | 屋脊檩条 | WLT | 22 | 山墙柱 | SQZ |
| 5 | 刚性系杆 | GXG | 14 | 直拉条 | GZL | 23 | 柱脚 | ZJ |
| 6 | 水平支撑 | SC | 15 | 斜拉条 | GXL | 24 | 吊车梁 | DL |
| 7 | 垂直支撑 | CC | 16 | 撑杆 | CG | 25 | 压杆 | YG |
| 8 | 柱间支撑 | ZC | 17 | 钢桁架 | GHJ | 26 | 复合板 | FHB |
| 9 | 隔撑 | YC | 18 | 钢屋架 | GWJ | 27 | 压型金属板 | YXB |

d. 每一构件均应与轴线有定位的关系尺寸,对槽钢、C 型钢截面应标示肢背方向。

e. 平面布置图一般可用 1：100 或 1：150 的比例;图中剖面宜利用对称关系、参照关系或转折剖面简化图形。

f. 一般在布置图中,根据施工的需要,对于安装时有附加要求的地方、不同材料构件连接的地方及主要的安装拼接接头的地方宜选取节点进行绘制。

② 构件图的绘制方法。

绘制内容应包括:构件本身的定位尺寸、几何尺寸;标注所有组成构件的零件间的相互定位尺寸,连接关系;标注所有零件间的连接焊缝符号及零件上的孔、洞及其相互关系尺寸;标注零件的切口、切槽、裁切的大样尺寸;构件上零件编号及材料表;有关本图构件制作的说明(如相关布置图号、制孔要求、焊缝要求等)。

a. 构件图以粗实线绘制。构件详图应按布置图上的构件编号按类别依次绘制而成,不应前后颠倒,随意顺手画。所绘构件主要投影面的位置应与布置图相一致,水平的水平绘制,垂直的垂直绘制,斜向的倾斜绘制。

每一构件均应按布置图上的构件编号绘制成详图,构件编号用粗线标注在图形下方,图纸内容及深度应能满足制造加工要求。

设置不同的图层进行不同线条的绘制,使图纸可实现分层管理,并通过对各图层的线型、线宽、颜色等的规定,使图纸在绘制时图面富有色彩,同时保证出图后的图面线条清晰、粗细有别、美观大方。实际绘图时可参考表 3-5 的图层和线型设置。

表 3-5  图层、线型及线宽

| 序号 | 图层名称 | 颜色 | 线型 | 线宽 | 用途 |
|------|----------|------|------|------|------|
| 1 | 标注 | 黄 | Continuous | 0.18 mm | 构件编号线、焊缝符号线等 |
| 2 | 尺寸标注 | 绿 | Continuous | 0.25 mm | 尺寸线标注 |
| 3 | 粗实线 | 红 | Continuous | 0.30 mm | 本构件可见线条 |
| 4 | 加粗实线 | 紫 | Continuous | 0.50 mm | 工艺焊缝、螺栓 |
| 5 | 剖面粗线 | 蓝 | Continuous | 0.60 mm | 剖面短线 |
| 6 | 文字 | 品红 | Continuous | 0.25 mm | 图中文字 |
| 7 | 细实线 | 青 | Continuous | 0.18 mm | 其他构件可见线条 |
| 8 | 虚线 | 黄 | DASHED | 0.20 mm | 不可见线条 |
| 9 | 中心线 | 绿 | ACADIS004W100 | 0.18 mm | 构件中心线、行列轴线 |

b. 构件图形的比例。构件图形一般应选用合适的比例绘制,常采用的比例有 1∶10、1∶20、1∶50 等,一般规定:构件的几何图形采用 1∶50~1∶20,构件截面和零件采用 1∶20~1∶10,零件详图采用 1∶5。对于较长、较高的构件,其长度、高度与截面尺寸可以用不同的比例表示。

由于绘制构件图形是在计算机的虚拟空间中进行,因此构件全部按实际尺寸绘制,通过采用将图框放大的方式来确定图纸比例。例如,将图框放大 10 倍后,可将所绘构件放入图框内,则此图的比例就为 1∶10。

c. 构件中每一零件均应编零件号,编号应尽量先编主要零件(如弦材、翼缘板、腹板等),再编次要、较小零件,相反零件可用相同编号。材料表中应注明零件规格、数量、重量及制作要求(如刨边、热煨等)等,对焊接构件宜在材料表中附加构件重量 1.5% 的焊缝重量。

d. 图中所有尺寸均以 mm 为单位(标高除外),一般尺寸标注法宜分别标注构件控制尺寸,各构件相关尺寸,对斜尺寸应注明其斜度。当构件为多弧形构件时,应分别标明每一弧形尺寸相对应的曲率半径。

e. 构件与构件间的连接部位,应按设计图提供的内力及节点构造进行连接计算及螺栓与焊缝的布置,选定螺栓数量、焊脚高度及焊缝长度;对组合截面构件,还应确定缀板的截面与间距。对连接板、节点板、加劲板等,按构造要求进行配置放样及必要的计算。

f. 构件详图中,对较复杂的零件,在各个投影面上均不能表示其细部尺寸时,应绘制该零件的大样图,或绘制展开图来标明细部的加工尺寸及符号。

g. 构件间以节点板相连时,应在节点板连接孔中心线上注明斜度及相连的构件号。

h. 一般情况下,一个构件应单独画在一张图纸上,只在特殊情况下才允许画在两张或两张以上的图纸上,此时应在每张图纸所绘该构件一段的两端,画出相互联系尺寸的移植线,并在其侧注明相接的图号。

### 3.1.2.3 施工详图的设计流程

钢结构施工详图是结构设计与构件加工制作的联系桥梁,为构件加工和构件安装提供必要的依据,及时向建筑工程师和结构工程师反映工厂加工与工地安装的可行解决方案以及不可行的问题点,避免影响工程进度和质量,造成经济损失。

(1) 设计输入准备阶段

① 根据设计任务书要求编制单项工程施工详图设计计划。

② 收到委托方的结构设计图纸及电子文档后,仔细核对和熟悉图纸,对发现的图纸差错和有疑义的地方,应以书面形式递交委托方,待排除差错和疑义之后方可进行施工详图的设计。

③ 由委托方组织结构设计方进行施工详图设计的技术交底,对交底内容做好记录,必要时应形成书面的交底会议纪要。记录或纪要由结构设计交底人员签名确认。

④ 根据结构设计图、设计交底资料和合同(协议)中规定选用的技术标准和特殊要求,依照相应规范编制项目的《施工详图设计准则》。

(2) 施工详图的设计程序

① 应在充分熟悉原设计图纸的基础上,以保证施工详图的进度和质量为标准,综合考虑工程自身的特点,选用施工详图的设计绘图软件,采用的软件首先需进行放样校验,以保证设计软件的准确性。

② 设计人员必须按《施工详图设计准则》的规定进行设计和绘图,以保证施工详图的正确性和整个工程项目施工详图的图面统一性。

③ 设计人员设计的施工详图必须经指定的校对、审核人员校对、审核。校对、审核人员应根据每张详图的质量情况,分别给予等级评价,同时加注校对意见和修改要求。

(3) 施工详图的确认和审批

施工详图应由设计经理递交给结构设计工程师或合同文件规定的监理工程师确认、审批,并根据意见修改以后方能发放。

(4) 施工详图的更改

① 施工详图的更改应采用编制"设计更改通知单"的形式或换版的形式。

② 施工详图做较大的修改，或同一图纸第三次更改时，应进行换版。换版图纸由设计人员进行修改后按《施工详图设计准则》的规定进行审核、批准和认可。

③ 无论何种原因需对原施工详图进行修改，均需按以下方法进行。

a. 圈出修改部位。

b. 在修改记录栏内写明修改原因、修改时间。

c. 更改版本号。

d. 所有图纸均按最新版本进行施工。

（5）施工详图的设计流程图

钢结构施工详图的设计流程图见图 3-7。

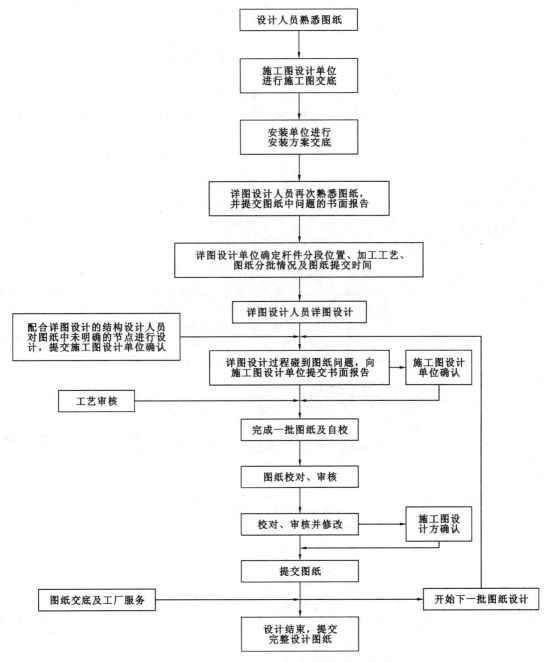

图 3-7  钢结构施工详图的设计流程图

3.1.2.4　施工详图的设计软件

运用于钢结构施工详图设计的主要软件有 AutoCAD、Tekla Structures、PKPM（STXT）、StruCAD、3D3S 及 ProSteel 3D，其中 AutoCAD 及 Tekla Structures 软件是目前应用最为广泛的钢结构施工详图的设计软件，具体可见表 3-6。

表 3-6　　　　　　　　　　　　　　　钢结构施工详图的设计软件

| 序号 | 详图设计软件 | 特点 | 适用工程类别 |
| --- | --- | --- | --- |
| 1 | AutoCAD | 由美国 Autodesk 公司在 IBM 系列微机上开发，具有完善的图形绘制功能，强大的图形编辑功能，可以采用多种方式进行二次开发或用户定制以适应不同需求。可进行多种图形格式的转换，具有较强的数据交换能力 | 工业厂房；普通高层；化工厂房，锅炉；倾斜或曲面高层；单曲或双曲管桁架空间结构；桥梁（箱梁式、桁架式） |
| 2 | Tekla Structures | 芬兰 Tekla 公司开发的钢结构 3D 实体模型专业软件，可自动产生 2D 加工详图和 BOM 数据；提供完整的 2D 图面编辑功能及构件碰撞校核功能，可提高工作效率，减少人为错误及检查时间；提供多种节点的建立及使用，可转出 1∶1 的 DXF 图档，配合自动排版及切割使用 | 大型多高层建筑，民用建筑；单层或多层工业厂房；化工厂房，锅炉 |
| 3 | PKPM（STXT） | 中国建筑科学研究院研发的一款三维建模详图软件，部分功能沿袭 PKPM 的操作习惯，节点库相比其他详图软件更实用，更本土化；施工详图均可由三维模型自动生成，并可生成用于数控机床加工的数据文件。详图软件 STXT 可以单独使用，也可与 PKPM 结构设计软件配合使用 | 单层或多层工业厂房；多高层建筑，民用建筑 |
| 4 | StruCAD | 由英国 AceCAD 公司开发的三维钢结构详图设计软件，它包括 CAD、CAM、CAE 等一系列模块，能满足钢结构工程建设中从设计到施工制造的全过程，可以随时通过漫游环境从任意角度查看模型的整体和细部情况 | 单层或多层工业厂房；普通高层；化工厂房，锅炉 |
| 5 | 3D3S | 同济大学独立开发的 CAD 软件系列，3D3S 软件可提供四个系统：3D3S 钢与空间结构设计系统、3D3S 钢结构实体建造及绘图系统、3D3S 钢与空间结构非线性计算与分析系统、3D3S 辅助结构设计及绘图系统 | 倾斜或曲面高层，单曲或双曲管桁架空间结构 |
| 6 | ProSteel 3D | 基于 AutoCAD 开发的专业三维钢结构建模、详图和生产控制的软件系统，可方便建立钢结构三维模型，自动提取布置图和构件详图，提供圆管展开图及绘制交线与圆管的展开图，并生成汇总材料表。软件提供数据接口连接结构计算软件、数控机床、钢结构生产计划管理软件 | 多高层建筑、民用建筑、大型体育场馆、工业建筑、桥梁、近海工程 |

3.1.2.5　钢结构详图设计人员应具备的素质

钢结构详图设计人员应具备如下几点基本素质。

① 具有建筑结构专业基础、基本力学以及土木工程制图和画法几何的知识。

② 熟练掌握计算机辅助设计软件(如 AutoCAD),以及一种专业钢结构详图设计软件(如 Tekla Structures、StruCAD、3D3S 等)。

③ 熟悉钢结构相关国家规范、规程及标准。

④ 了解钢结构生产工艺及施工安装工艺。

⑤ 具有高度的耐心及责任心。

### 3.1.2.6 施工详图的识读

阅读钢结构施工详图的步骤一般为:从上往下看、从左往右看、由外往里看、由大到小看、由粗到细看、图样与说明对照看,布置详图结合看。

施工详图的看图总原则:一是看图要仔细,图纸表达不清或矛盾时,要多问多求证,不能自己猜;二是重视设计总说明和每张图面右下角的说明。对于一套完整的施工图,在详细读图前,可先将全套图样翻一翻,大致了解这套图样包括多少构件系统,每个系统有几张,每张的内容是什么;再按设计总说明、构件布置图、构件详图、节点详图的顺序进行读图。从布置图中可了解构件的类型及定位等情况,构件的类型由构件代号和编号表示,构件的定位主要由轴线及标高确定。节点详图主要表示构件与构件各个连接节点的情况,如墙、梁与柱连接节点,系杆与柱、支撑的连接节点等,用这些详图反映节点连接的方式及细部尺寸等。

钢结构施工详图的看图要点如下。

(1)图纸目录

主要检查接收到的图纸是否完整。

(2)详图设计总说明

详图设计总说明主要包括:钢材、螺栓、冷弯薄壁型钢、栓钉、围护板材的材质(颜色)、厂家等;油漆种类、漆膜厚度及范围或型钢镀锌的要求,油漆范围必要时要看构件详图;除锈等级及抗滑移系数;焊缝的质量等级和范围等要求;预拼装、起拱、现场吊装吊耳等要求;制作、检验标准等。

(3)构件布置图

构件布置图主要包括:锚栓布置图主要关注钢材材质、数量、攻丝长度、焊脚高度等;梁柱布置图主要关注构件名称、规格、数量、梁的安装方向(关系到连接板偏向)、轴线距离和楼层标高(可大致判断梁、柱的长度)等;檩条、墙梁布置图主要关注构件名称、数量、是否有斜拉条和隅撑(关系到孔的排数)、轴线距离(可推算长度)、是否位于窗上下(关系到有没有贴板)等。

(4)构件详图

构件详图图面上一般分索引区、构件图区、大样图区、说明区。通过索引区的标示,可以方便地在布置图上查找该构件的位置,确定本图的主视图方向;构件图区可以整体反映该构件,如有两个视图进行表达时,一定要找到剖视符号来判断第二个视图的方向,不能只凭三视图的惯例来断定;大样图区是针对某一特定区域进行特殊性放大标注,把某些形状特殊、开孔或连接较复杂的零件或节点等较详细地表示出来;说明区对设计总说明中未提及或特殊的地方进行规定,是必读的。

① 钢柱、钢梁大样图的识图要点。

a.钢柱、钢梁截面和总长度、各层标高与布置图对照验证一下。

b.通过索引图判断钢柱、钢梁视图方向。

c.牛腿或连接板数量、方向对照布置图进行验证。

d.柱的标高尺寸、长度分尺寸和总尺寸是否一致。

e.通过剖视符号和板件编号找到对应的大样图进行识图。

f.装配和检验要根据标注原则和本构件的特点来判断基准点、线。

g.每块板件装配前要根据图纸的焊缝标示和工艺进行剖口等处理。

h.注意梁端部是否需要带坡口,梁是否预起拱。

② 轻钢屋面梁大样图的识图要点。

a.按照索引图和布置图,核对截面规格。

b.注意翼缘、腹板的分段位置,尤其是折梁时,是采用插板还是腹板连续。

c.注意屋面梁放坡坡度,合缝板与谁垂直等问题。

d.注意是否每根梁都有系杆连接板、天沟支架连接板、水平支撑孔。

③ 吊车梁大样图的识图要点。

a.注意轴线和吊车梁长度的关系,中间跨和边跨的吊车梁长度一般是不一样的。

b.吊车梁上翼缘是否需要预留固定轨道的螺栓孔。

c.吊车梁上翼缘和腹板的 T 形焊缝是否需要熔透。

d.注意加劲肋厚度以及它与吊车梁的焊缝连接,注意区别普通加劲肋与支承加劲肋,两者一般是不同的。

④ 支撑大样图的识图要点。

a.支撑的截面、肢尖朝向。

b.放样的基准点是否明确。

c.连接板的尺寸是否"正常"(这里尤为重要,有时候制图人把板的大样拉出来放大画时,忘记调整比例,会出现尺寸不"正常",通常是原图的 1.5 倍或 2 倍),比较简单的方法是观察螺栓孔的间距,如果和放样图中的不一致,就是错的。

# 3.2    钢结构施工详图案例分析 >>>

### 3.2.1    轻型门式刚架施工详图

(1)案例描述

根据设计院提供的单层轻型门式刚架的钢结构设计图纸,要求对其进行施工详图设计,以便工厂加工、制作。

(2)案例分析

单层轻型门式刚架的结构设计图纸如图 3-8 所示,从图中可知,门式刚架跨度为 27 m,屋面坡度为 1∶20,带吊车梁,刚架梁有拼接段。在进行施工详图设计时,绘制的施工详图主要包括:详图设计总说明(图 3-9)、刚架柱详图(图 3-10)、刚架梁详图(图 3-11)、刚架梁柱材料清单(图 3-12)、吊车梁详图(图 3-13)、节点详图(图 3-14～图 3-16)。

### 3.2.2    钢框架施工详图

(1)案例描述

根据设计院提供的高层钢框架结构设计图纸,要求对其进行施工详图设计,以便工厂加工、制作。

(2)案例分析

某高层钢框架结构,高度为 72.4 m,共 19 层。钢柱采用内灌混凝土的焊接箱形截面,从底层到顶层的焊接箱形柱变截面、变厚度。典型楼层的结构平面布置详图如图 3-17 所示,在进行钢框架结构施工详图设计时,绘制的主结构施工详图主要包括:框架梁详图(图 3-18、图 3-19)和框架柱详图(图 3-20～图 3-22)。

## 知识归纳

本章从两个部分对钢结构施工详图设计进行了讲解。第一部分为钢结构施工详图设计的基础知识,阐述了施工详图设计时所需的构造设计、连接计算和节点设计,同时详细介绍了施工详图的编制内容、绘制方法、设计流程、设计软件和图纸的识读等内容。第二部分为钢结构施工详图案例分析,给出了轻型门式刚架和钢框架两类典型结构的施工详图图纸的表达内容和深度,有利于提高学生的实际应用能力。

## 独立思考

3-1 请谈谈你对钢结构详图的特点、作用的认识。

3-2 你认为正确绘制钢结构详图的关键是什么?

3-3 你认为通过绘制钢结构详图,可以培养哪些能力?

3-4 在计算机绘图应用十分普遍的情况下,加强手绘详图的训练有什么重要作用?

3-5 利用专业绘图软件进行钢结构详图设计,成果质量主要取决于软件水平还是设计人员的能力?

3-6 在钢结构详图设计中,是否需要创新能力?怎样通过创新提高设计水平?

## 参考文献

[1] 中华人民共和国建设部,中华人民共和国国家质量监督检验检疫总局.GB 50017—2003 钢结构设计规范[S].北京:中国计划出版社,2003.

[2] 中华人民共和国建设部.JGJ 99—1998 高层民用建筑钢结构技术规程[S].北京:中国建筑工业出版社,1998.

[3] 中华人民共和国住房和城乡建设部,中华人民共和国国家质量监督检验检疫总局.GB 50011—2010 建筑抗震设计规范[S].北京:中国建筑工业出版社,2010.

[4] 中华人民共和国住房和城乡建设部,中华人民共和国国家质量监督检验检疫总局.GB/T 50105—2010 建筑结构制图标准[S].北京:中国建筑工业出版社,2010.

[5] 中华人民共和国住房和城乡建设部,中华人民共和国国家质量监督检验检疫总局.GB/T 50001—2010 房屋建筑制图统一标准[S].北京:中国建筑工业出版社,2010.

[6] 中华人民共和国住房和城乡建设部,中华人民共和国国家质量监督检验检疫总局.GB 50205—2001 钢结构工程施工质量验收规范[S].北京:中国计划出版社,2001.

[7] 谢国昂,王松涛.钢结构设计深化及详图表达[M].北京:中国建筑工业出版社,2010.

[8] 中国钢结构协会.建筑钢材手册[M].北京:人民交通出版社,2005.

[9] 李雄彦,徐兆熙,薛素铎.门式刚架轻型钢结构工程设计与实例[M].北京:中国建筑工业出版社,2008.

[10] 孙韬,李继才.轻钢及围护结构工程施工[M].北京:中国建筑工业出版社,2012.

[11] 赵鑫.钢结构施工[M].北京:北京理工大学出版社,2011.

[12] 陈绍蕃.钢结构:上册[M].2 版.北京:中国建筑工业出版社,2007.

[13] 陈绍蕃.钢结构:下册[M].2 版.北京:中国建筑工业出版社,2007.

[14] 董军,唐柏鉴.钢结构基本原理[M].重庆:重庆大学出版社,2011.

[15] 巴晓曼.钢结构工程施工图[M].武汉:华中科技大学出版社,2011.

**4**

# 工学结合训练——
# 钢构件制作训练

## 课前导读

### ◻ 内容提要

　　本章主要内容包括：钢结构零部件的加工工艺，典型钢构件（焊接H型钢、箱形构件、圆钢管构件和典型连接节点）的工艺编制及制作流程，门式刚架、钢框架和网架结构的钢构件制作案例分析。本章的教学重点为典型钢构件的工艺编制及制作流程以及钢构件制作案例分析；教学难点为网架结构的钢构件加工工艺以及其制作案例分析。本章在主要介绍钢构件制作基础知识的基础上，详细介绍典型构件的制作流程和方法，对量大面广的钢结构门式刚架、框架和网架进行了详细的案例分析，帮助学习者有效培养从事钢构件制作需要的技术和能力。

### ◻ 能力要求

　　通过本章的学习，学生应能够独立地识读和正确理解钢结构施工详图的图纸；掌握钢结构原理和钢结构施工等相关知识；熟悉各种不同的钢结构加工设备（如切割机、焊机、滚板机等）的使用特点；了解常见的板材钻孔、切割和焊接，以及板材组拼成钢构件的制作工艺流程、构件的防腐防锈涂装等基本知识。

# 4.1　钢构件制作的基础知识　>>>

## 4.1.1　钢结构零部件的加工

### 4.1.1.1　原材料矫正

在钢结构制作过程中,原材料变形、切割变形、焊接变形、运输变形等往往影响构件的制作及安装,一般需采用机械矫正或火焰矫正。矫正就是制造新的变形去抵消已经发生的变形。对原材料进行矫正时,需要注意如下几点问题。

① 对要进行加工的钢材,应在加工前检查其有无对制作有害的变形,如局部下挠、弯曲等。若存在此类变形,则根据实际情况采用机械冷矫正或热(如线加热、点加热)矫正。当采用冷机械冷矫正时,应根据矫正机的技术性能和实际使用情况进行选择;当采用热矫正时,应注意其热矫正的加热温度不超过 820 ℃,矫正过程中严禁用水冷却。

② 碳素结构钢在环境温度低于−16 ℃、低合金结构钢在环境温度低于−12 ℃时不应进行冷矫正。

③ 矫正后的钢材表面不应有明显的凹面或损伤,划痕深度不得大于 0.5 mm,且不应大于该钢材厚度负允许偏差的 1/2。

④ 钢材矫正后的允许偏差应满足《钢结构工程施工质量验收规范》(GB 50205—2001)第 7.3.5 条中的验收要求,详见表 4-1 的规定。

表 4-1　　　　　　　　　　　　　　　**钢材矫正后的允许偏差**　　　　　　　　　　　(单位:mm)

| 项目 | | 允许偏差 | 图例 |
|---|---|---|---|
| 钢板的局部平面度 | $t \leqslant 14$ | 1.5 | |
| | $t > 14$ | 1.0 | |
| 型钢弯曲矢高 | | $l/1000$,且不应大于 5.0 | |
| 角钢肢的垂直度 | | $b/100$ 双肢栓接角钢的角度不应大于 90° | |
| 槽钢翼缘对腹板的垂直度 | | $b/80$ | |
| 工字钢、H 型钢翼缘对腹板的垂直度 | | $b/100$,且不大于 2.0 | |

### 4.1.1.2　放样

放样是指在放样台上利用几何作图方法按 1:1 的比例弹出大样图。放样是钢结构制作工艺中的第一道工序。只有放样准确,才能避免各道加工工序的积累误差,从而保证工程质量。

① 放样、切割、制作、验收所用的钢卷尺和经纬仪等测量工具必须经部、市级以上计量单位检验,合格后方可使用。测量应以一把经检验合格的钢卷尺测出的尺寸为基准,并附有勘误尺寸,以便与监理及安装单位核对。

② 所有构件应按照钢结构施工详图及制造工艺的要求,进行计算机放样,核定构件及构件相互连接的几何尺寸和连接有否不当。如发现施工图有遗漏或错误,以及因其他原因需要更改施工图时,必须取得设计单位签发的设计更改通知单,不得擅自修改。放样工作完成后,对所放大样和样杆样板(或下料图)进行自检,无误后报专职检验人员检验。放样检验合格后,按工艺要求制作必要的角度、槽口、样板和胎架样板。

③ 画线公差要求如表 4-2 所示。

表 4-2　　　　　　　　　　　　　　　　　**画线公差要求**

| 项　目 | 允许偏差/mm |
|---|---|
| 基准线,孔距位置 | ≤0.5 |
| 零件外形尺寸 | ≤0.5 |

④ 画线后应标明基准线、中心线和检验控制点。做记号时不得使用凿子一类的工具,少量的样冲标记的深度应不大于 0.5 mm,钢板上不应留下任何永久性的画线痕迹。

### 4.1.1.3　号料

号料也称画线,即利用样板、样杆或根据图纸,在板料及型钢上画出的孔的位置和零件形状的加工界线。

① 号料前应先确认材质和熟悉工艺要求,然后根据排版图、下料加工单、配料卡和零件草图进行号料。

② 号料的母材必须平直,无损伤及其他缺陷,否则应先矫正或剔除。

③ 号料的允许偏差如表 4-3 所示。

表 4-3　　　　　　　　　　　　　　　　　**号料的允许偏差**

| 项　目 | 允许偏差/mm |
|---|---|
| 零件外形尺寸 | ±1.0 |
| 孔距 | ±0.5 |
| 边缘机加工线至第一孔的距离 | ±0.5 |

④ 号料后应标明基准线、中心线和检验控制点。做记号时不得使用凿子一类的工具,少量的样冲标记的深度应不大于 0.5 mm,钢板上不应留下任何永久性的画线痕迹。

⑤ 号料质量控制如表 4-4 所示。

表 4-4　　　　　　　　　　　　　　　　　**号料质量控制**

| 编号 | 质量控制 |
|---|---|
| 1 | 号料前,号料人员应熟悉下料图所备注的各种符号及标记等要求,核对材料牌号及规格、炉批号。当供料或有关部门未做出材料配割(排料)计划时,号料人员应做出材料切割计划,合理排料,节约钢材 |
| 2 | 号料时,针对工程的使用材料特点,复核所使用材料的规格,检查材料外观质量,制定测量表格加以记录。凡发现材料规格不符合要求或材质外观不符合要求者,需及时报质量管理、技术部门处理;遇有材料弯曲或不平度影响号料质量者,需经矫正后号料,对于超标的材料退回生产厂家 |
| 3 | 根据锯、割等不同切割要求和对刨、铣加工的零件,预放不同的切割及加工余量和焊接收缩量 |
| 4 | 因原材料长度或宽度不足需焊接拼接时,必须在拼接件上标注出相互拼接编号和焊接坡口形状。如拼接件有眼孔,应待拼接件焊接、矫正后加工眼孔 |
| 5 | 号料时,应在零部件上标注验收批号、构件号、零件号、数量及加工方法等 |
| 6 | 下料完成后,检查所下零件的规格、数量等是否有误,并做下料记录 |

#### 4.1.1.4　原材料的对接

原材料的对接要求如表 4-5 所示。

表 4-5　　　　　　　　　　　　　　　　　　　原材料的对接要求

| 原材料的对接 | 对接要求 |
| --- | --- |
| 板材对接 | 对接焊缝等级为一级,对接坡口形式如下图所示:<br><br>　背面清根　　　　　背面清根　　　　　背面清根　　　　　背面清根<br>$t \leqslant 12\ \text{mm}$; $b = 0 \sim 1.5\ \text{mm}$　　　　$12\ \text{mm} < t \leqslant 30\ \text{mm}$　　　　$t > 30\ \text{mm}$<br>坡口采用半自动火焰切割加工,并打磨露出良好金属光泽,所有切割缺陷应修整合格后方允许进行组装焊接;组装对接错边应不大于 $t/10$ 且不大于 2 mm;对接焊缝焊后 24 h 进行 100% UT 检测,焊接质量等级为一级 |
| 型钢对接 | 需要焊透,并进行探伤。接长段大于或等于 500 mm,且错开附近的节点板及孔群 100 mm。焊缝视安装情况而定。<br>　板制钢梁原则上由整块板下料。若允许对接,则梁的上、下翼板在梁端 1/3 范围内避免对接。上、下翼板与腹板三者的对接焊缝不设在同一截面上,应相互错开 200 mm 以上,与加劲板的孔群应错开 100 mm 以上,且分别对接后才能组装成型 |

#### 4.1.1.5　切割和刨削加工

钢材下料切割方法有剪切、冲切、锯切、气割等。施工中采用哪种方法应该根据具体要求和实际条件选用。切割后钢材不得有分层,断面上不得有裂纹,应清除切口处的毛刺、熔渣和飞溅物。

① 切割工具的选用如表 4-6 所示。

表 4-6　　　　　　　　　　　　　　切割工具的选用

| 　　　　　　工具<br>项目 | 火焰切割机 | 半自动火焰切割机 | 剪板机 | 圆盘锯、冷锯角钢冲剪机 |
| --- | --- | --- | --- | --- |
| $t > 9$ mm 的零件板 | √ | √ | — | — |
| $t \leqslant 9$ mm 的零件板 | — | — | √ | — |
| 型钢、角钢 | √ | — | — | √ |

② 切割前应清除母材表面的油污、铁锈;切割后,气割表面应光滑、无裂纹,熔渣和飞溅物应除去,剪切边应打磨。

③ 气割的允许偏差如表 4-7 所示。

表 4-7　　　　　　　　　　　　　　气割的允许偏差

| 项目 | 允许偏差/mm |
| --- | --- |
| 零件的宽度、长度 | ±3.0 |
| 切割面平面度 | $0.05t$,且不应大于 2.0 |
| 割纹深度 | 0.3 |
| 局部缺口深度 | 1.0 |

注:$t$ 为切割面厚度。

④ 切割后应去除切割熔渣,对于组装后无法精整的表面,如弧形锁口内表面,应在组装前进行处理。图纸中的直角切口应以 15 mm 的圆弧过渡,如梁端部翼缘板、腹板切口。H 型钢的对接若采用焊接,在翼缘板、腹板的交汇处应开 $R = 15$ mm 的圆弧,以使翼缘板、腹板焊透。

⑤ 火焰切割后需自检零件尺寸,然后标上零件所属的工作令号、构件号、零件号,再由质检员专检各项指标,合格后才能流入下一道工序。

⑥ 需进行铣削的部位,每一铣削边需放 5 mm 加工余量。

⑦ 刨削加工的允许偏差如表 4-8 所示。

表 4-8　　　　　　　　　　　　　　刨削加工的允许偏差

| 编号 | 项目 | 允许偏差 |
|---|---|---|
| 1 | 零件宽度、长度 | ±1.0 mm |
| 2 | 加工边直线度 | $L/3000$,且不大于 2.0 mm |
| 3 | 相邻两边夹角角度 | ±6′ |
| 4 | 加工面垂直度 | 不大于 0.025$t$,且不大于 0.5 mm |
| 5 | 加工面粗糙度 | 轮廓算术平均偏差 $Ra$ 小于 0.05 mm |

⑧ 端部铣平的允许偏差如表 4-9 所示。

表 4-9　　　　　　　　　　　　　　端部铣平的允许偏差

| 编号 | 项目 | 允许偏差/mm |
|---|---|---|
| 1 | 两端铣平时构件长度 | ±2.0 |
| 2 | 两端铣平时零件长度 | ±0.5 |
| 3 | 铣平面的平面度 | 0.3 |
| 4 | 铣平面对轴线的垂直度 | 小于或等于 $l/1500$ |

⑨ 放样切割流程如图 4-1 所示。

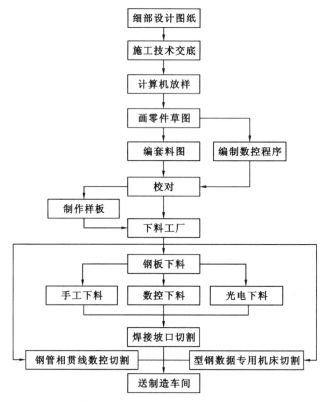

图 4-1　放样切割流程图

4.1.1.6　钢材冲裁

对成批生产的构件或定型产品,应采用冲裁下料法,这样不但可提高生产效率,而且能保证产品质量。

（1）冲床的选择

常用的冲床有曲轴冲床和偏心冲床两种。由于冲床的技术参数对冲裁工作影响很大,选择冲床时,应根据技术参数进行。

（2）冲裁模具间隙与搭边值的确定

① 冲裁模具间隙的确定。

冲裁模具的凸模尺寸比凹模小,其间存在一定的间隙。设凸模刃口部分尺寸为 $d$,凹模刃口部分尺寸为 $D$,如图 4-2 所示,则冲裁模具间隙 $Z$(双边)可用下式表示:

$$Z = D - d \tag{4-1}$$

② 搭边值的确定。

为保证冲裁件质量和模具寿命,冲裁时材料在凸模工作刃口外侧应留有足够的宽度,即搭边。搭边值一般根据冲裁件的板厚 $t$ 按以下关系选取。

a. 圆形零件搭边值:$a \geq 0.7t$。

b. 方形零件搭边值:$a \geq 0.8t$。

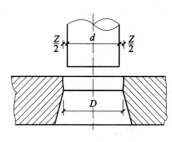

图 4-2　冲裁模具间隙

（3）冲裁的最小尺寸

零件冲裁加工部分的最小尺寸,与零件的形状、板厚及材料的力学性能有关。零件冲裁加工部分尺寸愈小,所需冲裁边也愈小,但不能太小,否则凸模单位面积上的压力过大,使其强度不足。钢材冲裁施工时,冲模在较软钢材上所能冲出的最小尺寸如下。

① 方形零件最小边长为 $0.9t$。

② 矩形零件最小短边为 $0.8t$。

③ 长圆形零件两直边最小距离为 $0.7t$。

（4）冲裁施工

① 冲裁加工前,应进行合理排样。

② 冲裁应在冲床上进行,其方法如图 4-3 所示。在保证必要搭边值的同时,尽量减少废料。

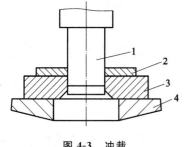

图 4-3　冲裁
1—凸模;2—板料;
3—凹模;4—冲床工作台

③ 冲裁时,材料置于凸、凹模之间,在外力的作用下,凸、凹模产生一对剪切力(劈切线通常是封闭的),在剪切力作用下材料被分离。

4.1.1.7　钢材成型加工

在钢结构制作中,成型加工主要包括弯曲、卷板(滚圆)、边缘加工、折边和模具压制五种,其中弯曲、卷板(滚圆)和模具压制都涉及钢材热加工和钢材冷加工。

（1）钢材热加工

把钢材加热到一定温度后进行加工的方法,统称热加工。

① 加热方法。

常用的加热方法有两种:一种是利用乙炔火焰进行局部加热,这种方法简便,但是加热面积较小;另一种是放在工业炉内加热,它虽然没有前一种方法简便,但是加热面积大,并且可以根据结构构件的大小来砌筑工业炉。

② 钢材性能变化。

由于钢材与温度之间具有一定的关系,钢材温度改变,其机械性能也随之改变。

钢材在常温中有较高的抗拉强度,但加热到 500 ℃以上时,随着温度的增加,钢材的抗拉强度急剧下降,其塑性、延展性大大增加,钢材的机械性能逐渐降低而变软,见表 4-10。

表 4-10                         **高温时钢材抗拉强度的变化**

| 抗拉强度 | 加热温度/℃ | | | | | | | |
|---|---|---|---|---|---|---|---|---|
| | 600 | 700 | 800 | 900 | 1000 | 1100 | 1200 | 1300 |
| 常温时 $f_u$ = 400 MPa 钢材 | 120 | 85 | 65 | 45 | 30 | 25 | 20 | 15 |
| 常温时 $f_u$ = 600 MPa 钢材 | 250 | 150 | 110 | 75 | 55 | 35 | 25 | 20 |

③ 钢材热加工温度。

a. 钢材热加工大多是通过工业炉、地炉以及氧-乙炔焰等加热钢材的。钢材加热的温度可从加热时呈现的颜色来判断,见表 4-11。

表 4-11                        **不同加热温度下钢材呈现的颜色**

| 颜色 | 温度/℃ | 颜色 | 温度/℃ |
|---|---|---|---|
| 黑色 | <470 | 亮樱红色 | 800~830 |
| 暗褐色 | 520~580 | 亮红色 | 830~880 |
| 赤褐色 | 580~650 | 黄赤色 | 880~1050 |
| 暗樱红色 | 650~750 | 暗黄色 | 1050~1150 |
| 深樱红色 | 750~780 | 亮黄色 | 1150~1250 |
| 樱红色 | 780~800 | 黄白色 | 1250~1300 |

b. 对于低碳钢,其加热温度一般为 1000~1100 ℃,且其终止温度不应低于 700 ℃,加热温度过高,加热时间过长,都会引起钢材内部组织的变化,破坏原材料的机械性能。

c. 加热温度为 200~300 ℃时,钢材产生蓝脆性。在这个温度范围内,严禁捶打和弯曲,否则容易使钢材断裂。

d. 普通碳素钢和低合金钢零件在热弯曲时,其加热温度宜在 900 ℃左右。加工结束后,应使加工件缓慢冷却,必要时采用绝热材料加以围护,以延长冷却时间。

⑤ 具有复杂形状的弯板,一般都是先冷却加工出一定的形状,再采用热加工的方法弯曲成型。

(2) 钢材冷加工

钢材在常温下进行加工制作,统称冷加工。在钢结构制作中,冷加工的项目很多,有剪切、铲、刨、辊、压、冲、钻、撑、敲等工序。这些工序大多数是利用机械设备和专用工具进行的。

① 钢材冷加工的类型。

在钢结构制作过程中,钢材冷加工主要有两种基本类型。

第一种是作用于钢材单位面积上的外力超过材料的屈服强度但小于其极限强度,不破坏材料的连续性,但使其产生永久变形,如加工中的辊、压、折、轧、矫正等。

第二种是作用于钢材单位面积上的外力超过材料的极限强度,促使钢材产生断裂,如冷加工中的剪、冲、刨、铣、钻等。

② 钢材冷加工的原理。

根据钢材冷加工的要求,使钢材产生弯曲和断裂,从微观角度观察,钢材产生永久变形是以其内部晶格的滑移形式进行的。当外力作用后,晶格沿着结合力最差的晶结部位滑移,使晶粒与晶面产生弯曲或扭曲,即得弯曲永久变形。

③ 钢材冷加工的温度。

低温中的钢材,其韧性和延展性均相应减小,极限强度和脆性相应增加,若此时进行冷加工易使钢材产生裂纹。因此,应注意低温时不宜进行冷加工。

当普通碳素结构钢工作地点温度低于 −20 ℃时,或当低合金结构钢工作温度低于 −15 ℃时,都不得进行剪切和冲孔加工;当普通碳素结构钢工作地点温度低于 −16 ℃时,低合金结构钢工作地点温度低于 −12 ℃时,不得进行冷矫正和冷弯曲加工。

(3) 弯曲加工

弯曲加工是根据构件形状的需要,利用加工设备和一定的工具、模具把板材或型钢弯曲制成一定形状的工艺方法。

① 弯曲分类。

在钢结构制造中,用弯曲加工的构件的种类非常多,可根据构件的技术要求和已有的设备进行选择。工程中,常用的分类方法和其适用范围如下。

按钢构件的加工方法,可分为压弯、滚弯和拉弯三种。压弯适用于一般直角弯曲(V 形件)、双直角弯曲(U 形件),以及其他适宜弯曲的构件;滚弯适用于滚制圆筒形构件及其他弧形构件;拉弯主要用于将长条板材拉制成不同曲率的弧形构件。

按构件的加热程度分类,可分为冷弯和热弯两种。冷弯是在常温下进行弯制加工,它适用于一般薄板、型钢等的加工;热弯是将钢材加热至 950~1100 ℃,在模具上进行弯制加工,它适用于厚板及较复杂形状构件、型钢等的加工。

② 弯曲半径。

钢材弯曲过程中,弯曲件的圆角半径不宜过大或过小。过大时因回弹影响,使构件精度不易保证;过小则容易产生裂纹。一般薄板材料弯曲半径 $R$ 应取较小数值,$R \geqslant t$($t$ 为板厚);厚板材料弯曲半径 $R$ 应取较大数值,$R = 2t$。

③ 弯曲角度。

弯曲角度是指弯曲件的两翼夹角。它和弯曲半径不同,也会影响构件材料的抗拉强度。

a. 当弯曲线和材料纤维方向垂直时,材料具有较大的抗拉强度,不易发生裂纹。

b. 当弯曲线和材料纤维方向平行时,材料的抗拉强度较差,容易发生裂纹,甚至断裂。

c. 在双向弯曲时,弯曲线应与材料纤维方向成一定的夹角。

d. 随着弯曲角度的缩小,应考虑将弯曲半径适当增大。一般弯曲件长度自由公差的极限偏差和角度的自由公差推荐数值见表 4-12 和表 4-13。

表 4-12            **弯曲件长度自由公差的极限偏差**

| 长度尺寸/mm ＼ 材料厚度/mm | 3~6 | 6~18 | 18~50 | 50~120 | 120~260 | 260~500 |
|---|---|---|---|---|---|---|
| <2 | ±0.3 | ±0.4 | ±0.6 | ±0.8 | ±1.0 | ±1.5 |
| 2~4 | ±0.4 | ±0.6 | ±0.8 | ±1.2 | ±1.5 | ±2.0 |
| >4 | — | ±0.8 | ±1.2 | ±1.5 | ±2.0 | ±2.5 |

表 4-13            **弯曲件角度的自由公差**

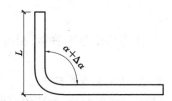

| $L$/mm | <6 | 6~10 | 10~18 | 18~30 | 30~50 | 50~80 | 80~120 | 120~180 | 18~260 | 260~360 |
|---|---|---|---|---|---|---|---|---|---|---|
| $\Delta\alpha$ | ±3° | ±2°30′ | ±2° | ±1°30′ | ±1°15′ | ±1° | ±50′ | ±40′ | ±30′ | ±25′ |

④ 型钢冷弯曲施工。

型钢冷弯曲的工艺方法有滚圆机滚弯、压力机压弯,此外还有顶弯、拉弯等。

各种工艺方法均应按型材的截面形状、材质规格及弯曲半径制作相应的胎模,经试弯符合要求后方可正式加工。

采用大型设备弯制时,可用模具一次压弯成型;采用小型设备压较大圆弧时,应多次冲压成型,边压边移位,边用样板检查至符合要求为止。

⑤ 弯曲变形的回弹。

弯曲过程是在材料弹性变形后,再达到塑性变形的过程。在塑性变形时,外层受拉伸,内层受压缩,拉伸和压缩使材料内部产生应力。应力的产生,造成材料变形过程中存在一定的弹性变形,在失去外力作用时,材料就产生一定程度的回弹。

影响回弹大小的因素很多,必须在理论计算的基础上结合实践,采取相应的措施。掌握回弹规律,减少或基本消除回弹,或使回弹后恰能达到设计要求。

影响弯曲变形回弹的因素如下。

a. 材料的机械性能:屈服强度越高,其回弹就越大。

b. 变形程度:弯曲半径($R$)和材料厚度($t$)之比,$R/t$ 的数值越大,回弹越大。

c. 摩擦情况:材料表面和模具表面之间的摩擦直接影响坯料各部分的应力状态,大多数情况下摩擦会使弯曲区的拉应力增大,使回弹减小。

d. 变形区域:变形区域越大,回弹越大。

(4)卷板施工

卷板也称滚圆。卷板也就是滚圆钢板,实际上也就是在外力的作用下,使钢板的外层纤维伸长、内层纤维缩短、中层纤维不变而产生弯曲变形。当圆筒半径较大时,可在常温状态下卷圆;当圆筒半径较小或钢板较厚时,应将钢板加热后卷圆。

① 卷板机械。

滚圆是在卷板机(又称滚板机、轧圆机)上进行的。它主要用于卷圆各种容器、大直径焊接管道和高炉壁板等。常用的卷板机有三辊卷板机和四辊卷板机两类。

② 钢板剩余直边。

板料在卷板机上弯曲时,两端边缘总有剩余直边。理论的剩余直边数值与卷板机的形式有关,见表4-14。

表 4-14 卷板理论剩余直边的大小

| 设备类型 | | 卷板机 | | | 压力机 |
|---|---|---|---|---|---|
| 弯曲方式 | | 对称弯曲 | 不对称弯曲 | | 模具压弯 |
| | | | 三辊 | 四辊 | |
| 剩余直边 | 冷弯时 | $L$ | $(1.5\sim2.0)t$ | $(1.0\sim2.0)t$ | $1.0t$ |
| | 热弯时 | $L$ | $(1.0\sim1.5)t$ | $(0.75\sim1.0)t$ | $0.5t$ |

注:$L$ 为侧辊中心距的 $1/2$,$t$ 为板料厚度。实际的剩余直边数值要比理论值大。

③ 钢板卷圆。

根据卷制时板料温度的不同,分为冷卷、热卷与温卷三种,可根据板料的厚度和设备条件等来选择卷板的方法。

a. 在冷卷前,必须清除板料表面的氧化皮,并涂上保护涂料。

b. 热卷时,宜采用中性火焰,缩短高温下板料的停留时间,并采用在板料表面涂防氧涂料等办法,尽量减少氧化皮的产生。

c. 卷板设备必须保持干净,轴辊表面不得有锈皮、毛刺、棱角或其他硬性颗粒。

d. 由于剩余直边在矫圆时难以完全消除,并造成较大的焊接应力和设备负荷,一般应对板料进行预弯,使剩余直边弯曲到所需的曲率半径后再卷弯。预弯可在三辊、四辊预弯机上进行。

e.将预弯的板料置于卷板机上滚弯时,为防止产生扭转,应将板料对中,使板料的纵向中心线与辊筒轴线严格保持平行。

f.卷板时,应不断吹扫内外侧剥落的氧化皮,矫圆时应尽量减少反转次数等。

g.非铁金属、不锈钢和精密板料卷制时,最好固定专用设备,并将轴辊磨光,消除棱角和毛刺等,必要时用厚纸板或专用涂料保护工作表面。

④ 圆柱面卷弯。

圆柱面卷弯一般有以下 3 种情况。

a.冷卷。由于钢板的回弹,卷圆时必须施加一定的过卷量,在达到所需的过卷量后,还应来回多卷几次。对于高强度钢材,由于回弹较大,最好在最终卷弯前进行退火处理。卷弯过程中,应不断地用样板检验弯板两端的曲率半径。

b.热卷。当碳素钢板的厚度大于或等于内径的 1/40 时,应进行热卷。

c.温卷。将钢板加热至 $500\sim600$ ℃时,它比冷卷时有更好的塑性,同时减少卷板机超载的可能性,又减轻氧化皮的危害,操作比热卷更方便。

⑤ 矫圆。

因为圆筒卷弯焊接后会发生变形,所以必须进行矫圆。矫圆分加载、滚圆和卸载三个步骤。

先根据经验或计算,将辊筒调节到所需要的最大矫正曲率的位置,使板料受压。板料在辊筒的矫正曲率下,来回滚卷 $1\sim2$ 圈,要着重滚卷近焊缝区,使整圈曲率均匀、一致,然后在滚卷的同时,逐渐退回辊筒,使工件在逐渐减少矫正载荷下多次滚卷。

（5）边缘加工

在钢结构制造中,为了保证焊缝质量和工艺性焊透以及装配的准确性,不仅需将钢板边缘刨成或铲成坡口,还需将边缘刨直或铣平。

① 边缘的加工部位。

在钢结构制造中,常需要做边缘加工的主要有以下部位。

a.吊车梁翼缘板、支座支撑面等具有工艺性要求的加工面。

b.设计图纸中有技术要求的焊接坡口。

c.尺寸精度要求严格的加劲板、隔板、腹板及有孔眼的节点板等。

② 边缘的加工方法。

边缘的加工方法主要有以下几种。

a.铲边。对加工质量要求不高、工作量不大的边缘加工,可以采用铲边。铲边有手工铲边和机械铲边两种。手工铲边的工具有手锤和手铲等,机械铲边的工具有风动铲锤和铲头等。一般手工铲边和机械铲边的构件,其铲线尺寸与施工图样尺寸相差不得超过 1 mm。铲边后的棱角垂直误差不得超过弦长的 1/3000,且不得大于 2 mm。

b.刨边。钢构件边缘刨边主要是在刨边机上进行的。钢构件刨边加工有直边和斜边两种。钢构件刨边加工的余量随钢材的厚度、钢板的切割方法不同而不同,一般刨边加工余量为 $2\sim4$ mm。

c.铣边。对于有些构件的端部,可采用铣边（端面加工）的方法以代替刨边。铣边是为了保持构件的精度。铣削加工一般是在端面铣床或铣边机上进行。

d.碳弧刨边。碳弧气刨就是以碳棒作为电极,与被刨削的金属间产生电弧。此电弧具有 6000 ℃左右高温,足以把金属加热到熔化状态,然后用压缩空气的气流把熔化的金属吹掉,达到刨削或切削金属的目的。

当用碳弧气刨方法加工坡口或清理焊根时,刨槽内的氧化层、淬硬层、顶碳或铜迹必须彻底打磨干净。碳弧气刨在刨削过程中会产生一些烟雾,对人体有害。因此,施工现场必须具备良好的通风条件。

③ 边缘加工质量检验。

a.主控项目。气割或机械剪切的零件,需要进行边缘加工时,其刨削量不应小于 2 mm。

b.一般项目。边缘加工的允许偏差应符合表 4-15 的规定。

检验方法:观察检查和实测检查;按加工面数抽查 10%,且不应少于 3 件。

表 4-15                      边缘加工的允许偏差

| 项目 | 允许偏差/mm | 项目 | 允许偏差/mm |
|---|---|---|---|
| 零件宽度、长度 | ±1.0 | 加工面垂直度 | 不应大于 $0.025t$,且不应大于 0.5 |
| 加工边直线度 | 不应大于 $L/3000$,且不应大于 2.0 | 加工面表面粗糙度 | 轮廓算术平均偏差 $Ra$ 不应大于 0.05 |
| 相邻两边夹角 | ±6′ | — | — |

（6）折边加工

在钢结构制作中,把构件的边缘压弯成倾角或一定形状的操作,称为折边。折边广泛用于薄板构件。薄板经折边后可以大大提高结构的强度和刚度。

① 施工机械。

板料折弯压力机是折边加工的主要机械,有机械传动和液压传动两种。

② 板料折边施工。

板料折边施工主要包括以下几点。

a.钢板进行冷加工时,室内温度一般不得低于 0 ℃,16Mn 钢(低合金高强度结构钢)不得低于 5 ℃,各种低合金钢和合金钢根据其性能而定。

b.构件如采用热弯,需加热至 1000～1100 ℃,低合金钢加热温度为 700～800 ℃。当热弯件温度下降550 ℃,应停止工作。

c.折弯时,应避免一次大力加压成型,而应逐次渐增度数,最后用样板检查。

d.在弯制多角的复杂构件时,应先考虑好弯折的顺序,一般是由外向里依次弯曲。如果折边顺序不合理,将会造成后面的弯角无法折弯。

（7）模具压制

模具压制是在压力设备上利用模具使钢材成型的一种工艺方法。

① 模具的类型。

根据模具的加工形式,模具可分为以下三类。

a.简易模:用于一般精度、单件或小批量零部件的加工生产。

b.连续模:用于中级精度、加工形状复杂和特殊形状,中批或大批量零部件加工生产。

c.复合模:用于中级或高级精度、零部件几何形状与尺寸受到模具结构与强度的限制,中批或大批量零部件加工生产。

② 模具的安装。

模具在压力机上的安装位置一般有两种,即上模和下模。上模也称凸模,由螺栓固定在压力机压柱上的固定横梁上;下模也称凹模,由螺栓固定在压力机的工作台上。应做好上、下模的安装,上模中心与压柱中心必须重合,使压柱的作用力均匀地分布在压模上;下模的位置要根据上模来确定,上、下模的中心也必须重合,以保证压制零件形状和精度的准确。

③ 模具的加工工序。

模具的加工工序如下。

冲裁模具见表 4-16 中的 a 项,是在压力机上使板料或型材分离的加工工艺。其主要工序有落料、冲孔等。

弯曲模具见表 4-16 中的 b 项,是在压力机上使板料或型材弯曲的加工工艺。其主要工序有压弯、卷圆等。

拉伸模具见表 4-16 中的 c 项,是在压力机上使板料轴对称、非对称或半敞变形拉伸的加工工艺,其主要工序有拉伸、变薄拉伸等。

压延模具见表 4-16 中的 d 项,是在压力机上对钢材进行冷挤压或温热挤压的加工工艺,其主要工序有压延、起伏、膨胀等。

其他成型是在压力机上对板料半成品进行再成型的加工工艺,其主要工序有翻边、卷边、扭转、收口、扩口、整型等。

表 4-16　　　　　　　　　　　　　模具分类及加工工序

| 编号 | 工序 | | 图例 | 图解 |
|---|---|---|---|---|
| a | 冲裁 | 落料 | | 用模具沿封闭线冲切板材,冲下的部分为工件,其余部分为废料 |
| | | 冲孔 | | 用模具沿封闭线冲切板材,冲下的部分为废料,其余部分为工件 |
| b | 弯曲 | 压弯 | | 用模具使材料弯曲成一定形状 |
| | | 卷圆 | | 将板料端部弯曲 |
| c | 拉伸 | 拉伸 | | 将板料压制成空心工件,壁厚基本不变 |
| | | 变薄拉伸 | | 用减少直径与壁厚增加工件高度的方法来改变空心工件的尺寸,以得到要求的底厚、壁薄的工件 |
| d | 压延 | 压延 | | 将拉伸或成型后的半成品边缘部分多余材料切掉,将一块圆形平板料压延成一面开口的圆筒 |
| | | 起伏 | | 在板料或工件上压出筋条、花纹或文字,在起伏处的整个厚度都会变薄 |
| | | 膨胀 | | 使空心件(或管料)的一部分沿径向扩张,呈凸形状 |
| | | 施压 | | 利用擀棒或滚轮板料毛坯擀压成一定形状(分变薄和不变薄两种) |

### 4.1.1.8　坡口加工

坡口加工主要包括以下几点。

① 构件的坡口加工,采用半自动割刀或铣边机加工,厚板坡口尽量采用机械加工。坡口形式应符合焊接标准图的要求。

② 机械加工具体见表 4-17。

表 4-17                                       机械加工

| 编号 | 机械加工 |
|---|---|
| 1 | 钢板滚轧边和构件端部不需进行机械加工,除非要求它们与相邻件精确装配在一起。包括底板在内的对接构件,在使用磨床、铣床或能够在一个底座上处理整个截面的设计机床制作完后,其对接面应进行机械加工,火焰切割的边缘宜用磨床磨光 |
| 2 | 拼接受压构件的端部、柱帽底板,应符合所有现行相关法规和规范要求 |
| 3 | 用于加劲肋的角钢或平板切割、打磨,以保证边缘和翼缘紧密装配 |

③ 坡口面应无裂纹、夹渣、分层等缺陷。坡口加工后,坡口面的割渣、毛刺等应清除干净,并应除锈,露出良好金属光泽。除锈可采用砂轮打磨及抛丸进行处理。

④ 坡口加工的允许偏差应符合表 4-18 的规定。

表 4-18                                坡口加工的允许偏差

| 项目 | 允许偏差 |
|---|---|
| 坡口角度/(°) | ±5 |
| 坡口钝边/mm | ±1.0 |
| 坡口面割纹深度/mm | 不大于 0.3 |
| 局部缺口深度/mm | 不大于 1.0 |

### 4.1.1.9 焊接及焊接后矫正

① 组装前先检查组装用零件的编号、材质、尺寸、数量和加工精度等是否符合图纸和工艺要求,确认后才能进行装配。

② 组装用的平台和胎架应符合构件装配的精度要求,并具有足够的强度和刚度,经验收后才能使用。

③ 构件组装要按照工艺流程进行,焊缝处 30 mm 范围以内的铁锈、油污等应清理干净。

④ 对于在组装后无法进行涂装的隐蔽面,应事先清理表面并刷上油漆。

⑤ 构件组装完毕后应进行自检和互检,准确无误后再提交专检人员验收。若在检验中发现问题,应及时向上反映,待处理方法确定后进行修理和矫正。

⑥ 构件组装精度见表 4-19。

表 4-19                                构件组装精度

| 项次 | 项目 | 简图 | 允许偏差/mm |
|---|---|---|---|
| 1 | T 形接头的间隙 $e$ | | $e \leqslant 1.5$ |
| 2 | 搭接接头的间隙 $e$,长度 $\Delta L$ | | $e \leqslant 1.5$<br>$-5.0 \leqslant \Delta L \leqslant 5.0$ |
| 3 | 对接接头的错位 $e$ | | $e \leqslant t/10$ 且 $e \leqslant 3.0$ |

续表

| 项次 | 项目 | 简图 | 允许偏差/mm |
|---|---|---|---|
| 4 | 对接接头的间隙 $e$<br>（无衬垫板时） | | $-1.0 \leqslant e \leqslant 1.0$ |
| 5 | 根部开口间隙 $\Delta a$<br>（背部加衬垫板） | | 埋弧焊: $-2.0 \leqslant \Delta a \leqslant 2.0$<br>手工焊、半自动气保焊: $\Delta a \geqslant -2.0$ |
| 6 | 隔板与梁翼缘板<br>的错位 $e$ | | $B_t \geqslant C_t$ 时,<br>$B_t \leqslant 20, e \leqslant C_t/2$<br>$B_t > 20, e \leqslant 4.0$<br>$B_t < C_t$ 时,<br>$B_t \leqslant 20, e \leqslant B_t/4$<br>$B_t > 20, e \leqslant 5.0$ |
| 7 | 焊接组装件<br>端部偏差 $a$ | | $-2.0 \leqslant a \leqslant +2.0$ |
| 8 | 型钢错位 | | $\Delta \leqslant 1.0$(连接处)<br>$\Delta \leqslant 2.0$(其他处) |
| 9 | H 型钢的外形 | | $-2.0 \leqslant \Delta b \leqslant 2.0$<br>$-2.0 \leqslant \Delta h \leqslant 2.0$ |
| 10 | H 型钢腹板<br>中心偏移 $e$ | | $-2.0 \leqslant e \leqslant 2.0$ |
| 11 | H 型钢翼板的角变形 | | $e \leqslant b/100$,且不应大于 $3.0$ |
| 12 | 腹板的弯曲 | | $e_1 \leqslant h/150$,且 $e_1 \leqslant 4$<br>$e_2 \leqslant b/150$,且 $e_2 \leqslant 4$ |

⑦ 矫正。

矫正方法及措施见表 4-20。

表 4-20 矫正方法及措施

| 矫正方法 | 矫正措施 |
|---|---|
| 机械矫正 | 一般应在常温下用机械设备进行,如钢板的不平度可采用七辊矫直机矫平。H 梁的焊后角变形矫正可采用翼缘矫正机,但矫正后的钢材,表面上不应有严重的凹陷、凹痕及其他损伤 |
| 火焰矫正 | 火焰矫正时材料的被加热温度约为 850 ℃(Q345 材料),冷却时不可用水激冷。热加工是在炽热状态(900~1000 ℃)下进行,温度下降到 800 ℃之前结束加工,避开蓝脆区(200~400 ℃)。热矫正时应注意不能损伤母材 |

#### 4.1.1.10　制孔

在钢结构工程中,由于螺栓和铆钉的广泛使用,不但使制孔数量增加,而且对加工精度要求更高。钢结构制作中,常用的加工方法有钻孔、冲孔、铰孔等;施工时,应根据不同的技术要求合理选用。

(1) 钻孔

钻孔是钢结构制作中普遍采用的方法,能用于几乎任何规格的钢板、型钢的孔加工。

① 钻孔方式。

钻孔有人工钻孔和机床钻孔两种方式。人工钻孔是由人工直接用手枪式或手提式电钻钻孔,多用于钻直径较小、板料较薄的孔;亦可采用压杆钻孔,由两人操作,可钻一般钢结构的孔,不受工件位置和大小的限制。机床钻孔是用台式或立式摇臂式钻床钻孔,施钻方便,工效和精度高。

② 钻孔施工。

a.构件钻孔前应进行试钻,经检查认可后方可正式钻孔。

b.用划针和钢尺在构件上划出孔的中心和直径,并在孔的圆周上(90°位置)打四个冲眼,做钻孔后检查用。孔中心的冲眼应大而深,在钻孔时作为钻头定心用。

c.钻制精度要求高的精制螺栓孔或板叠层数多、长排连接、多排连接的群孔,可借助钻模卡在工件上制孔。使用钻模厚度一般为 15 mm 左右,钻套内孔直径比设计孔径大 0.3 mm。

d.为提高工效,也可将同种规格的板件叠合在一起钻孔,但必须卡牢或点焊固定。但是,重叠板厚不应超过 50 mm。

(2) 冲孔

冲孔是在冲孔机(冲床)上进行的。一般只能在较薄的钢板或型钢上冲孔。

① 冲孔的应用。

冲孔多用于不重要的节点板、垫板、加强板、角钢拉撑板等小件的孔加工,其制孔效率较高。但由于孔的周围产生冷作硬化,孔壁质量差,孔口下塌,故在钢结构制作中已较少采用。

② 冲孔的操作要点。

a.冲孔的直径要大于板厚,否则易损坏冲头。冲孔上模上表面的孔应比上模的冲头直径大 0.8~1.5 mm。

b.构件冲孔时,应装好冲模,检查冲孔之间间隙是否均匀一致,并用与构件相同的材料试冲,经检验质量符合要求后,再正式冲孔。

c.大批量冲孔时,应按批抽检孔的尺寸及孔的中心距,以便及时发现问题,及时纠正。

d.当环境温度低于 -20 ℃时,应禁止冲孔。

(3) 铰孔

铰孔是用铰刀对已经粗加工的孔进行精加工,以提高孔的光洁度和精度。

铰孔时,必须选择好铰削用量和冷却润滑液。铰削用量包括铰孔余量、切削速度和进给量。这些对铰孔的精度和光洁度都有很大影响。

① 铰孔工具。

常用的铰孔工具是铰刀。铰刀的种类很多,按用途分有圆柱铰刀和圆锥铰刀。圆柱铰刀包括固定圆柱铰刀和活络圆柱铰刀,固定圆柱铰刀又分为机铰刀和手铰刀两种。圆锥铰刀按其锥度分为 1∶10、1∶20、1∶30、1∶40、1∶50 锥铰刀五种。

② 铰孔余量。

铰孔余量要恰当,太小则对上道工序所留下的刀痕和变形难以纠正和清除,质量达不到要求;太大将增加铰孔的次数和增大吃刀深度,会损坏刀齿。表 4-21 列出的铰孔余量的范围,适用于机铰和手铰。

表 4-21　　　　　　　　　　　　　　　　　铰孔余量

| 铰孔直径/mm | <5 | 5~20 | 21~32 | 33~50 | 51~70 |
|---|---|---|---|---|---|
| 铰孔余量/mm | 0.1~0.2 | 0.2~0.3 | 0.3 | 0.5 | 0.8 |

③ 铰孔施工。

a. 铰孔时,工件要夹正,铰刀的中心线必须与孔的中心线保持一致。

b. 手铰时,用力要均匀,转速为 20~30 r/min;进刀量大小要适当,可将铰孔余量分两三次完成。

c. 在铰削过程中,必须采用适当的冷却润滑液,借以冲掉切屑和消散热量。不同材料冷却润滑液的选择见表 4-22。

表 4-22　　　　　　　　　　　　钻孔时各种材料常用冷却润滑液

| 工作材料 | 冷却润滑液 | 工作材料 | 冷却润滑液 |
|---|---|---|---|
| 各种钢材 | 水、肥皂水、机油 | 铝、铝合金 | 肥皂水、煤油 |
| 铜合金、镁合金、硬橡皮、胶木 | 可不加冷却液 | 铸铁 | 煤油或不加冷却液 |
| 纯铜 | 肥皂水、豆油 | | |

d. 要选择适当的切削速度和进给量。通常,当加工材料为铸铁时,使用普通铰刀铰孔,其切削速度不应超过 10 m/min,进给量为 0.8 mm/r 左右;当加工材料为钢料时,切削速度不应超过 8 m/min,进给量为 0.4 mm/r 左右。

e. 铰孔退刀时仍然要顺转。铰刀用后要擦干净,涂上机油,刀刃勿与硬物磕碰。

(4) 扩孔

扩孔是将已有的孔眼扩大到需要的直径,常用的扩孔工具有开孔钻和麻花钻。

扩孔主要用于构件的拼装和安装,如叠层连接板孔,常先把零件孔钻成比设计小 3 mm 的孔,待整体组装时再行扩孔,以保证孔眼一致,孔壁光滑。扩孔也可用于钻直径 30 mm 以上的孔,先钻成小孔,后扩成大孔,以减少钻端阻力,提高工效。

(5) 制孔质量检验

① A、B 级螺栓孔(Ⅰ类孔)应具有 H12 的精度,孔壁表面粗糙度 $Ra$ 不得大于 12.5 $\mu m$,其孔径的允许偏差应符合表 4-23 的规定。A、B 级螺栓孔的直径应与螺栓公称直径相等。

表 4-23　　　　　　　　　　　　A、B 级螺栓孔孔径的允许偏差

| 序号 | 螺栓公称直径<br>(螺栓孔直径)/mm | 螺栓公称直径<br>允许偏差/mm | 螺栓孔直径<br>允许偏差/mm | 检查数量 | 检查方法 |
|---|---|---|---|---|---|
| 1 | 10~18 | 0.00<br>−0.18 | +0.18<br>0.00 | | |
| 2 | 18~30 | 0.00<br>−0.21 | +0.21<br>0.00 | 按钢构件数量抽检<br>10%,且不应少于 3 件 | 用深度游标卡尺<br>或孔径量规检查 |
| 3 | 30~50 | 0.00<br>−0.25 | +0.25<br>0.00 | | |

② C 级螺栓孔(Ⅱ类孔),孔壁表面粗糙度 $Ra$ 不得大于 25 $\mu m$,其孔径的允许偏差应符合表 4-24 的规定。

③ 螺栓孔孔距的允许偏差应符合表 4-25 的规定。按钢构件数量的 10%,且不应少于 3 件;检查方法:用钢尺检查。

④ 螺栓孔孔距的允许偏差超过表 4-25 规定的允许偏差时,应采用与母材材质相匹配的焊条补焊后重新制孔。

表 4-24                                              C 级螺栓孔孔径的允许偏差

| 项目 | 允许偏差/mm | 检查数量 | 检查方法 |
|---|---|---|---|
| 直径 | +1.0<br>0.00 | 按钢构件数量抽检 10%,且不应少于 3 件 | 用深度游标卡尺或孔径量规检查 |
| 圆度 | 2.00 | | |
| 垂直度 | 不大于 0.03$t$,且不应大于 2.00 | | |

注:$t$ 为钻孔材料厚度。

表 4-25                                                螺栓孔孔距的允许偏差

| 螺栓孔孔距范围/mm | ≤500 | 501~1200 | 1201~3000 | >3000 |
|---|---|---|---|---|
| 同一组任意两孔间距离/mm | ±1.0 | ±1.5 | — | — |
| 相邻两组的端孔间距离/mm | ±1.5 | ±2.0 | ±2.5 | ±3.0 |

注:1. 节点中连接板与一根杆件相连的所有螺栓孔为一组;
　　 2. 对接接头在拼接板一侧的螺栓孔为一组;
　　 3. 两相邻节点或接头间的螺栓孔为一组,但不包括上述两组所规定的螺栓孔;
　　 4. 受弯构件翼缘上的连接螺栓孔,每米长度范围内的螺栓孔为一组。

#### 4.1.1.11　高强度螺栓连接板摩擦面的加工

高强度螺栓连接板摩擦面的加工工序如表 4-26 所示。

表 4-26                                          高强度螺栓连接板摩擦面的加工工序

| 序号 | | 摩擦面加工 |
|---|---|---|
| 1 | 加工机械及参数的选择 | 小型喷砂机;<br>丸料采用 1~1.5 mm 的高硬度矿砂;<br>用于喷砂的空气压缩机的容量为 6~20 m³/min,喷射力在 0.5 MPa 以上 |
| 2 | 加工过程 | 喷射操作时,喷射角为(90°±45°),喷射距离以 100~300 mm 为宜,行进速度不宜过快,应注意构件反面死角部位的除锈;<br>抗滑移摩擦系数需达到 0.45(Q235)、0.50(Q345)以上;<br>对采用的磨料必须在包装袋上贴标签加以区分,防止磨料混杂或用错;<br>加工处理后的摩擦面,应采用塑料薄膜包裹,以防止产生油污和损伤 |
| 3 | 检验 | 摩擦面处理之后,在高强度螺栓连接的钢结构施工前,应对钢结构表面的抗滑移系数进行复验,保证高强度螺栓的施工质量,每 2000 t 为一批,少于 2000 t 按一批计,在工厂处理的摩擦面试件为三组,作为自检,构件出厂时摩擦面试件要有三组,作为工地复验,抗滑移系数试验的最小值应大于或等于设计规定。抗滑移系数试验用的试件,应与所代表的钢结构为同一材质、同一摩擦面处理方法、同批制造、相同运输条件、相同条件存放、同一性能等级的高强度螺栓 |

#### 4.1.1.12　栓钉焊接

(1)焊接环境

① 焊接作业区域的相对湿度不得大于 90%。

② 当焊件表面潮湿或有冰雪覆盖时,应采取加热去湿除潮措施。

③ 焊接作业环境温度低于 0 ℃时,应将构件焊接区域内大于或等于 3 倍钢板厚度且不小于 100 mm 范围内的母材加热到 50 ℃以上。

(2)焊前准备

栓钉焊接时,应配备具有与其焊接难度相当的焊接持证人员,严禁无证人员上岗。

栓钉焊接前,应有针对性地进行焊接程序试验。

焊接前,由栓钉焊工对栓钉进行检查,保证无锈蚀、氧化皮、油脂、受潮及其他会对焊接质量造成影响的缺陷。在栓钉施焊处的母材附近不应有氧化皮、锈、油漆等影响焊接质量的有害物质,且母材表面施焊处不得有水分,如有水分必须用气焊烤干。焊接用的陶瓷护圈应保持干燥,陶瓷护圈在使用前应进行烘干,烘干温度为 120 ℃,保温 2 h。

施焊前应对焊枪的性能进行检查。焊机距离墙体及其他障碍物应不低于 30 mm,焊机周围要保持气体流通,要利于散热。

(3)焊接技术参数的选择

焊接方法:SW(栓钉焊接)。

焊条选择:根据母材及栓钉材质进行选择。

焊接电流选择如下:在正式施焊前,应选用与实际工程要求相同规格的焊钉、瓷环及相同批号、规格的母材(母材厚度不应小于 16 mm,且不大于 30 mm),采用相同的焊接方式与位置进行工艺参数的评定试验,以确定在相同条件下施焊的焊接电流、焊接时间之间的最佳匹配关系。具体关系如图 4-4 所示。

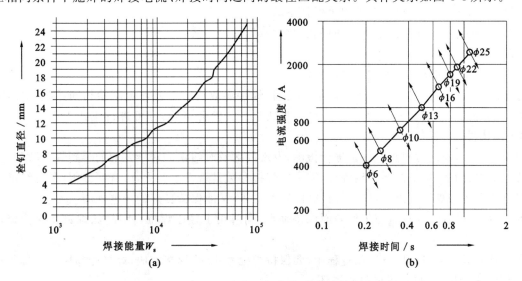

**图 4-4　相同条件下施焊的焊接电流、焊接时间之间的关系**

(a)栓钉直径与焊接能量的关系;(b)电流强度与焊接时间的关系

平焊位置栓钉焊接规范参考值见表 4-27。

表 4-27　　　　　　　　　　　　平焊位置栓钉焊接规范参考值

| 栓钉规格/mm | 电流/A | | 时间/s | | 伸出长度/mm |
|---|---|---|---|---|---|
| | 非穿透焊 | 穿透焊 | 非穿透焊 | 穿透焊 | |
| $\phi13$ | 950 | 900 | 0.7 | 1.0 | 3～4 |
| $\phi16$ | 1250 | 1200 | 0.8 | 1.2 | 4～5 |
| $\phi19$ | 1500 | 1450 | 1.0 | 1.5 | 4～5 |
| $\phi22$ | 1800 | — | 1.2 | — | 4～6 |

(4)焊接过程

栓钉焊接过程图如图 4-5 所示。

① 把栓钉放在焊枪的夹持装置中,把相应直径的保护瓷环置于母材上,把栓钉插入瓷环内并与母材接触。

② 启动电源开关,栓钉自动提升,激发电弧。

③ 焊接电流增大,使栓钉端部和母材表面局部熔化。

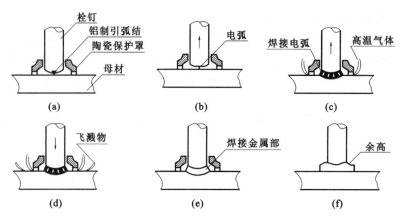

**图 4-5　栓钉焊接过程图**

(a) 焊接准备；(b) 引弧；(c) 焊接；(d) 加压；(e) 断电；(f) 冷却

④ 设定的电弧燃烧试件到达后,将栓钉自动压入母材。

⑤ 切断电流,熔化金属凝固,并使焊枪保持不动。

⑥ 冷却后,栓钉端部表面形成均匀的环状焊缝余高,敲碎并清除保护环。

(5) 焊接工艺

① 启动电源 1 min 以后方可进行焊接操作。

② 每一次施焊前,若焊接设备、焊钉规格未变,且焊接参数均与工艺评定试验相同,则应对最先焊的两个焊钉做试验,即对试验焊钉进行外观检验和弯曲试验。试验合格后,方可进行正式工程焊接。试验焊钉可直接焊于结构件上。

③ 焊接过程中,应随时对焊接质量进行检测,发现问题及时纠正。对于发现的个别焊缝缺陷进行修补。

④ 若施工中存在大批量的不合格焊缝,需考虑焊接参数是否发生变化,应查明原因,及时纠正。

⑤ 焊枪的夹头与焊钉要配套,以使焊钉既能顺利插入,又能保持良好的导电性能。

⑥ 焊枪、焊钉的轴线要尽量与工作表面保持垂直,同时用手轻压焊枪,使焊枪、焊钉及保护瓷环保持静止状态。

⑦ 在焊枪完成引弧、提升、下压的过程中,要保持焊枪静止,待焊接完成,焊缝冷却后再轻提焊枪。要特别注意,在焊缝完全冷却以前,不要打碎瓷环。

⑧ 阴雨天或天气潮湿时,焊工拿的瓷环尽量少些,保持瓷环始终处于干燥状态。

⑨ 焊接操作员在施工过程中,应严格执行焊接作业指导文件。

(6) 栓钉焊接中出现的缺陷及其解决办法

栓钉焊接中出现的缺陷及其解决办法见表 4-28,磁偏吹影响及补救措施见表 4-29。

表 4-28　　　　　　　　　　栓钉焊接中出现的缺陷及其解决办法

| 编号 | 现象 | 缺陷 | 解决方法 |
|---|---|---|---|
| 1 | 磁偏吹 | 易产生焊缝成型不均匀,往往在磁力线密集的一侧产生无焊缝的现象 | 边缘处增设临时导磁板,将电线对称布置,将电线直接接到栓钉附近,将二次电缆线在栓钉上绕一圈 |
| 2 | 热量不足 | 易产生熔合不良、熔深不够及气孔等缺陷 | 提高焊接电流和延长焊接时间 |
| 3 | 热量过大 | 易产生较大的金属飞溅,易造成焊缝咬边、夹渣,甚至裂纹等缺陷 | 降低焊接电流和缩短焊接时间 |
| 4 | 栓钉伸出长度过大或过短 | 栓钉伸出长度过长易产生大量飞溅物,导致焊缝形状不良和夹渣等缺陷;栓钉伸出长度过短易造成金属熔化量不够,从而导致焊缝成型不良 | 根据具体的情况选择合适的伸出长度 |
| 5 | 焊枪提升高度掌握不够 | — | 非穿透焊时,焊枪提升高度应大于或等于2.5 mm |
| 6 | 栓钉与工件表面不垂直 | — | 使栓钉焊枪垂直工作 |

表 4-29 磁偏吹影响及补救措施

| 编号 | 产生原因 | 补救措施 |
|---|---|---|
| 1 | 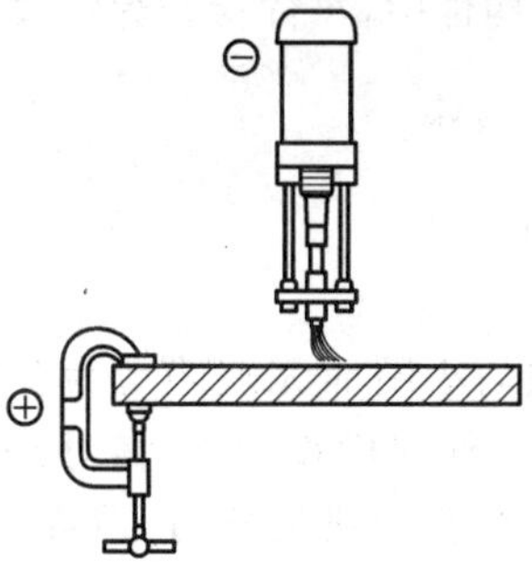 | 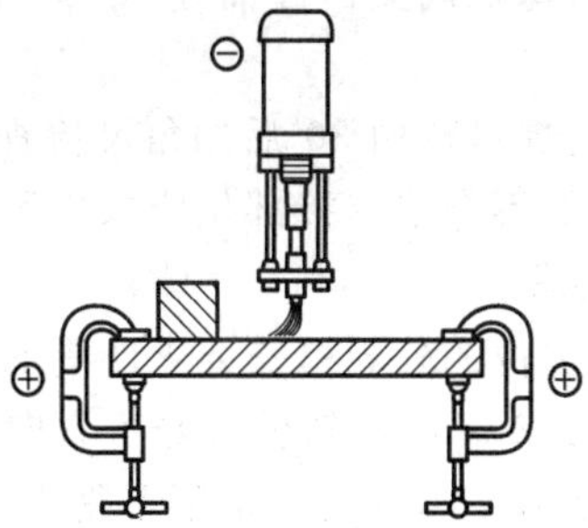 |
| 2 | 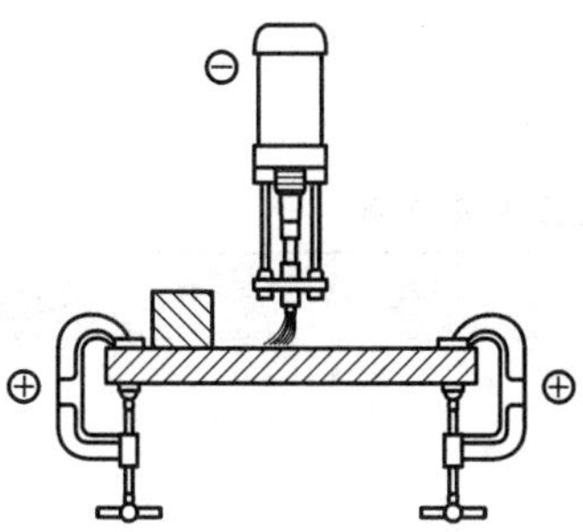 | 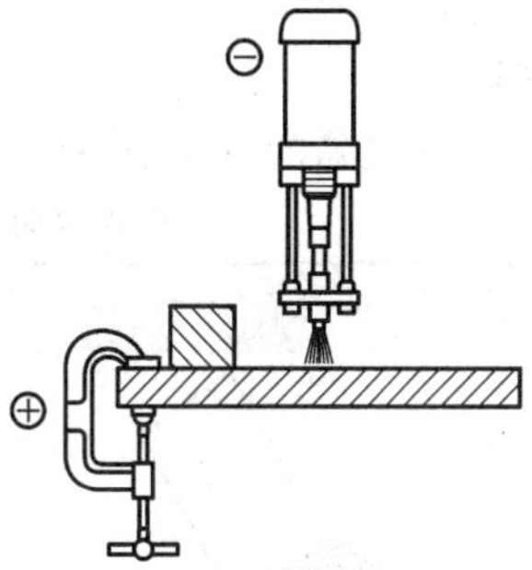 |
| 3 | 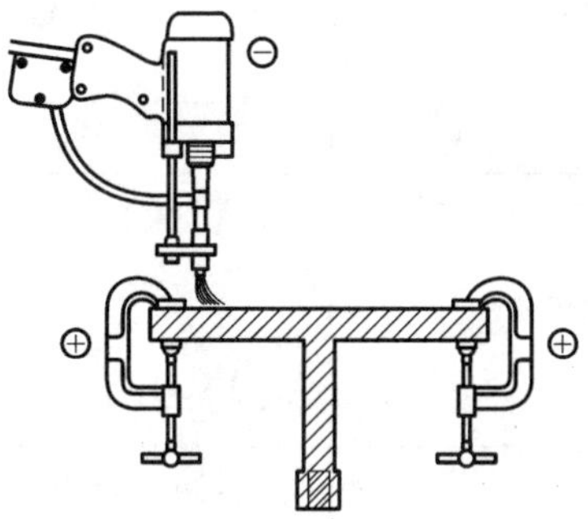 | 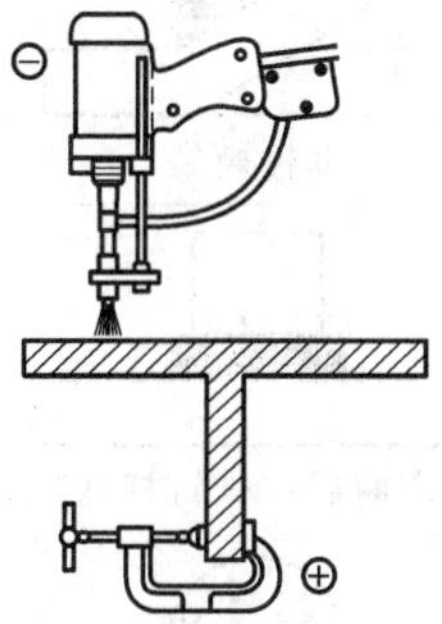 |

注:磁偏吹是和焊接电流密度成正比的。它也受地线钳夹持位置以及补偿块金属位置的影响。另外,绕垂直轴线转动焊枪,在不同位置,磁偏吹效果也不同。磁偏吹使金属一侧加剧熔化,并增加焊缝金属中的孔洞。

(7)焊接质量检验

① 焊前检测。

在开始焊接前或改变焊接工艺或设置焊接参数时都要按以下方式进行至少 2 件剪力钉的焊接测试:外观检查合格后,对栓钉进行冲击力弯曲试验,弯曲度为 15°,焊接面上下无任何缺陷为合格;若继续检测,任何剪力钉上产生不合格现象,就要修改工艺;所有进行这项工作的工人都要进行焊前测试。

② 焊后外观检测。

检查数量:按总焊钉数量抽查 1%,且不应少于 10 个。

检验方法:观察检查。

栓钉焊接接头外观检验合格标准见表 4-30。

表 4-30 栓钉焊接接头外观检验合格标准

| 外观检验项目 | 合格标准 | 检验方法 |
|---|---|---|
| 焊缝外形尺寸 | 360°范围内:焊缝高大于 1 mm,焊缝宽大于 0.5 mm | 目检 |
| 焊缝缺陷 | 无气孔、无夹渣 | 目检 |
| 焊缝咬边 | 咬边深度小于 0.5 mm | 目检 |
| 焊钉焊后高度 | 高度偏差为±2 mm 以内 | 用钢尺量测 |

③ 抽样检验(弯曲试验)。

焊钉焊接后应进行弯曲试验检查,其焊缝和热影响区不应有肉眼可见的裂纹。

检查数量:每批同类构件抽查 10%,且不应少于 10 件;被抽查构件中,每件检查焊钉数量的 1%,但不应少于 1 个。

检验方法:焊钉弯曲 30°后用角尺检查和观察检查。

所有查出的不合格焊接部位应采用手工电弧焊的方法进行修补。

④ 其他要求。

栓钉焊接部位的外观检查要求四周的熔化金属以形成一个均匀小圈而无缺陷者为合格;焊接后,自栓钉高度公差为±2 mm,栓钉偏离竖直方向的倾斜角小于或等于 15°;外观检查合格后,对栓钉进行冲击力弯曲试验,弯曲度为 15°,焊接面上下不得有任何缺陷;经冲击力试验检验合格的栓钉,可在弯曲状态下使用,不合格的栓钉应进行更换。

(8)弯曲检验

弯曲检验中常见缺陷的种类、产生原因及调整措施见表 4-31。

表 4-31　　　　　　　　　弯曲检验中常见缺陷的种类、产生原因及调整措施

| 编号 | 外观显示 | 产生原因 | 调整措施 |
|---|---|---|---|
| 1 | <br>母材撕裂 | 焊接参数正确 | 无 |
| 2 | <br>锤击弯曲后在栓钉杆处断裂 | 焊接参数正确 | 无 |
| 3 | <br>在焊缝处断裂,断口呈多孔状 | 焊接能量过低<br>母材金属不适合焊接 | 增加焊接电流或延长焊接时间<br>检查母材金属化学成分 |
| 4 | <br>在焊缝热影响区处断裂。栓钉没有达到要求的变形量,断口呈灰色 | 母材含碳量过高<br>母材金属不合适焊接 | 检查母材金属<br>延长焊接时间<br>必要时,进行预热 |
| 5 | <br>焊缝处断裂,断口发亮 | 焊缝中引弧点过高<br>焊接时间过短 | 检查栓钉引弧点大小<br>延长焊接时间 |
| 6 | <br>母材金属层状撕裂 | 母材含有非金属夹杂物<br>母材金属不合适焊接 | 无 |

（9）栓钉焊接工艺流程

栓钉焊接工艺流程见图4-6。

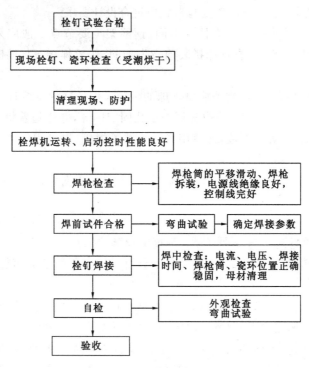

图 4-6 栓钉焊接工艺流程

### 4.1.1.13 管球加工

管球加工是钢网架制作的基础。网架结构零部件使用的钢材、连接材料（包括焊接材料、普通螺栓、高强度螺栓等）和涂装材料必须符合有关规定的要求。

（1）螺栓球节点

① 螺栓球节点构造。

螺栓球节点主要是由钢球、高强度螺栓、锥头或封板、套筒、螺钉和钢管等零件组成，如图4-7所示。

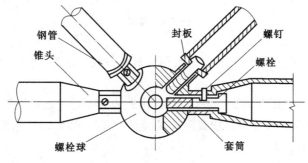

图 4-7 螺栓球节点

② 螺栓球加工。

a. 螺栓球是连接各杆件的零件，可分为螺栓球、半螺栓球及水雷球。球材下料时，应采用锯床，并严格控制下料尺寸，同时放出适当余量，下料后长度允许偏差为±2.0 mm。

b. 螺栓球（钢球）加工应在车床上进行，相邻螺孔角度必须以专用的夹具架来保证。螺纹应按 H6 级精度加工，并应符合国家标准《普通螺纹 公差》（GB/T 197—2003）的规定。

c. 螺栓球焊接前，应将球材加热到 600～900 ℃，然后将加热后的钢材放到半圆胎架内，逐步压制成半圆球形。

d. 压制过程中，应尽量减少压薄区与压薄量，采取的措施是加热均匀。压制时氧化皮应及时清理，半圆球在胎内能变换位置。钢板压成半圆球后，表面不应有裂纹、褶皱。

  e.半圆球出胎冷却后,对半圆球用样板修正弧度,然后切割半圆球的平面。注意按半径切割,但应留出拼圆余量。

  f.半圆球修正、切割后应打坡口,坡口角度与形式应符合设计要求。

  g.由于加肋螺栓球与空心螺栓球的受力情况不同,钢网架重要节点一般应采用加肋焊接螺栓球,加肋焊接螺栓球有加单肋和加双肋等形式,在钢球拼装前应先加肋,然后焊接。加肋时应注意加肋高度,不应超出圆周半径,以免影响拼装。

  h.螺栓球拼装时,应有胎架,以保证拼装质量。球的拼装应保证球的拼装直径尺寸、球的圆度一致。

  i.钢球拼装好后,应放在焊接胎架上,两边各打一小孔固定圆球,并能随着机床慢慢旋转。旋转一圈,调整焊道,调整焊丝高度,调整各项焊接参数,然后用半自动埋弧焊机(也可用气体保护焊机)对圆球进行多层多道焊接,直至焊道焊平为止,不要余高。

  j.焊接完成后,应先进行焊缝外观检查。合格后,在 24 h 之后再对钢球焊缝进行超声波探伤,以检查焊接质量。

  ③ 套筒加工。

  a.套筒主要传递压力,因此对于与较小直径高强度螺栓(≤M33)相应的套筒,可选取 Q235 钢。对于与较大直径高强度螺栓(≥M36)相应的套筒,为避免由于套筒承压面积的增大而加大钢球直径,宜选用 Q345 钢或 45 号钢。

  b.套筒外形尺寸应符合扳手开口系列,端部要求平整,内孔径可比螺栓直径大 1 mm。

  c.加工后,套筒长度极限偏差为±0.2 mm,两端面的平行度为 0.3 mm,套筒内孔中心至侧面距离 $s$ 的极限偏差为±0.5 mm,套筒两端平面与套筒轴线的垂直度极限偏差为其外接圆半径 $r$ 的 0.5%,如图 4-8 所示。

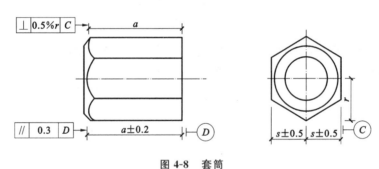

图 4-8 套筒

  ④ 锥头、封板加工。

  a.锥头、封板是钢管端部的连接件,其材料应与钢管材料一致。锥头、封板的加工可在车床上进行,锥头也可用模锻成型。

  b. 锥头[图 4-9(a)]或封板[图 4-9(b)]连接焊缝的承载力应不低于连接钢管,焊缝底部宽度 $b$ 可根据连接钢管壁厚取 2~5 mm。锥头底板外径宜较套筒外接圆直径大 1~2 mm,锥头底板内平台直径宜比螺栓头直径大 2 mm。锥头倾角应小于 40°。

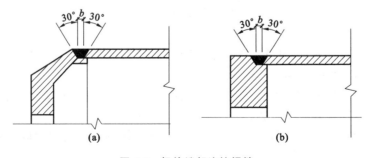

图 4-9 杆件端部连接焊缝

(a) 锥头连接;(b) 封板连接

（2）焊接空心球节点

焊接空心球节点主要由空心球、钢管杆件、连接套管等零件组成。空心球制作工艺流程应为：下料→加热→冲压→切边坡口→拼装→焊接→检验。

① 半球圆形坯料钢板应用氧-乙炔焰或等离子切割下料。下料后坯料直径允许偏差为±0.2 mm，钢板厚度允许偏差为±0.5 mm。

② 坯料锻压时，加热温度应控制在 900～1100 ℃；坯料必须在固定锻造模具上热挤压成半球形。半球表面应光滑、平整，不应有局部凸起或褶皱，壁减薄量应不小于 0.13t，且不应大于 1.5 mm。

③ 毛坯半圆球可用普通车床切边坡口，坡口角度为 20°～30°。不加肋空心球两个半球对装时，中间应余留 2.0 mm 缝隙，以保证焊透，如图 4-10 所示。

④ 加肋空心球的肋板位置应在两个半球的拼接环形缝平面处，如图 4-11 所示。加肋钢板应用氧-乙炔焰切割下料，并且外径留有加工余量，其内孔以 $D/3～D/2$ 割孔。

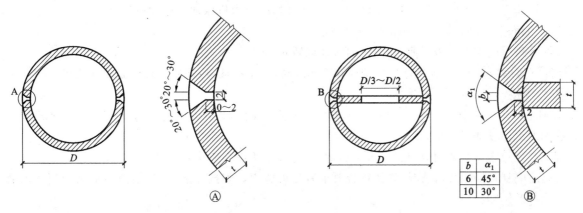

图 4-10 不加肋空心球        图 4-11 加肋空心球

⑤ 套管是钢管杆件与空心球拼焊连接定位件，应用同规格钢管剖切一部分圆周长度，经加热后在固定芯轴上成型。套管外径比钢管件内径小 1.5 mm，长度为 40～70 mm，如图 4-12 所示。

⑥ 空心球与钢管杆件连接时，钢管两端开坡口 30°，并在钢管两端头内加套管与空心球焊接，球面上相邻钢管杆件之间的缝隙 $a$ 不宜小于 10 mm，如图 4-13 所示。钢管杆件与空心球之间应留有 2～6 mm 缝隙予以焊透。

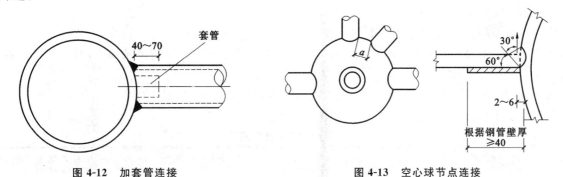

图 4-12 加套管连接        图 4-13 空心球节点连接

（3）杆件制作

① 杆件长度。

当网架采用钢管杆件及焊接球节点时，球节点常由工厂定点制作，而钢管杆件往往在现场加工。加工前，应根据式（4-2）计算出钢管件的下料长度 $L$。

$$L = l_1 - 2\sqrt{R^2 - r^2} + l_2 - l_3 \qquad (4-2)$$

式中 $l_1$——根据起拱要求等计算出的杆中心长；

$R$——钢管外圆半径；

$r$——钢管内圆半径；

$l_2$——预留焊接收缩量,一般取 $2\sim3.5$ mm;

$l_3$——对接焊缝根部宽,一般取 $3\sim4$ mm。

计算杆件下料时,应考虑拼装后的长度变化。尤其是焊接球的杆件尺寸更要考虑多方面的因素,如球的偏差带来杆件尺寸的细微变化,季节变化带来杆的偏差。因此,杆件下料应慎重调整尺寸,防止下料以后带来批量性误差。

② 杆件下料。

a. 钢管杆件下料前,应进行质量检验,要求外观尺寸、品种、规格应符合设计要求。

b. 钢管杆件下料时,其下料长度应预加焊接收缩量。在经验不足时收缩量不易留准确,应结合现场实际情况做试验确定,一般取 $2\sim3.5$ mm。

影响焊接收缩量的因素较多,如焊缝的尺寸(长、宽、高),外界气温,焊接电流强度,焊接方法(多次循环间隔焊还是集中一次焊),焊工操作技术等。

c. 钢管杆件应采用机床下料;当其壁厚超过 4 mm 时,同时由机床加工成坡口。

d. 当采用角钢杆件时,同样应预留焊接收缩量。

e. 杆件下料后应检查是否弯曲,如有弯曲应加以矫正。

f. 杆件下料后应开坡口,焊接球杆件壁厚在 5 mm 时,可不开坡口;螺栓球杆件必须开坡口。

③ 杆件焊接。

a. 在钢杆件拼装和焊接前,应对埋入的高强度螺栓做好保护,防止通电打火起弧,防止飞溅到螺纹,一般在埋入后即附上包裹加以保护。

b. 焊工应经过考试并取得合格证后方可施焊,如停焊半年以上应重新考核。

c. 施焊前应复查焊区坡口情况,确认符合要求后方可施焊。焊接完成后,应清除熔渣及金属飞溅物,并打上焊工代号的钢印。

d. 钢管与封板或锥头组装成杆件时,钢管两端对接焊缝应根据图样要求的焊缝质量等级选择相应焊接材料进行施焊,并应采取保证焊接全熔透的焊接工艺。

e. 杆件与封板、锥头拼装时,必须有定位胎具,保证拼装杆件长度一致性。

f. 封板焊接应在旋转焊接支架上进行,焊缝应焊透、饱满、均匀一致,不咬肉。

g. 杆件与封板(或锥头)定位后点固,检查焊道深度与宽度,杆件与封板双边应各开30°坡口,并有 $2\sim5$ mm 间隙,保证封板焊接质量。

(4) 制作质量检查

a. 螺栓球成型后,不应有裂纹、褶皱、过烧。

b. 钢板压成半圆球后,表面不应有裂纹、褶皱;焊接球的对接坡口应采用机械加工,对接焊接表面应打磨平整。

检查方法:用 10 倍放大镜观察或进行表面探伤;每种规格抽查10%,且不应少于 5 个。

c. 焊接球加工的允许偏差应符合表 4-32 的规定。

表 4-32 焊接球加工的允许偏差

| 项目 | 允许偏差/mm | 检查方法 | 检查数量 |
|---|---|---|---|
| 直径 | $\pm0.005d$<br>$\pm2.5$ | 用游标卡尺和孔径量规检查 | 每种规格抽查10%,且不应少于 5 个 |
| 圆度 | 2.5 | 用游标卡尺和孔径量规检查 | |
| 壁厚减薄量 | $0.13t$,且不应大于 1.5 | 用游标卡尺和测厚仪检查 | |
| 两半球对口错边 | 1.0 | 用套模和游标卡尺检查 | |

注:$d$ 为螺栓直径,$t$ 为壁厚。

d. 螺栓球加工的允许偏差应符合表 4-33 的规定。

表4-33 螺栓球加工的允许偏差

| 项目 | | 允许偏差 | 检查方法 | 检查数量 |
|---|---|---|---|---|
| 圆度/mm | $d \leqslant 120$ | 1.5 | 用卡尺和游标卡尺检查 | 每种规格抽查10%，且不应少于5个 |
| | $d > 120$ | 2.5 | | |
| 同一轴线上两铣平面平行度/mm | $d \leqslant 120$ | 0.2 | 用百分表检查 | |
| | $d > 120$ | 0.3 | | |
| 铣平面距球中心距离/mm | | ±0.2 | 用游标卡尺检查 | |
| 相邻两螺栓孔中心线夹角/(′) | | ±30 | 用分度头检查 | |
| 两铣平面与螺栓孔轴线垂直度/mm | | 0.005r | 用百分表V形块检查 | |
| 球毛坯直径/mm | $d \leqslant 120$ | +0.2；−1.0 | 用卡尺和游标卡尺检查 | |
| | $d > 120$ | +3.0；−1.5 | | |

注：d 为螺栓球直径。

e.钢网架用钢管杆件加工的允许偏差应符合表4-34的规定。

表4-34 钢网架用钢管杆件加工的允许偏差

| 项目 | 允许偏差/mm | 检查方法 | 检查数量 |
|---|---|---|---|
| 长度 | ±1.0 | 用钢尺和百分表检查 | 每种规格抽查10%，且不应少于5个 |
| 端面对管轴的垂直度 | 0.005r | 用百分表V形块检查 | |
| 管口曲线 | 1.0 | 用套模和游标卡尺检查 | |

螺栓球杆多采用钢管，其材料应符合《碳素结构钢》(GB/T 700—2006)和《低合金高强度结构钢》(GB/T 1591—2008)规定的钢的要求。所有材料均应有合格证，制造厂在下料前还应对原材料抽样检查。

#### 4.1.1.14 钢结构的防腐涂装

钢结构涂装是衡量钢结构工程质量的一项重要指标，直接影响钢结构工程的使用寿命及结构的安全性，在工程施工中必须严格控制涂装施工质量。

(1)表面处理

构件的除锈方法和技术要求应符合《涂覆涂料前钢材表面处理 表面清洁度的目视评定 第2部分：已涂覆过的钢材表面局部清除原有涂层后的处理等级》(GB/T 8923.2—2008)以及其他现行相关法规和规范，表面处理措施见表4-35。

表4-35 钢结构构件表面处理措施

| 表面处理顺序 | 表面处理措施 |
|---|---|
| 表面处理前 | 处理好构件上的结构缺陷，这些结构缺陷在涂层的使用中将导致涂层的提前失效；钢构件除锈要彻底，钢板边缘棱角及焊缝区要研磨圆滑，质量达不到工艺要求不得涂装 |
| 表面处理 | 常用的方法有手动动力工具、气动或电动动力工具和磨料喷射表面处理等 |
| 表面处理后 | 清除金属涂层表面的灰尘等残余物；钢构件应无机械损伤和不超过规范的变形；焊接件的焊缝应平整，不允许有焊瘤和焊接飞溅物；安装焊缝接口处，各留出50 mm用胶布贴封，暂不涂装 |

(2)防腐涂装

为确保施工质量，所有构件材料在切割下料前均应先进行喷砂除锈，达到设计要求，喷砂除锈应达到

Sa2.5 级标准,粗糙度达到 30~75 $\mu m$,喷砂后 5 h 内立即喷防锈底漆,油漆种类及漆膜厚度根据设计文件要求确定。

(3) 涂装工艺

① 防腐涂装技术要求。

a. 防腐涂料应进行加速暴晒试验和高、低温湿热试验,并根据使用的环境推算其耐久年限,耐久年限应为 30 年以上。

b. 各种钢材在采购回厂复试后,应进行表面预处理,喷砂或抛丸除锈达 Sa2.5 级,粗糙度达 40~75 $\mu m$,喷涂车间底漆 20 $\mu m$。

c. 所有室内外露钢构件制成单元件检验合格后,进行二次喷砂或抛丸除锈达 Sa2.5 级,粗糙度达 40~75 $\mu m$,且满足《涂覆涂料前钢材表面处理 表面清洁度的目视评定 第 2 部分:已涂覆过的钢材表面局部清除原有涂层后的处理等级》(GB/T 8923.2—2008)的要求。底漆采用环氧富锌,干膜厚度为 75 $\mu m$,锌粉在干膜中质量百分比不小于 80%;中间漆采用厚浆型环氧云铁,干膜厚度为 125 $\mu m$,单位体积固体含量不应小于 80%;面漆采用聚氨酯,干膜厚度为 30 $\mu m$,涂覆两遍。配套的面漆与防火涂料应具有耐冲击及防剥落等良好的结合性能。

d. 置于混凝土内的钢骨、型钢、节点在除锈后刷防锈底漆,漆膜厚度符合设计要求即可(如 15 $\mu m$),不另做其他防护处理。

e. 在运输及安装过程中损伤的构件涂层及连接接头等现场除锈采用手工除锈达到 St2.0 级,涂装处理同 c、d。

② 油漆补涂部位。

钢结构构件因运输过程和现场安装原因,会造成构件涂层破损,所以在钢构件安装前和安装后需对构件破损涂层进行现场防腐修补。修补之后才能进行面漆涂装。油漆补涂部位及补涂内容见表 4-36。

表 4-36 油漆补涂部位及补涂内容

| 序号 | 补涂部位 | 补涂内容 |
|---|---|---|
| 1 | 现场焊接焊缝 | 底漆、中间漆 |
| 2 | 现场运输及安装过程中破损的部位 | 底漆、中间漆 |
| 3 | 连接节点 | 底漆、中间漆 |

③ 防腐涂装顺序。

在钢构件安装过程中,随着钢柱、钢梁及板中钢梁安装分区逐步施工完成,以钢构件安装分区为单位划分施工区域,从下至上依次交叉进行现场防腐涂装施工。每个施工区域在立面从上至下逐层涂装,在平面按顺时针方向进行涂装。

④ 施工工艺。

a. 涂装材料要求。

现场补涂的油漆与制作厂使用的油漆相同,由制作厂统一提供,随钢构件分批进场。

b. 表面处理。

采用电动、风动工具等将构件表面的毛刺、氧化皮、铁锈、焊渣、焊疤、灰尘、油污及附着物彻底清除干净。

c. 涂装环境要求。

涂装前,除了底材或前道涂层的表面要清洁、干燥外,还要注意底材温度要高于露点温度 3 ℃以上。此外,应在相对湿度低于 85% 的情况下才可以进行施工。

d. 涂装间隔时间。

经处理的钢结构基层,应及时涂刷底漆,间隔时间不应超过 5 h。一道漆涂装完毕后,在进行下道漆涂装之前,一定要确认是否已达到规定的涂装间隔时间,否则就不能进行涂装。如果在过了最长涂装间隔时间以后再进行涂装,则应该用细砂纸将前道漆打毛,并清除尘土、杂质以后再进行涂装。

e.涂装要求。

在每一遍通涂之前,必须对焊缝、边角和不宜喷涂的小部件进行预涂。

⑤ 涂层检测。

a.检测工具。

漆膜检测工具可采用湿膜测厚仪、干膜测厚仪。

b.检测方法。

油漆喷涂后马上用湿膜测厚仪垂直放入湿膜直至接触到底材,然后取出测厚仪读取数值。

c.膜厚的控制原则。

膜厚的控制应遵守两个90%的规定,即90%的测点应在规定膜厚以上,余下的10%的测点应达到规定膜厚的90%。测点的密度应根据施工面积的大小而定。

d.外观检验。

涂层均匀,无起泡、流挂、龟裂、干喷和掺杂物现象。

⑥ 注意事项。

a.配制油漆时,地面上应垫木板或防火布等,避免污染地面。

b.配制油漆时,应严格按照说明书的要求进行,当天调配的油漆应在当天用完。

c.油漆补刷时,应注意外观整齐,接头线高低一致,螺栓节点补刷时,注意螺栓头油漆均匀,特别是螺栓头下部要涂到,不要漏刷。

d.如果是露天作业,下雨天和雾天均不进行油漆补刷工作。

(4)质量保证措施

钢结构的防腐涂装质量保证措施见表4-37。

表4-37 钢结构的防腐涂装质量保证措施

| 编号 | 涂装要求 | 涂装质量保证措施 |
|---|---|---|
| 1 | 环境 | 施工环境的温度控制,对施工质量尤为重要。露天涂装作业在晴天进行。雨、雾、露、风等天气时,涂装作业应在工棚内进行,相对湿度应按涂装说明要求进行严格控制,且应以自动温湿记录仪或温湿仪为准,温湿度控制要求为:喷砂时相对湿度不大于60%,涂装时相对湿度不大于80% |
| 2 | 构件表面要求 | 钢构件的除锈要彻底,钢板边缘棱角及焊缝区要研磨圆滑,质量达不到工艺要求不得涂装;<br>喷砂完成后,清除金属涂层表面的灰尘等杂物;<br>钢构件应无严重的机械损伤及变形;<br>焊接件的焊缝应平整,不允许有明显的焊瘤和焊接飞溅物;<br>安装焊缝接口处,各留出50 mm,用胶带贴封,暂不涂装 |
| 3 | 涂料配比控制 | 防腐涂料的配制,要根据配方严格按比例进行。特设专人负责配料,并由专人进行复检 |
| 4 | 间隔时间 | 一道漆涂装完毕后,在进行下一道漆涂装之前,一定要确认是否已达到规定的涂装间隔时间,否则就不能进行涂装;如果在过了最长涂装间隔时间以后再进行涂装,则应该用细砂纸将前一道漆打毛,并清除尘土、杂质以后再进行涂装 |
| 5 | 涂层膜厚的检测 | 施工各道油漆时,要注意漆膜均匀,并达到规定的漆膜厚度,以保证涂层质量和使用年限。漆膜检测工具可采用湿膜测厚仪、干膜测厚仪 |
| 6 | 检测方法 | 油漆喷涂后马上将湿膜测厚仪垂直放入湿膜直至接触到底材,然后取出湿膜测厚仪读取数值 |
| 7 | 膜厚控制原则 | 凡是上漆的部件,应自离自由边15 mm左右的位置起,在单位面积内选取一定数量的测量点进行测量,取其平均值作为该处的涂膜厚度。但焊接接口处的焊缝,以及其他不易或不能测量的组装部件,则不必测量其涂层厚度。<br>对于大面积部位,干膜总厚度的测试采用国际通用的"85-15Rule"(两个85%原则) |
| 8 | 外观检验 | 涂层均匀,无漏涂、起泡、开裂、剥离、粉化、流挂等现象 |

4.1.1.15 钢结构的防火涂装

火灾是由可燃材料的燃烧引起的,是一种失去控制的燃烧过程。建筑物火灾的损失大,尤其是钢结构,一旦发生火灾容易被破坏而倒塌。钢是不燃烧体,但却易导热。试验表明,不加保护的钢构件的耐火极限仅为 10～20 min。当温度在 200 ℃以下时,钢材性能基本不变;当温度超过 300 ℃时,钢材力学性能迅速下降;当达到 600 ℃时,钢材失去承载能力,造成结构变形,最终导致垮塌。

国家规范对各类建筑构件的燃烧性能和耐火极限都有要求。当采用钢材时,钢构件的耐火极限不应低于表 4-38 的规定。

表 4-38　　　　　　　　　　　　　　　钢构件的耐火极限要求

| 耐火极限/h 构件名称 耐火等级 | 高层民用建筑 | | | 一般工业与民用建筑 | | | | |
|---|---|---|---|---|---|---|---|---|
| | 柱 | 梁 | 楼板屋顶承重构件 | 支承多层的柱 | 支承低层的柱 | 梁 | 楼板 | 屋顶承重构件 |
| 耐火等级一级 | 3.00 | 2.00 | 1.50 | 3.00 | 2.50 | 2.00 | 1.50 | 1.50 |
| 耐火等级二级 | 2.50 | 1.50 | 1.00 | 2.50 | 2.00 | 1.50 | 1.00 | 0.50 |
| 耐火等级三级 | — | — | — | 2.50 | 2.00 | 1.00 | 0.50 | — |

钢结构防火保护的基本原理是采用绝热或吸热的材料,阻隔火焰和热量,推迟钢结构的升温速度,如用混凝土来包裹钢构件,因此出现劲性钢筋混凝土结构。随着高层建筑越来越多,纯钢结构建筑也多了,防火涂料也在工程中得到广泛应用。

(1)防火涂料

① 防火涂料的类型。

钢结构防火涂料按不同厚度分为超薄型、薄涂型和厚涂型三类;按施工环境不同分为室内和露天两类;按所用胶黏剂的不同分为有机型和无机型;按涂层受热后的状态分为膨胀型和非膨胀型,见图 4-14。

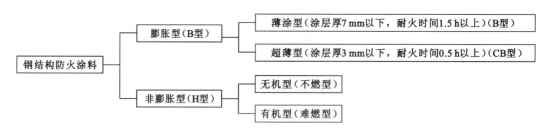

图 4-14　钢结构防火涂料的类型

② 防火涂料的阻燃机理。

a.防火涂料本身具有难燃烧或不燃性,使被保护的基材不直接与空气接触而延迟基材着火燃烧。

b.防火涂料具有较低导热系数,可以延迟火焰温度向基材的传递。

c.防火涂料遇火受热分解出不燃的惰性气体,可冲淡被保护基材受热分解出的可燃性气体,抑制燃烧。

d.燃烧被认为是游离基引起的连锁反应,而含氮的防火涂料受热分解出 NO、$NH_3$ 等非燃性气体,与有机游离基化合,中断连锁反应,降低燃烧速度。

e.膨胀型防火涂料遇火膨胀发泡,形成泡沫隔热层,封闭被保护的基材,阻止基材燃烧。

③ 防火涂料的选用。

a.室内裸露钢结构、轻型屋盖钢结构及有装饰要求的钢结构,当规定其耐火极限在 1.5 h 以下时,宜选用薄涂型钢结构防火涂料。

b.室内隐蔽钢结构、高层全钢结构及多层厂房钢结构,当规定其耐火极限在 2.0 h 以上时,应选用厚涂型钢结构防火涂料。

c.半露天或某些潮湿环境的钢结构、露天钢结构应选用室外钢结构防火涂料。

（2）防火涂装施工

① 一般规定。

a.钢结构防火涂料的生产厂家、检验机构、涂装施工单位均应具有相应的资质,并通过公安消防部门的认证。

b.钢结构涂料涂装前,构件应安装完毕并验收合格。若提前施工,应考虑施工后补喷。

c.钢结构表面杂物应清理干净,其连接处的缝隙应用防火涂料或其他材料填平,之后方可施工。

d.喷涂前,钢结构表面应除锈,并根据使用要求确定防锈处理方式。

e.喷涂前应检查防火涂料,防火涂料品名、质量是否满足要求,是否有厂方的合格证,检测机构的耐火性能检测报告和理化性能检测报告。

f.防火涂料的底层和面层应相互配套,底层涂料不得腐蚀钢材。

g.涂料施工过程中,环境温度宜为5~38 ℃,相对湿度不应大于85%。涂装时构件表面不应有结露,涂装后4 h内应免受雨淋。

② 工艺流程。

防火涂装的工艺流程一般为:施工准备→调配涂料→涂料施工→检查验收。

③ 厚涂型钢结构防火涂料涂装工艺及要求。

a.施工方法及机具。

一般采用喷涂方法涂装,机具为压送式喷涂机,配备能够自动调压的空压机,喷枪口径为6~12 mm,空气压力为0.4~0.6 MPa。局部修补和小面积构件采用手工抹涂方法施工,工具是抹灰刀等。

b.涂料配制。

单组分湿涂料,现场采用便携式搅拌器搅拌均匀;单组分干粉涂料,现场加水或其他稀释剂调配,应按照产品的说明书规定配比混合搅拌;双组分涂料,按照产品说明书规定的配比混合搅拌。

防火涂料配制搅拌,应边配边用,当天配制的涂料必须在产品说明书规定的时间内使用完。

搅拌和调配涂料,应使其均匀一致,且稠度适宜,既能在输送管道中流动畅通,又在喷涂后不会产生流淌和下坠现象。

c.涂装施工工艺及要求。

喷涂应分若干层完成,第一层喷涂以基本盖住钢材表面即可,以后每层喷涂厚度为5~10 mm,一般为7 mm左右。在每层涂层基本干燥或固化后,方可继续喷涂下一层涂料,通常每天喷涂一层。

喷涂保护方式、喷涂层数和涂层厚度应根据防火设计要求确定。

喷涂时,喷枪要垂直于被喷涂钢构件表面,喷距为6~10 mm,喷涂气压保持在0.4~0.6 MPa。喷枪运行速度要保持稳定。不能在同一位置久留,避免造成涂料堆积、流淌。在喷涂过程中,配料及往喷涂机内加料均要连续进行,不得停顿。

施工过程中,操作者应采用测厚仪检测涂层厚度,直到符合设计规定的厚度,方可停止喷涂。

喷涂后,对于明显凹凸不平处,应采用抹灰刀等工具进行剔除和补涂处理,以确保涂层表面均匀。

d.质量要求。

涂层应在规定时间内干燥固化,各层间黏结牢固,不出现粉化、空鼓、脱落和明显裂纹。钢结构接头、转角处的涂层应均匀一致,无漏涂现象。涂层厚度应达到设计要求,否则应进行补涂处理,使其符合规定的厚度。

④ 薄涂型钢结构防火涂料涂装工艺及要求。

a.施工方法及机具。

一般采用喷涂方法涂装,面层装饰涂料可以采用刷涂、喷涂或滚涂等方法,局部修补或小面积构件涂装,不具备喷涂条件时,可采用抹灰刀等工具进行手工抹涂。机具为重力式喷枪,配备能够自动调压的空压机。喷涂底层及主涂层时,喷枪口径为4~6 mm,空气压力为0.4~0.6 MPa;喷涂面层时,喷枪口径为1~2 mm,空气压力为0.4 MPa左右。

b.涂料配制。

单组分涂料,现场采用便携式搅拌器搅拌均匀;双组分涂料,按照产品说明书规定的配比混合搅拌。

防火涂料配制搅拌,应边配边用,当天配制的涂料必须在产品说明书规定的时间内使用完。

搅拌和调配涂料,应使之均匀一致,且稠度适宜,既能在输送管道中流动畅通,又在喷涂后不会产生流淌和下坠现象。

c.底层涂装施工工艺及要求。

底涂层一般应喷涂 2~3 遍,待前一遍涂层基本干燥后再喷涂后一遍。第一遍喷涂以盖住钢材基面 70% 即可,第二、三遍喷涂每层厚度不超过 2.5 mm。

喷涂保护方式、喷涂层数和涂层厚度应根据防火设计要求确定。

喷涂时,操作工手握喷枪要稳定,运行速度保持稳定。喷枪要垂直于被喷涂钢构件表面,喷距为 6~10 mm。

施工过程中,操作者应随时采用测厚仪检测涂层厚度,确保各部位涂层达到设计规定的厚度要求。

喷涂后,喷涂形成的涂层是粒状表面,当设计要求涂层表面平整光滑时,待喷涂完最后一遍应采用抹灰刀等工具进行抹平处理,以确保涂层表面均匀、平整。

d.面层涂装工艺及要求。

当底涂层厚度符合设计要求,并基本干燥后,方可进行面层涂料涂装。

面层涂料一般涂刷 1~2 遍。如第一遍是从左至右涂刷,第二遍则应从右至左涂刷,以确保全部覆盖住底涂层。

面层涂装施工应保证各部分颜色均匀一致,接槎平整。

⑤ 防火涂料涂装工程验收。

a.防火涂料涂装前,钢材表面除锈及防锈底漆涂装应符合规定。按构件数抽查 10%,且同类构件不应少于 3 件。表面除锈用铲刀检查和用图片对照观察检查;底漆涂装用干漆膜测厚仪检查,每个构件检测 5 处。

b.防火涂料不应有误涂、漏涂,涂层应闭合无脱层、空鼓、明显凹陷、粉化松散和浮浆等外观缺陷,应剔除乳突。

c.薄涂型防火涂料涂层表面裂纹宽度不应大于 0.5 mm,厚涂型防火涂料涂层表面裂纹宽度不应大于 1 mm。按同类构件数抽查 10%,且均不应少于 3 件。

d.薄涂型防火涂料涂层厚度应符合设计要求。厚涂型防火涂料涂层的厚度 80% 及以上面积应符合设计要求,且最薄处厚度不应低于设计要求的 85%。用涂层厚度测试仪、测针和钢尺检查,应符合下列规定。

(a)测点选定。楼板和防火墙的防火涂层厚度测定,可选两相邻纵、横轴线相交中的面积为一单元,在其对角线上每米选一点;全钢框架结构的梁、柱以及桁架结构的上、下弦的防火涂层厚度测定,在构件长度上每隔 3 m 取一截面,按图 4-15 所示位置测试;桁架结构其他腹杆,每根取一截面检测。

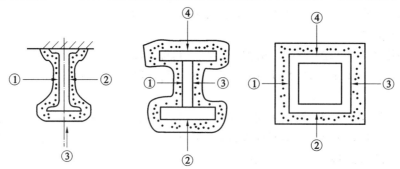

**图 4-15  梁、柱、桁架涂层厚度检测位置**
①、②、③、④—构件防火涂层厚度的检测位置

(b)测量结果。对于楼板和墙面,在所选择面积中至少测 5 点;对于梁、柱,在所选位置中分别测出 6 个和 8 个点,分别计算它们的平均值,精确到 0.5 mm。

(3)涂料的性能与检测

涂料的性能包括干燥时间、初期干燥抗裂性、黏结强度、抗压强度、热导率、抗震性、抗弯性、耐水性、耐冻融循环、耐火性、耐酸性、耐碱性等。

耐火试验时,试件平放在卧式燃烧炉上,三面受火,试验结果以钢结构防火涂层厚度(mm)和耐火极限(h)表示。

### 4.1.2 典型钢构件的工艺编制及制作流程

#### 4.1.2.1 焊接H型钢构件

(1)制作流程

焊接H型钢的制作流程见图4-16。

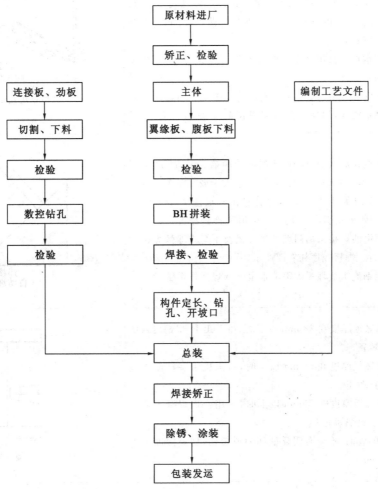

图4-16 焊接H型钢的制作流程

(2)制作工艺

焊接H型钢的制作工艺见表4-39,加工允许误差及检验方法见表4-40。

表4-39 焊接H型钢的制作工艺

| 序号 | 工序 | 制作工艺 | 示意图 |
|---|---|---|---|
| 1 | 零件下料 | ① 零件下料采用数控等离子、数控火焰及数控直条切割机进行切割加工。<br>② 型钢的翼缘板、腹板采用直条切割机两面同时垂直下料,对不规则件采用数控切割机进行下料。<br>③ H型钢的翼缘板、腹板的长度放50 mm,宽度不放余量,准备车间下料时应按工艺要求加放余量。<br>④ 下料完成后,施工人员应按材质进行色标移植,同时对下料后的零件标注工程名称、钢板规格、零件编号,并归类存放 | 钢板下料切割<br>(数控多头直条切割机) |

| 序号 | 工序 | 制作工艺 | 示意图 |
|---|---|---|---|
| 2 | H型钢组立 | ① 型钢的组立可采用 H 型钢流水线组立机或人工胎架进行组立,定位焊采用气保焊,定位焊缝尺寸和间距的推荐尺寸:<br>　　a. 板厚不大于 12 mm 时,定位焊长度为 20~30 mm;<br>　　b. 板厚大于 12 mm 时,定位焊长度为 40~60 mm。<br>　　其中,起始焊点距离端头距离为 20 mm,当零件长度较短,其长度在 200 mm 以下时,定位焊点分为两点,分布位置为距离端头 20 mm 处。<br>　② H 型钢在进行组立点焊时不允许有电弧擦伤,点焊咬边应在 1 mm 以内。<br>　③ H 型钢翼缘板与腹板对接焊缝应错开 200 mm 以上。<br>　④ H 型钢翼缘板与腹板之间的装配间隙 Δ≤1 mm | 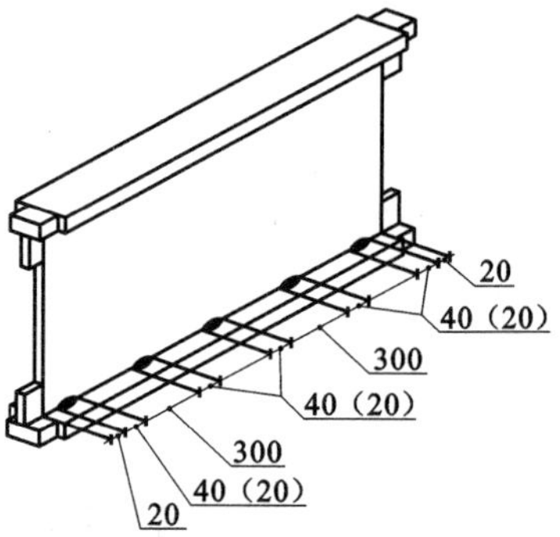 <br>**H 型钢组立定位点焊分布图** |
| 3 | H型钢的焊接 | ① H 型钢在焊接前,应在 H 型钢的两端头设置"T"形引弧板及引出板,引弧板及引出板长度应大于或等于 150 mm,宽度应大于或等于 100 mm,焊缝引出长度应大于或等于 60 mm。引弧板及引出板要用气割切除,严禁锤击去除。<br>　② H 型钢的焊接采用门型埋弧焊机及小车式埋弧焊机两种方式进行。焊接顺序如右图所示。<br>　③ H 型钢流水线埋弧焊不清根全熔透焊接技术 | 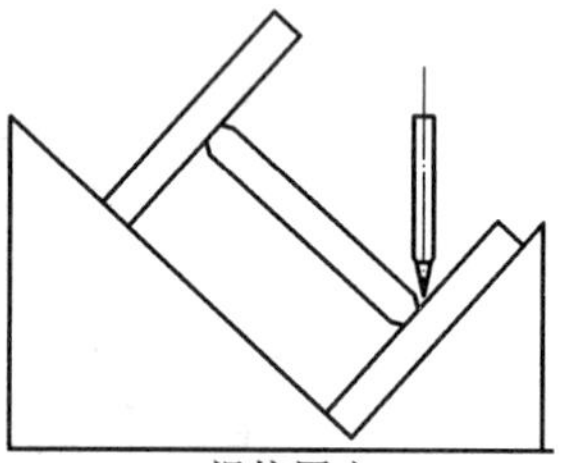 <br>**焊接固定**<br>（自动埋弧焊机） |
| 4 | H型钢的矫正 | ① 当翼缘板厚度在 28 mm 以下时,可采用 H 型钢翼缘矫正机进行矫正。<br>　② 当翼缘板厚度在 55mm 以下时,可采用十字柱流水线矫正机进行矫正。<br>　③ 当翼缘板厚度在 55mm 以上时,采用合理焊接工艺顺序辅以手工火焰矫正。<br>　　矫正后的表面,不应有明显的凹面或损伤,划痕深度不得大于0.5 mm | 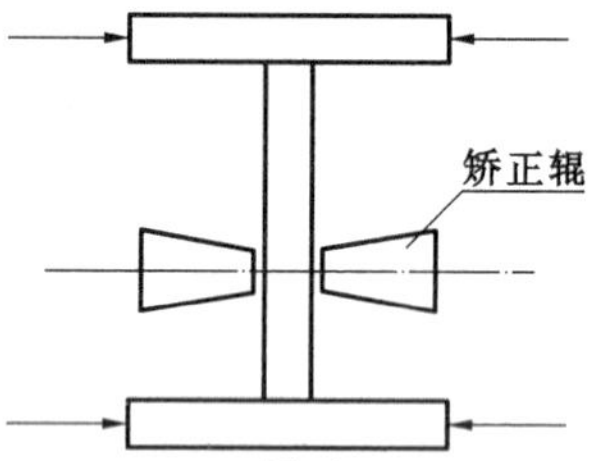 <br>**矫正**<br>（翼缘矫正机） |
| 5 | H型钢的端头下料 | ① 当 H 型钢截面高度在 1 m 以下的规则断面时,采用 AMADA或 Peddinghaus 型钢加工流水线上锯切下料。<br>　② 当 H 型钢截面高度在 1 m 以上的规则断面时,采用半自动切割机进行下料。<br>　③ 当 H 型钢的断面为不规则断面时,可采用手工下料 | |
| 6 | H型钢的钻孔 | ① 对翼缘板宽度不大于 450 mm,且截面高度不大于 1000 mm 的 H 型钢可利用流水线进行孔加工。<br>　② 对截面高度大于 1000 mm 的钢梁,孔的加工方式采用摇臂钻与磁座钻进行加工 | |

续表

| 序号 | 工序 | 制作工艺 | 示意图 |
|---|---|---|---|
| 7 | H 型钢的装配 | ① 零件组装时应确认零件厚度和外形尺寸已经检验合格,已无切割毛刺和缺口,并应核对零件编号、方向和尺寸等,核对待装配的 H 型钢本体的编号、规格等,确认局部的补修及弯扭变形均已调整完毕;零件在组装时必须先清除被焊部位及坡口两侧50 mm的铁锈、熔渣、油漆和水分等杂物;重要构件的焊缝部位的清理,应使用磨光机打磨至呈现金属光泽。<br>② 将 H 型钢本体放置在装配平台上;根据各部件在图纸上的位置尺寸,利用石笔在钢柱本体上进行画线,其位置线包括中心线、基准线等,各部件的位置线应采用双线标识,定位线条清晰、准确,避免因线条模糊而造成尺寸偏差。<br>③ 待装配的部件(如牛腿等)应根据其在结构中的位置,先对部件进行组装焊接,使其自身组装焊接在最佳的焊接位置上完成,实现部件焊接质量的有效控制 | |

表 4-40 加工允许误差及检验方法

| 项目 | | 允许偏差/mm | 检验方法 | 图例 |
|---|---|---|---|---|
| 梁的长度 $L$ | 端部有凸缘支座板 | $0$<br>$-0.5$ | 钢尺 | |
| | 其他形式 | $\pm L/2500$<br>$\pm 10.0$ | | |
| H 型钢高度 $h$ | $h<500$ | $\pm 2.0$ | | |
| | $500<h<1000$ | $\pm 3.0$ | | |
| | $h>1000$ | $\pm 4.0$ | | |
| H 型钢宽度 $b$ | | $\pm 3.0$ | | |
| 腹板中心偏移 $e$ | | $2.0$ | | |
| 翼缘板垂直度 $\Delta$ | | $b/100$,且不大于 3.0 | 直角尺<br>钢尺 | |
| H 型钢梁旁弯 $S$ | | $L/2000$,且不大于 10.0 | 拉线和钢尺 | |
| H 型钢梁拱度 $C$ | 设计要求起拱 | $\pm L/5000$ | | |
| | 设计未要求起拱 | $-5.0\sim10.0$ | | |
| 梁的扭曲 $a$(梁高 $h$) | | $h/250$,<br>且不大于 10.0 | 拉线<br>吊线<br>钢尺 | |
| 腹板局部平面度 $f$ | 腹板 $t<14$ | $3.0$ | 1 m 钢直尺<br>塞尺 | |
| | 腹板 $t\geqslant14$ | $2.0$ | | |

| 项目 | 允许偏差/mm | 检验方法 | 图例 |
|---|---|---|---|
| 梁两端孔间的距离 Δ | ±2.0 | 钢尺 | 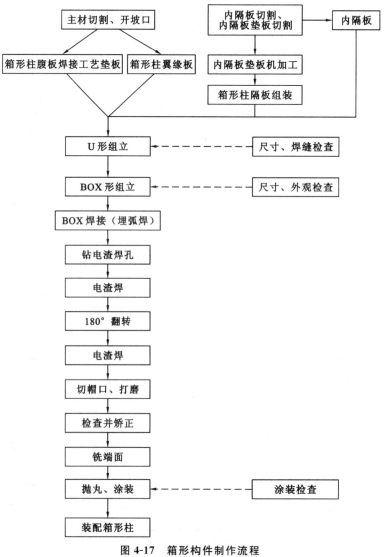 |
| 梁端板的平面度<br>（只允许凹进） | $h/500$，且不大于 2.0 | 钢尺<br>角尺 | |
| 梁端板与腹板的垂直度 | $h/500$，且不大于 2.0 | 钢尺<br>角尺 | |

#### 4.1.2.2 箱形构件

（1）制作流程

箱形构件制作流程见图 4-17。

```
┌──────────────────┐          ┌──────────────────┐      ┌────────┐
│ 主材切割、开坡口  │          │ 内隔板切割、      │─────→│ 内隔板 │
└──────────────────┘          │ 内隔板垫板切割    │      └────────┘
   ↙         ↘                 └──────────────────┘
┌───────────────────┐ ┌──────────────┐  ┌──────────────────┐
│箱形柱腹板焊接工艺垫板│ │箱形柱翼缘板 │  │ 内隔板垫板机加工  │
└───────────────────┘ └──────────────┘  └──────────────────┘
   ↘          ↙                          ┌──────────────────┐
                                          │ 箱形柱隔板组装    │
                                          └──────────────────┘
        ┌──────────────┐
        │   U 形组立     │- - - - - - - →  尺寸、焊缝检查
        └──────────────┘
        ┌──────────────┐
        │  BOX 形组立    │- - - - - - - →  尺寸、外观检查
        └──────────────┘
        ┌──────────────────┐
        │  BOX 焊接（埋弧焊）│
        └──────────────────┘
        ┌──────────────┐
        │  钻电渣焊孔     │
        └──────────────┘
        ┌──────────────┐
        │    电渣焊       │
        └──────────────┘
        ┌──────────────┐
        │  180° 翻转     │
        └──────────────┘
        ┌──────────────┐
        │    电渣焊       │
        └──────────────┘
        ┌──────────────┐
        │ 切帽口、打磨    │
        └──────────────┘
        ┌──────────────┐
        │  检查并矫正     │
        └──────────────┘
        ┌──────────────┐
        │    铣端面       │
        └──────────────┘
        ┌──────────────┐                 ┌──────────────┐
        │  抛丸、涂装     │- - - - - - - →│   涂装检查     │
        └──────────────┘                 └──────────────┘
        ┌──────────────┐
        │  装配箱形柱     │
        └──────────────┘
```

图 4-17 箱形构件制作流程

（2）制作工艺

箱形柱加工示意图见图4-18。

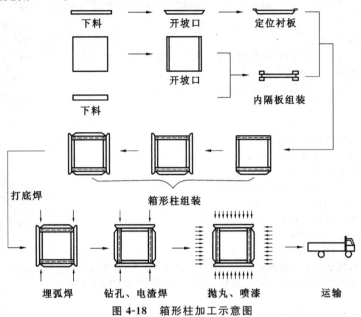

图 4-18 箱形柱加工示意图

箱形柱加工工序及简图见表4-41。

表 4-41                                       箱形柱加工工序及简图

| 序号 | 工序 | 制作工艺 | 示意图 |
|---|---|---|---|
| 1 | 主材切割、开坡口 | ① 采用机械：数控切割。<br>② 箱形柱面板下料时应考虑焊接收缩余量及后一道工序中的端面铣的机加工余量，并喷出箱形柱隔板的装配定位线。<br>③ 操作人员应当将钢板表面距切割线边缘 50 mm 范围内的锈斑、油污、灰尘等清除干净。<br>④ 材料采用火焰切割下料，下料前应对钢板的不平度进行检查，要求：厚度不大于 15 mm 时，不平度不大于 1.5 mm/m。厚度大于 15 mm 时，不平度不大于 1 mm/m。若发现不平度超差的禁止使用。<br>⑤ 下料完成后，施工人员必须将下料后的零件标注工程名称、钢板材质、钢板规格、零件号等，并归类存放。<br>⑥ 余料应标明钢板材质、钢板规格和轧制方向 | |
| 2 | 箱形柱腹板焊接垫板 | ① 先将腹板置于专用机平台上，并保证钢板的平直度。<br>② 扁铁安装尺寸必须考虑箱形柱腹板宽度方向的焊接收缩余量，因此在理论尺寸上加上焊缝收缩余量 2 mm，在长度方向上比箱形柱腹板长 200 mm。同时应保证两扁铁之间的平行度控制在 0.5 mm/m，但最大不超过 1.5 mm，扁铁与腹板贴合面之间的间隙控制在 0～1 mm | 箱形柱腹板置于平台上<br><br>$L+2$<br>（根部间隙保证全熔透）<br>扁铁定位图 |
| 3 | 内隔板及内隔板垫板下料 | ① 内隔板的切割在数控等离子切割机上进行，保证了其尺寸及形位公差；垫板切割在数控等离子切割机上进行，并在长度及宽度方向上加上机械加工余量。<br>② 垫板长度方向均需机械加工，且加工余量在理论尺寸上加 10 mm；垫板宽度方向仅一头需机械加工，加工余量在理论尺寸上加 5 mm；内隔板对角线公差精度要求为 3 mm。<br>③ 切割后的内隔板四边应去除割渣、氧化皮，并用磨光机进行打磨，保证以后的电渣焊质量 | |

| 序号 | 工序 | 制作工艺 | 示意图 |
|---|---|---|---|
| 4 | 内隔板垫板机械加工 | ① 机械设备:铣边机。<br>② 在夹具上定位好工件后,应及时锁紧夹具的夹紧机构。<br>③ 控制进刀量,每次进刀量最大不超过 3 mm。<br>④ 切削加工后应去除毛刺,并用白色记号笔编上构件号 | |
| 5 | 箱形柱隔板组装 | ① 箱形柱隔板组装在专用设备上进行,保证了其尺寸及形位公差。箱形柱隔板长、宽尺寸精度为±3 mm,对角线误差为 1.5 mm。<br>② 将隔板组装机的工作台置于水平位置。<br>③ 将箱形柱隔板一侧的两块垫板先固定在工作平台上,然后居中放上内隔板,再将另一侧的两块垫板置于内隔板上,并在两边用气缸进行锁紧。<br>④ 用气体保护焊对内隔板与垫板进行定位焊,正面焊完后,将工作平台翻转 180°,进行另一侧的定位焊 | |
| 6 | U形组立 | ① 先将腹板置于流水线的滚道上,吊运时,注意保护焊接垫板。<br>② 根据箱形柱隔板的画线来定位隔板,并用 U 形组立机上的夹紧油缸进行夹紧。<br>③ 用气体保护焊将箱形柱隔板定位焊在腹板上。<br>④ 然后将箱形柱的两块翼缘板置于滚道上,使三块箱形柱面板的一端头平齐再次用油缸进行夹紧,最后将隔板、腹板、翼缘板进行定位焊,保证定位焊的可靠性 | |
| 7 | BOX组立 | ① 采用机械:BOX 组立机。<br>② 装配盖板时,一端与箱形柱平齐。<br>③ 在吊运及装配过程中,特别注意保护盖板上的焊接垫板。<br>④ 上油缸顶工件时,尽量使油缸靠近工件边缘。<br>⑤ 在盖板之前,首先必须画出钻电渣焊孔的中心线位置,打上样 | |
| 8 | BOX焊接 | ① 焊接方式:GMAW 打底,SAW 填充、盖面。<br>② 该箱形柱的焊接初步定为腹板与翼缘板上均开 20°的坡口,腹板上加焊接垫板,具体工艺由焊接程序试验来确定。<br>③ 为减小焊接变形,两侧焊缝同时焊接。<br>④ 埋弧焊前先定位好箱形柱两头的引弧板及熄弧板,引弧板的坡口形式及板厚同母材 | |
| 9 | 钻电渣焊孔 | ① 采用机械:轨道式摇臂钻。<br>② 找出钻电渣焊孔的样冲眼。<br>③ 选择合适的麻花钻。<br>④ 要求孔偏离实际中心线的误差不大于 1 mm。<br>⑤ 钻完一面的孔后,将构件翻转 180°,再钻另一面的孔,并清除孔内的铁屑等污物 | <br>钻孔(翼缘板表面) |
| 10 | 电渣焊 | ① 采用高电压、低电流、慢送丝起弧燃烧。<br>② 当焊缝焊至 20 mm 以后,电压逐渐降到 38 V,电流逐渐上升到 520 A。<br>③ 随时观察母材外表烧红的程度,均匀地控制熔池的大小。熔池既要保证焊透,又要不使母材烧穿;用电焊目镜片观察熔嘴在熔池中的位置,使其始终处在熔池中心部位。<br>④ 保证熔嘴内外表面清洁和焊丝清洁,焊剂、引弧剂干燥、清洁 | |

续表

| 序号 | 工序 | 制作工艺 | 示意图 |
|---|---|---|---|
| 11 | 切帽口、矫正铣端面、抛丸涂装 | ① 采用设备:割枪、端面铣、美国八抛头抛丸机、德国高压无气喷涂机。<br>② 电渣焊帽口必须用火焰切除,并用磨光机打磨平整,绝对禁止用锤击。<br>③ 对钢构件的变形矫正采用火焰加机械矫正,加热温度需严格控制在600~800 ℃,但最高不超过900 ℃。<br>④ 构件的两端面进行铣削加工,其端面垂直度在0.3 mm以下,表面粗糙度 $Ra$ 在12.5以下。<br>⑤ 构件抛丸采用美国八抛头抛丸机进行全方位抛丸,一次通过粗糙度达到Sa2.5级,同时,也消除了一部分的焊接应力。<br>⑥ 箱形柱的抛丸分两次进行,第一次在钢板下料并铣边机加工后,把箱板的外表面进行抛丸,第二次在箱形柱全部组焊好后,涂漆前进行外表面的抛丸或喷砂。<br>⑦ 喷漆采用德国高压无气喷涂机进行,其优点为漆膜均匀等。为防止钢材受腐蚀,钢材必须在适当的时机做表面抛丸处理并涂防锈漆。采用防锈漆时,必须兼顾防火涂料的适应性。<br>⑧ 为了防止构件损坏与松动,构件上、下与左、右均用木材进行定位,并用钢丝绳进行强制锁紧 | |

### 4.1.2.3　圆钢管构件

（1）制作流程

圆钢管的制作工艺流程见图4-19。

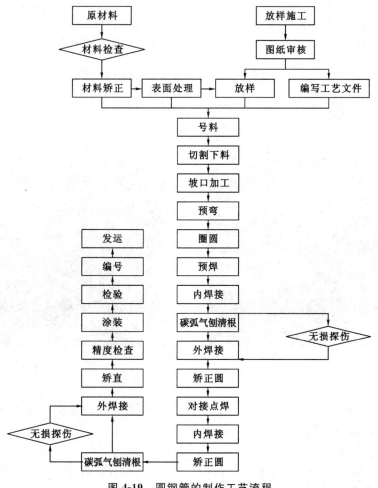

图4-19　圆钢管的制作工艺流程

（2）制作工艺

① 下料。

设备及坡口选择：采用数控切割机进行切割下料，下料时针对单丝内焊接和三丝外焊接的要求开坡口。坡口尺寸如图4-20所示。

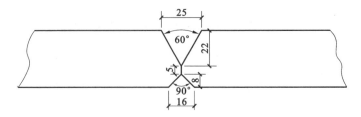

图 4-20　坡口尺寸

下料时选用旋转三割炬，使得下料和开坡口同时完成，确保尺寸和坡口精度。下料精度对角线要求不大于±1 mm。

② 预热。

钢板较厚，且弯曲半径较小，端部产生开裂的风险系数较大。因此，在预弯和卷管前应考虑预热，预热温度约为650 ℃。预热在箱式加热炉中进行。

③ 预弯。

采用数控折弯机进行预弯，预先设置压力及预压速度，并自动执行，如图4-21所示。

④ 弯圆。

在数控三辊卷板机上完成，根据管径、壁厚、长度、材质等参数编制程序，然后按程序进行即可。编程时，考虑操作先从钢板的中部开始加压，再来回卷动和加压，逐步加大范围，直至最后缝合。设备自动操作过程中，操作人员要密切注意钢板侧面和侧挡轮的动态，若发现侧挡轮抖动，注意调整压力和卷板速度，直至恢复正常为止。成型后，将板材周边毛刺去除，并对坡口来回倒角消除集中应力，以保证焊管表面质量完好。

⑤ 合缝点焊。

用大型压力预焊机将钢管合拢，检查钝边的间隙、径向的错边等都符合工艺要求后，才能连续合缝点焊，如图4-22所示。

图 4-21　预弯现场

图 4-22　合缝点焊现场

⑥ 内、外焊。

焊缝的两端头需焊接引弧板，先用埋弧自动焊焊接内侧焊缝后，对焊缝进行碳弧气刨清根，刨至完整金属，并用砂轮进行打磨除渣，再用外焊设备焊接成型，如图4-23所示。

⑦ 矫圆。

采用油压机完成矫圆。油压机上、下模头可以调节成各种形状，矫圆前先调整模头到相应尺寸，将工件吊进模具后加压矫圆，如图4-24所示。

图 4-23　内、外焊现场示意图

图 4-24　矫圆现场示意图

⑧ 对接。

在专用夹具上完成对接。先将一个小分段固定在带电机自动翻转的固定夹具上,再将另一个小分段固定在有滑轨的翻转胎具上,调整圆筒下的活动滚轮架至基本通行位置,将有滑轨的胎具及辊轮架沿滑轨移向固定辊轮架,合拢后再进行微调,直至完全同心,方可进行点焊。注意此处对接误差必须保证在 ±2 mm 内。现场对接采用同样的方法,如图 4-25 所示。

图 4-25　钢管现场对接示意图

⑨ 检测。

除对焊缝进行探伤外,还对各个工序的加工精度以及焊管的外形尺寸进行全面检测,如图 4-26 所示。

#### 4.1.2.4　连接节点

以一个典型的柱节点为例说明连接节点的制作工艺,如图 4-27 所示。

(1) 制作流程

制作流程图见图 4-28。

(2) 制作工艺

零件的下料加工采用数控切割机切割,下料时要根据工艺要求留焊接收缩余量,采用半自动切割机进行坡口加工,钻孔采用数控钻床,对于需要全熔透的一级焊缝,根据实际条件情况采用背面清根或焊垫板的焊接方法。连接节点的加工制作步骤如表 4-42 所示。

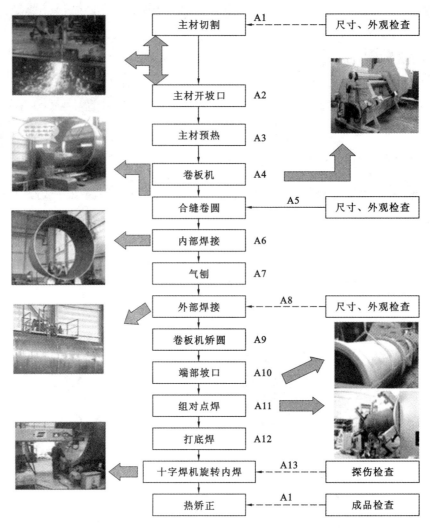

图 4-26　检测流程图

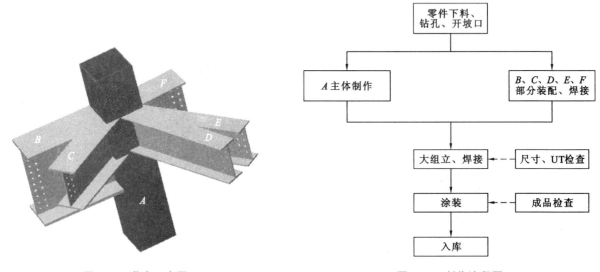

图 4-27　节点示意图

图 4-28　制作流程图

表 4-42　　　　　　　　　　　　　　　连接节点的加工制作步骤

| 序号 | 步骤 | 说明 | 示意图 |
|---|---|---|---|
| 1 | 零件制作加工 | 零件的下料加工采用数控切割机切割，下料时要根据工艺要求留焊接收缩余量，采用半自动切割机进行坡口加工，钻孔采用数控钻床 | |
| 2 | C、E 牛腿部分制作 | 焊接顺序：主焊缝焊接时注意对称焊接，焊接后进行变形矫正 | |
| 3 | B、E、F 部分制作 | 具体制作工艺见第 4.1.2 节 H 型钢的制作 | |
| 4 | 组立 | 焊接顺序：组装各个牛腿，焊接时要先焊接牛腿的上、下翼缘板，再焊接腹板。<br>焊缝焊接后外表面打磨修整，单个构件要矫正合格后再进行组装 | |

# 4.2　钢构件制作案例分析　>>>

## 4.2.1　钢结构门式刚架的制作

### 4.2.1.1　工程概况

本工程为年产 15 万辆汽车合资项目，采用排架结构与门式刚架混合型车间，见图 4-29～图 4-31。钢柱采用 H 型钢、十字型钢与 H＋T 型钢组合；主梁采用 H 型钢；办公夹层采用工字钢和槽钢，均采用高强度螺栓连接；办公夹层楼板为现浇混凝土楼板；屋面檩条与墙檩为镀锌 C 型钢，用普通螺栓连接固定；屋、墙面板为保温金属压型钢板，用自攻螺钉连接固定；拉条为圆钢，角撑为角钢、H 型钢及圆钢；基础为 H 型钢、十字型钢与 H＋T 型钢组合柱基础，与柱连接为预埋板地锚螺栓连接。

车间长 60 m，宽 38 m，檐高 7 m，共两层（地坪层与办公夹层）；人字形屋面，坡度 5％。本工程安全等级为二级，主要荷载标准值取值：基本风压为 0.45 kPa，地面粗糙度为 B 类，基本雪压为 0.40 kPa。

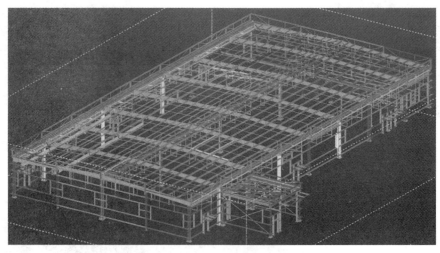

图 4-29    整体效果图

图 4-30    主结构效果图(一)

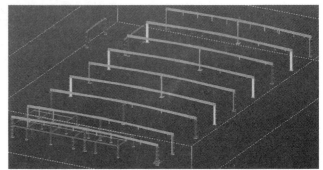

图 4-31    主结构效果图(二)

### 4.2.1.2    生产准备

(1) 钢结构制作工艺流程图

钢结构制作工艺流程图见图 4-32。

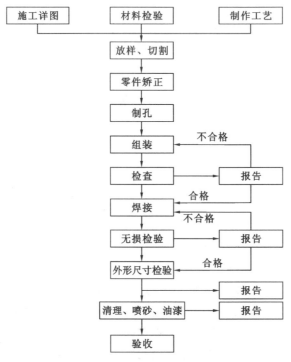

图 4-32    钢结构制作工艺流程图

（2）技术准备

① 审查设计文件是否齐全、合理并符合国家标准；检查设计文件（包括设计图、施工图、图纸说明和设计变更通知单等）是否经过设计、校对、审核人员签字、设计院盖章、建设部门存档、监理单位核对，并由施工单位和建设单位会审签字。

② 根据工厂、工地现场的实际起重能力和运输条件，核对施工图中钢结构的分段是否满足要求，工厂和工地的工艺条件是否满足设计要求。根据设计文件进行构件详图设计，以便加工制作和安装，并编制材料采购计划。

③ 钢结构的加工工艺方案由制造单位根据施工图和合同对钢结构质量、工期的要求进行编制，并经公司的总工程师审核，经发包单位代表或监理工程师批准后实施。

（3）材料的采购、存放

① 本工程钢结构主材采用 Q345B 钢制作，辅材采用 Q235B 钢制作，墙梁及檩条采用 Q235 冷弯薄壁型钢热镀锌制作，钢材采购的数量和品种应和订货合同相符，钢材的出厂质量证明书数据必须和钢材打印的记号一致。

本工程采用手工电焊与高强度螺栓连接及安装螺栓连接。当材料为 Q345B 钢时，焊接材料为 E50 型焊条，高强度螺栓连接；当材料为 Q235B 钢时，焊接材料为 E43 型焊条，高强度螺栓连接；当材料为 Q235 冷弯薄壁型钢热镀锌时，采用安装螺栓连接。涂料、稀释剂等产品技术性能、颜色均应符合设计要求。

② 钢构件应按结构的安装顺序分单元成套供应。钢构件存放场地应平整坚实，无积水。钢构件应按种类、型号、安装顺序分区存放。底层垫枕应有足够支承面，相同型号的钢构件叠放时，各层构件的支点应在同一垂直线上，并应防止构件被压坏和变形。焊接材料和螺栓涂料应建立专门的仓库，库内应干燥、通风良好。

③ 材料采购流程图如图 4-33 所示。

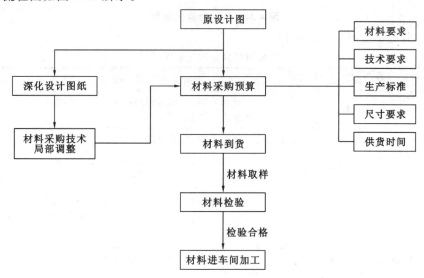

图 4-33　材料采购流程图

（4）材料的验收

① 钢结构使用的钢材、焊接材料、涂装材料和紧固件等应具有质量证明书，必须符合设计要求和现行标准的规定。进场的原材料，除必须有生产厂的质量证明书外，还应按照合同要求和现行有关规定在甲方、监理的见证下，进行现场取样、送样、检验和验收，做好检查记录，并向甲方和监理提供检验报告。

② 钢材表面不得有结疤、裂纹、折叠和分层等缺陷，钢材端边或断口处不应有分层、夹渣。有上述缺陷的应另行堆放，以便研究处理。钢材表面的锈蚀深度，不超过其厚度负偏差值的 1/2，并应符合国家标准规定的 C 级及以上。严禁使用药皮脱落或焊芯生锈的焊条、受潮结块或已熔烧过的焊剂以及生锈的焊丝。

③ 钢结构工程的材料代用。由于个别钢材的品种、规格、性能等不能满足设计要求需要进行材料代用时，应经设计单位同意并签署代用文件，一般是以高强度材料代替低强度材料，以厚代薄。高强度螺栓连接副应进行扭矩系数复验。

④ 材料检验流程图见图 4-34。

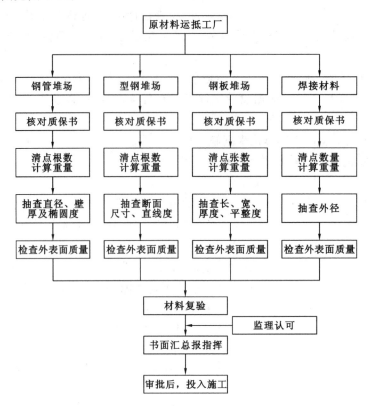

**图 4-34　材料检验流程图**

⑤ 主要材料检验的主要项目见表 4-43。

表 4-43　　　　　　　　　　　　　　　　　主要材料检验的主要项目

| 材料名称 | | 检验内容 | 检验方法和手段 | 检验依据 |
|---|---|---|---|---|
| 钢材 | | 质保资料 | 对照采购文件采用标准、数量、规格、型号及质量指标 | 采购标准 |
| | 外观损伤 | 结疤、花纹、铁皮、麻点、压痕、刮伤 | 宏观检查、目测判断 | 相应标准 |
| | | 裂纹、夹杂、分层、气泡 | 宏观检查,机械仪器检查,如超声波探伤仪、磨光机、晶向分析仪 | 相应标准 |
| | 化验 | C、Si、Mn、P、S、V | 锰磷硅微机数显自动分析仪、电脑数显碳硫自动分析仪、光谱分析仪、常规技术分析 | 相应标准及规范 |
| | 机械性能 | 屈服强度、破坏强度、伸长率 | 万能液压试验机进行拉伸试验 | 相应标准及规范 |
| | | 冲击功 | 冲击试验机 | |
| | | 弯曲试验 | 万能液压试验机及应变仪 | |
| | | 焊接性能,加工工艺性能 | 焊接工艺评定,晶向分析仪 | |
| | | 几何尺寸 | 直尺、卷尺、游标卡尺、样板 | 相应标准及规范 |
| 高强螺栓 | | 质保资料 | 同"钢材" | 相应标准 |
| | 外观 | 螺纹损伤、几何尺寸 | 目测,螺纹规、游标卡尺 | 相应标准 |
| | 机械性能 | 屈服强度、破坏强度 | 同"钢材" | 相应标准 |
| | | 硬度 | 洛氏硬度计 | 相应标准 |
| | | 扭矩系数 | 轴力机、应变仪、传感器、拉力机 | 相应标准 |

续表

| 材料名称 | 检验内容 | 检验方法和手段 | 检验依据 |
|---|---|---|---|
| 焊条焊丝 | 规格、型号、生产日期、外观采用标准、质保书、合格证 | 对照采购文件及标准检查 | 采购文件,相应的标准及规范 |
| | 焊接工艺评定 | 拉力试验机、探伤仪、晶向分析仪 | |
| 涂料 | 生产日期、品种、合格证、权威部门鉴定报告、外观 | 对照采购文件及标准检查 | 采购文件,相应的标准及规范 |
| | 工艺性能试验 | 附着力试验,涂层测厚仪 | |
| 焊剂 | 质保书、湿度 | | 相应标准 |
| 气体 | 质保书、纯度 | | 相应标准 |

#### 4.2.1.3　构件制作

(1) 焊接 H 型钢加工制作

① 焊接 H 型钢制作工艺。

a. 钢板拼接。

采购的钢板若长度不够,应进行钢板拼接。钢板对接只允许长度方向对接。钢板拼接、对接应在操作平台上进行,拼接之前需要对操作平台进行清理,将有碍拼接的杂物、余料、码脚等清除干净。钢板的对接采用龙门式自动埋弧焊或小车式自动埋弧焊。钢板拼接三维效果图见图 4-35。

b. 钢板矫平。

下料切割前需要采用矫平机对钢板进行矫平。矫平的目的是消除钢板的残余变形和减少轧制内应力,从而减少制造过程中的变形。钢板矫平三维效果图见图 4-36。

图 4-35　钢板拼接三维效果图

图 4-36　钢板矫平三维效果图

c. 下料切割。

下料切割采用数控自动火焰切割下料。下料前,钢板还必须进行检验和探伤,确认合格后才准许切割。为保证切割板材的边缘质量,防止产生条料的变形,不致产生难以修复的侧向弯曲,应从板条两侧同时垂直下料,使板的两边同时受热。下料切割三维效果图见图 4-37。

d. 钢板坡口。

钢板坡口在进口专用钢板坡口机上进行,对不同厚度的钢板应严格按照焊接工艺焊缝要求进行开坡口。钢板坡口三维效果图见图 4-38。

e. T 型钢组立。

T 型钢组立主要是指焊接 H 型钢埋弧焊前的点焊定位固定。焊接 H 型钢翼缘板与腹板的 T 型钢接头采用液压门式组立机进行组装。为防止在焊接时产生过大的角变形,拼装可适当用斜撑进行加强处理,斜撑间隔视 H 型钢的腹板厚度进行设置。T 型钢组立三维效果图见图 4-39。

f. H 型钢组立。

H 型钢组立在进口 H 型钢生产线上组立,四个液压定位系统顶紧 H 型钢构件的上、下翼缘板和腹板,调节翼缘板的平行度和翼缘板与腹板的垂直度,然后固定,固定焊接采用 $CO_2$ 气体保护焊。H 型钢组立三维效果图见图 4-40。

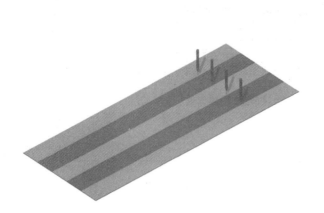

图 4-37　下料切割三维效果图

图 4-38　钢板坡口三维效果图

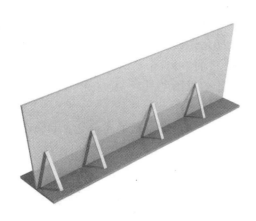

图 4-39　T 型钢组立三维效果图

图 4-40　H 型钢组立三维效果图

g. H 型钢埋弧焊。

H 型钢组立拼装好后,吊入龙门式自动埋弧焊机上进行焊接。焊接时,必须尽量避免焊接挠曲变形,按规定的对称焊接顺序及焊接规范参数进行施焊。对于钢板较厚的杆件焊前要求预热,采用陶瓷电加热器进行加热,预热温度按对应的要求确定。H 型钢埋弧焊三维效果图见图 4-41。

h. 矫正。

焊接完成后的 H 型钢,由于焊缝收缩常常引起翼缘板弯曲,甚至梁整体扭曲,因此,必须通过矫正机进行矫正。H 型钢的焊接角变形采用 H 型钢矫正机进行机械矫正。矫正三维效果图见图 4-42。

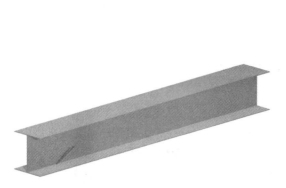

图 4-41　H 型钢埋弧焊三维效果图

图 4-42　矫正三维效果图

i. 钻孔、锁口。

所有需要钻孔的 H 型杆件必须全部采用三维数控锯钻进行钻孔、锁口。在进行钢梁三维数控钻床螺栓孔加工时，因为螺栓孔为正圆柱形，所以孔垂直于钢板表面的倾斜度应小于 1/20，并且孔眼周围应无毛刺、破裂、喇叭口或凹凸的痕迹等，切屑应清除干净。钻孔、锁口三维效果图见图 4-43。

j. 除锈、涂装。

H 型钢构件完成后应进行除锈、涂装。构件要求表面质量等级达到 Sa2.5 级，除锈主要采用抛丸除锈工艺方法，在全自动、全封闭的抛丸除锈机中进行。除锈合格后的构件应在 4～6 h 以内进行表面清理，并喷涂防锈底漆。具体示意图见图 4-44。

图 4-43　钻孔、锁口三维效果图

图 4-44　除锈、涂装具体示意图

② 焊接 H 型钢焊接要点。

a. 焊接方法及顺序。

H 型钢的焊接主要采用自动埋弧焊接。埋弧焊时，必须根据钢板的厚度和材质按工艺文件要求采用相应的焊丝、电流、电压以及焊接速度，同时必须注意焊剂质量，特别是焊剂干燥度，H 型钢焊接结束后应进行矫正。

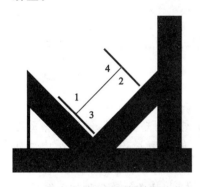

图 4-45　H 型钢焊接顺序

在焊接 H 型钢时，由于必须控制 H 型钢的直线度，因此要尽量避免焊接挠曲变形，必须控制好焊接顺序，采用对称焊接，其焊接顺序如图 4-45 所示。

b. 焊接 H 型钢埋弧焊。

焊接 H 型钢定位焊接后放置在焊接 H 型钢专用船形胎架上，调整 H 型钢位置使焊丝行走路线为焊缝的中心线。焊接前，在构件两侧设置好引弧板、出弧板。

自动埋弧焊前采用大功率火焰枪或陶瓷电加热器等对腹板及翼缘板两侧 100 mm 范围内的母材进行加热，具体加热温度应按相应规范选定，但应再提高 25～50 ℃。测温点为焊缝两侧边缘背侧 100 mm 处，预热达到要求后，方可进行埋弧自动焊接。埋弧自动焊接应先在预设的长为 100 mm 的引弧板上施焊，并应在焊接前调整好焊接各项工艺参数。收弧时也应将电弧引出焊缝区，在专设的收弧板上进行收弧。这样使焊接起弧、收弧可能引起的缺陷排除在有效焊缝部位之外，避免由于起弧、收弧的缺陷而导致接头裂纹产生，同时还能有效地对接头焊缝起到预热和焊后热处理的作用。厚板焊接采用多层多道焊时，还应注意焊接过程控制好层间温度。

c. 埋弧自动焊和 $CO_2$ 气体保护焊工艺参数。

（a）埋弧自动焊。

焊接材料：H08MnA＋SJ101（Q345），焊剂在使用前必须进行 350 ℃/2h 烘干。烘干后存入保温箱，随用随取。

焊前预热:焊接前必须对焊缝腹板及翼缘板两侧 100 mm 范围内的母材进行预热。

焊丝直径:$\phi$4.0 mm。

焊接电流:直流 600～650 A。

电流极性:直流反接。

焊接电压:38～42 V。

焊接速度:30～45 m/h。

(b) $CO_2$ 气体保护焊。

焊接材料:ER50-6。

焊丝直径:$\phi$1.2 mm。

焊接电流:250～300 A。

电流极性:直流反接。

焊接电压:28～38 V。

焊接速度:300～450 mm/min。

d.焊接质量控制要点。

(a) 焊接过程中应使焊丝对中,确保焊接质量,保证熔池中心在焊缝的中心线上,消除因焊接位置不对称而产生的变形以及焊缝缺陷。

(b) 电弧引弧必须在引弧板上进行,并在进入焊缝之前调整好焊接参数和焊接状态。熄弧时将电弧引入熄弧板上,熄灭电弧,避免引弧和熄弧引起裂纹等缺陷。

(c) 翻身焊时,必须进行严格清根处理。采用碳弧气刨对焊缝进行清根刨,气刨留下的渗碳粒及熔渣必须用砂轮打磨机打磨干净,直至露出金属光泽后,再进行焊接。

(d) 焊后及时做好保温措施。一是消除或减少残余应力;二是防止层状撕裂,减少焊接变形。

(e) 焊后 24 h 后方可进行焊缝外观检查和尺寸检验以及超声波无损检测。焊接质量等级必须达到相应的设计规定要求。对 H 型钢焊缝进行超声波探伤时,还应注意对两侧焊趾以及焊道成层下母材内部缺陷的检查。

(2) 钢结构构件制作、组装、检验

① 放样、号料。

a.熟悉施工图,认真阅读技术要求及设计说明,并逐个核对图纸之间的尺寸和方向等。直接在板料和型钢上号料时,应检查号料尺寸是否正确。

b.准备好做样板、样杆的材料,一般可采用薄钢板和小扁钢。

c.号料前必须了解原材料的材质及规格,检查原材料的质量。不同规格、不同材质的零件应分步号料,并根据先大后小的原则依次号料。如果钢材有较大的弯曲、凹凸不平时,应先进行矫正。尽量使相等宽度和长度的零件一起号料,需要拼接的同一种构件必须一起号料。钢板长度不够需要焊接拼接时,在接缝处必须注意焊缝的大小及形状,焊接和矫正后再画线。

d.样板、样杆上应用油漆写明加工号、构件编号、规格,同时标注孔直径、工作线、弯曲线等各种加工符号。

e.放样和号料应预留收缩量及切割、铣刨需要的加工余量,尽可能节约材料。

f.主要受力构件和需要弯曲的构件,在号料时应按照工艺规定的方向取料,弯曲的外侧不应有样冲点和伤痕缺陷。

g.本次号料的剩余材料应进行余料标识,包括余料编号、规格、材质等,以便再次使用。

② 切割。

钢材下料常用的有氧割、机械切割(剪切、锯切、砂轮切割)等方法。氧割的工艺要求如下。

a.气割前,应去除钢材表面的油污、浮锈和其他杂物,并在下面留一定的空间。

b.大型工件的切割,应先从短边开始。

c.在钢板上切割不同形状的工件时,应靠边靠角,合理布置,先割大件,后割小件;先割较复杂的,后割简单的;窄长条形板的切割,采用两长边同时切割的方法,以防止产生旁弯。

d. 机械切割的允许偏差见表 4-44,气割的允许偏差见表 4-45。

表 4-44　　　　　　　　　　　　　　　机械切割的允许偏差

| 项目 | 允许偏差/mm |
|---|---|
| 零件宽度、长度 | ±3.0 |
| 边缘缺棱 | 1.0 |
| 型钢端部垂直度 | 2.0 |

表 4-45　　　　　　　　　　　　　　　气割的允许偏差

| 项目 | 允许偏差/mm |
|---|---|
| 零件宽度、长度 | ±3.0 |
| 切割面平面度 | $0.05t$,但不大于 2.0 |
| 割纹深度 | 0.3 |
| 局部缺口深度 | 1.0 |

③ 矫正和成型。

a. 碳素结构钢在环境温度低于 $-16\ ℃$、低合金结构钢在环境温度低于 $-12\ ℃$ 时,不应进行冷矫正和冷弯曲。碳素结构钢和低合金结构钢在加热矫正时,加热温度不应超过 $900\ ℃$。低合金结构钢在加热矫正后应自然冷却。

b. 当零件采用热加工成型时,加热温度应控制在 $900\sim1000\ ℃$;碳素结构钢和低合金结构钢在温度分别下降到 $700\sim800\ ℃$ 之前,应结束加工。

c. 矫正后的钢材表面,不应有明显的凹面或损伤,划痕深度不得大于 0.5 mm,且不应大于该钢材厚度负允许偏差的 1/2。

④ 边缘加工。

a. 气割或机械剪切的零件,需要进行边缘加工时,其刨削量不应小于 2.0 mm。

b. 焊接坡口加工宜采用自动切割、半自动切割、坡口机、刨边等方法进行。

c. 边缘加工一般采用刨、铣等方式加工。边缘加工应注意加工面的垂直度和表面粗糙度。

d. 边缘加工的允许偏差见表 4-46。

表 4-46　　　　　　　　　　　　　　　边缘加工的允许偏差

| 项目 | 允许偏差 |
|---|---|
| 零件宽度、长度 | ±1.0 mm |
| 加工边直线度 | $L/3000$,但不大于 2.0 mm |
| 相邻两边夹角 | ±6′ |
| 加工面垂直度 | $0.025t$,但不大于 0.5 mm |
| 加工面粗糙度 | 0.05 mm |

⑤ 制孔。

a. 制孔通常采用钻孔和冲孔方法。钻孔是钢结构制造中普遍采用的方法,能用于几乎任何规格的钢板、型钢的孔加工;冲孔一般只用于较薄钢板和非圆孔加工,而且一般要求孔径不小于钢材的厚度。

b. 当螺栓孔的偏差超过允许值时,允许先采用与钢材材质相匹配的焊条进行补焊孔洞后,重新制孔,但严禁采用钢块填塞方法处理。

c. 螺栓孔径的允许偏差见表 4-47。

表 4-47                       **螺栓孔径的允许偏差**                 （单位：mm）

| 序号 | 螺栓公称直径（螺栓孔直径） | 螺栓杆公称直径允许偏差 | 螺栓孔直径允许偏差 |
|------|------|------|------|
| 1 | 10～18 | 0<br>−0.18 | +0.18<br>0 |
| 2 | 18～30 | 0<br>−0.21 | +0.21<br>0 |
| 3 | 30～50 | 0<br>−0.25 | +0.25<br>0 |

⑥ 摩擦面加工。

a.当采用高强度螺栓连接时，应对构件摩擦面进行加工处理。处理后的抗滑移系数应符合设计要求。

b.高强度螺栓连接摩擦面的加工，可采用喷砂、抛丸和砂轮机打磨的方法。砂轮机打磨方向应与构件受力方向垂直，且打磨范围不得小于螺栓直径的 4 倍。

c.经处理的摩擦面应采取防油污和损伤保护措施。

d.在钢结构制作的同时进行抗滑移系数试验，并出具报告。试验报告应写明试验方法和结果。

⑦ 构件组装一般规定。

a.组装平台、模架等应平整牢固，以保证构件的组装精度。

必须依据图纸、工艺和质量标准，并结合构件特点，提出相应的组装措施。

b.应考虑焊接的可能性，焊接变形为最小，且便于矫正，以确定采取一次组装或多次组装，即先组装、焊接成若干个部件，并分别矫正焊接变形，再组装成构件。

c.应考虑焊接收缩余量、焊后加工余量。

d.对所有加工的零部件应检查其规格、尺寸、数量是否符合要求，所有零部件应矫正，连接接触面及沿焊缝边缘 30～50 mm 范围内的铁锈、毛刺、油污、冰雪应清除干净。

e.凡隐蔽部位组装后，应经质检部确认合格后，才能进行焊接或外部隐蔽。组装出首批构件后，应经质检部全面检查确认合格后，方可继续组装。

f.凡需拼接接料时，为减少焊接内应力，便于变形后的矫正，应先拼接、焊接，经检验、矫正合格后，再进行组装。

g.应根据结构形式、焊接方法、焊接顺序等因素，确定合理的组装顺序，一般宜先主要零件后次要零件，先中间后两端，先横向后纵向，先内部后外部，以减少变形。

h.当采用夹具组装时，拆除夹具时，不得用锤击落，应用气割切除，这样不至于损伤母材，对残留的焊疤、熔渣应修磨干净。

i.钢板拼接宽度不宜小于 300 mm，长度不宜小于 600 mm；型钢拼接长度不宜小于 2 倍截面长边或直径，且不小于 600 mm。所有拼接焊缝均为全熔透对接焊缝，100％超声波探伤检验合格；若焊缝厚度不大于 8 mm，可用其他方法（如 X 射线或钻孔等）检查。

j.部件组装的允许偏差见表 4-48。

表 4-48                       **部件组装的允许偏差**                 （单位：mm）

| 序号 | 项目 | | 允许偏差 | 示意图 |
|------|------|------|------|------|
| 1 | 接头间隙/$b$ | | 1.5 | |
| 2 | H 型钢 | 高度 $h$ | ±2.0 | |
| | | 宽度 $b$ | ±2.0 | |
| | | 偏心 $e$ | ±2.0 | |
| | | 翼缘倾斜 $\Delta$ | $b/100$，且不大于 3.0 | |

续表

| 序号 | 项目 | | 允许偏差 | 示意图 |
|------|------|------|----------|--------|
| 3 | 型钢组合错位 | 连接处 | 1.0 | |
| | | 其他处 | 2.0 | |
| 4 | 型钢组合缀板间距 $L$ | | ±5.0 | |

⑧ 组装方法。

a. 地样法。

用 1∶1 的比例在装配平台上放出构件实样,然后根据零件在实样上的位置,分别组装起来成为构件。此装配方法适用于桁架、构架等小批量结构的组装。

b. 仿形复制装配法。

先用地样法组装成单面(片)的结构,然后点焊牢固,将其翻身,作为复制胎模,在其上面装配另一单面的结构,往返两次组装。此装配方法适用于横断面互为对称的桁架结构组装。

c. 立装。

根据构件的特点和零件的稳定位置,选择自上而下或自下而上装配。此法适用于放置平稳、高度不大的结构或者大直径的圆筒。

d. 卧装。

卧装是将构件卧置进行的装配。其适用于断面不大,但长度较长的细长构件。

e. 胎模装配法。

胎模装配法是将构件的零件用胎模定位在其装配位置上的组装方法。此装配方法适用于批量大、精度高的产品。

⑨ 钢构件组装工艺流程。

a. 卷管组装工艺流程。

卷管组装工艺流程具体见图 4-46。

b. 焊接 H 型钢组装工艺流程。

焊接 H 型钢组装工艺流程具体见图 4-47。

c. 劲性十字柱组装工艺流程。

劲性十字柱组装工艺流程见图 4-48。

⑩ 钢构件制作组装检验。

a. 钢材、钢铸件的品种、性能应符合现行国家产品标准和设计要求。进口钢材产品的质量应符合设计的合同规定标准的要求。

检查数量:全数检查。

检查方法:检查质量合格证明文件、中文标志及检验报告。

b. 对下列情况之一的钢材,应进行抽样复验:国外进口钢材;钢材混批时;板厚大于 40 mm;结构安全等级为一级,大跨度钢结构中主要受力构件所采用的钢材;设计有复验要求的钢材;对质量有疑义的钢材。其复验结果应符合相关标准和设计要求,检验不合格者不得使用。

检查数量:全数检查。

检查方法:检查复验报告。

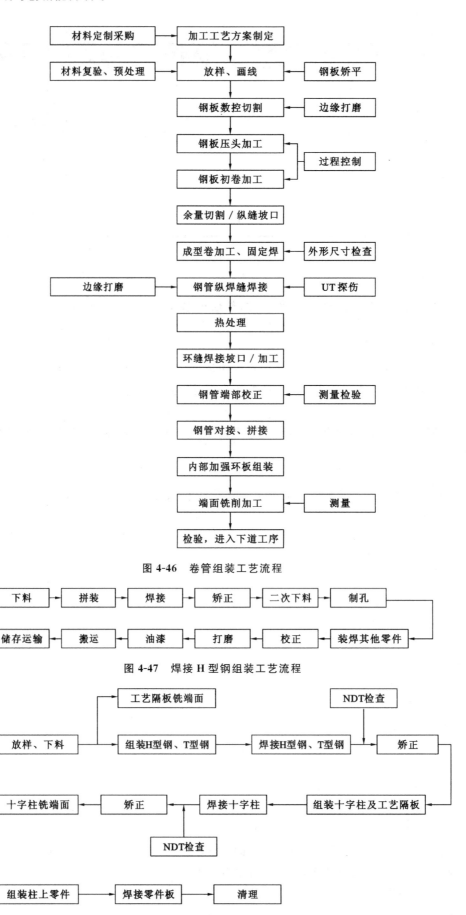

图 4-46 卷管组装工艺流程

图 4-47 焊接 H 型钢组装工艺流程

图 4-48 劲性十字柱组装工艺流程

c.钢材切割面或剪切面应无裂纹、夹渣、分层和大于 1 mm 的缺棱。

检查数量:全数检查。

检查方法:观察或用放大镜及百分尺检查,有疑义时做渗透、磁粉或超声波探伤检查。

d.气割或机械切割的零件,需要进行边缘加工时,其刨削量不应小于 2 mm。

检查数量:全数检查。

检查方法:检查工艺报告和施工记录。

e.吊车梁和吊车桁架不应下挠。

检查数量:全数检查。

检查方法:构件直立,在两端支承后,用水准仪和钢尺检查。

f.钢结构外形尺寸主控项目的允许偏差应符合规范要求。

检查数量:全数检查。

检查方法:用钢尺检查。

（3）钢结构焊接及焊接检验

① 施工准备。

a.技术准备。

在构件制作前,工厂应按照施工图纸的要求以及《钢结构焊接规范》(GB 50661—2011)的要求进行焊接工艺评定试验。根据施工制造方案、钢结构技术相关规范以及施工图纸的有关要求,编制各类施工工艺。

b.材料要求。

建筑钢结构用钢材及焊接材料的选用应符合设计图的要求,并有质量证明书和检验报告。当采用其他材料代替设计的材料时,必须经原设计单位同意。

钢材的成分、性能复验应符合国家现行有关工程质量验收标准的规定;大型、重型及特殊钢结构的主要焊缝采用的焊接填充材料应按生产批号进行复验,复验应由国家技术质量监督部门认可的质量监督检测机构进行。

钢结构选用的新材料必须经过新产品鉴定。焊接 T 形、十字形、角接接头,当其翼缘板厚度大于或等于 40 mm 时,设计宜采用抗层状撕裂的钢板。

焊接材料应符合《非合金钢及细晶粒钢焊条》(GB/T 5117—2012)、《热强钢焊条》(GB/T 5118—2012)的规定。焊条、焊丝、焊剂和药芯在使用前,必须按产品说明书及有关工艺文件的规定进行烘干。低氢型焊条烘干温度为 350~380 ℃,保温时间应为 1.5~2 h,烘干后应缓慢冷却并放置于 110~120 ℃ 的保温箱中存放,待用。使用时应置于保温筒内,烘干后的低氢型焊条在大气中放置的时间超过 4 h 时应重新烘干,烘干次数不应超过 2 次。受潮的焊条不应使用。

c.对接要求。

焊件坡口形式要考虑在施焊和坡口加工可能的条件下,尽量减少焊接变形,节省焊材,提高劳动生产率,降低成本。一般主要根据板厚选择。

不同板厚及宽度的材料对接时,应进行平缓过渡。不同板厚的板材或管材对接接头受拉时,其允许厚度偏差值应符合表 4-49 中的规定。不同宽度的材料对接时,应根据工厂及工地条件采用热切割、机械加工或砂轮打磨的方法使之平缓过渡,其连接处最大允许坡度值为 1:2.5。

表 4-49　　　　　　　　　　　　　不同板厚的钢材对接允许厚度偏差　　　　　　　　　　（单位:mm）

| 较薄板厚度 $t_1$ | 5~9 | 10~12 | >12 |
|---|---|---|---|
| 允许厚度偏差($t_1-t_2$) | 2 | 3 | 4 |

d.作业条件。

焊接作业区风速,当手工电弧焊超过 8 m/s、气体保护电弧焊及药芯焊丝电弧焊超过 2 m/s 时,应设防风棚或采取其他防风措施。焊接作业区的相对湿度不得大于 90%,当焊件表面潮湿或有冰雪覆盖时,应采取加热去湿除潮措施。

焊接作业区环境温度低于 0 ℃时,应将构件焊接区各方向大于或等于 2 倍钢板厚度且不小于 100 mm 范围内的母材,加热到 20 ℃时方可施焊,且焊接过程中不得低于这个温度。

② 施工工艺。

a. 焊接工艺流程。

焊接工艺流程具体见图 4-49。

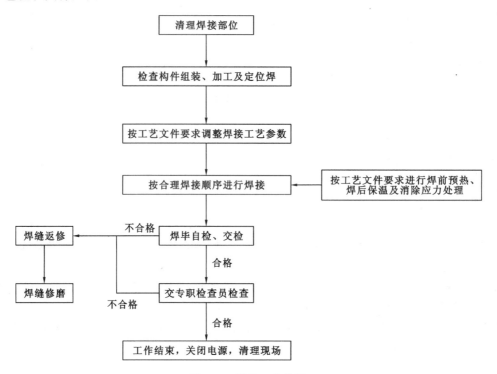

**图 4-49　焊接工艺流程**

b. 焊接工艺。

焊条直径选择见表 4-50,焊接电流选择见表 4-51。

表 4-50 焊条直径选择

| 焊件厚度/mm | <2 | 2 | 3 | 4~6 | 6~12 | >12 |
|---|---|---|---|---|---|---|
| 焊条直径/mm | 1.6 | 2.5 | 3.2 | 3.2~4 | 4~5 | 4~6 |

表 4-51 焊接电流选择

| 焊件厚度/mm | 1.6 | 2.0 | 2.5 | 3.2 | 4 | 5 | 6 |
|---|---|---|---|---|---|---|---|
| 焊条电流/A | 25~40 | 40~60 | 50~80 | 100~130 | 160~210 | 200~270 | 260~300 |

(a) 角焊缝时,电流要大些;打底焊时,特别是焊接单面焊双面成型时,使用的焊接电流要小;填充焊时,通常用较大的焊接电流;盖面焊时,为防止咬边和获得较美观的焊缝,使用的电流要小些。碱性焊条选用的焊接电流比酸性焊条小 10%左右,不锈钢焊条选用的电流比碳钢焊条小 20%左右。焊接电流初步选定后,要通过试焊调整。

电弧电压主要取决于弧长。电弧长,则电压高;反之则低(短弧指弧长为焊条直径的 0.5~1.0 倍)。焊接工艺参数的选择,应在保证焊接质量的条件下,采用大直径焊条和大电流焊接,以提高劳动生产率。

坡口底层焊道宜采用不大于 4.0 mm 的焊条,底层根部焊道的最小尺寸应适宜,以防止产生裂纹。

在承受动荷载的情况下,焊接接头的焊缝余高应趋于 0,在其他工作条件下,可为 0~3 mm。

焊缝在焊接接头每边的覆盖宽度一般为 2~4 mm。

(b) 施焊前,焊工应检查焊接部位的组装和表面清理的质量,如不符合要求,应修磨补焊合格后方能施焊。坡口组装间隙超过允许偏差规定时,可在坡口单侧或两侧堆焊、修磨使其符合要求,但坡口间隙超过较薄板厚度 2 倍或大于 20 mm 时,不应采用堆焊方法。

(c) T 形、十字形、角接接头和对接接头主焊缝两端,必须配置引弧板引出板,其材质应和被焊母材相同,坡口形式应与被焊焊缝相同,禁止使用其他材质的材料充当引弧板引出板。手工电弧焊焊缝引出长度应大于 25 mm。其引弧板引出板宽度应大于 50 mm,长度宜为板厚的 1.5 倍且不小于 30 mm,厚度应不小于6 mm。

(d) 焊接完成后,应用火焰切割去除引弧板引出板,并修磨平整,不得用锤击落引弧板引出板,不应在焊缝以外的母材上打火引弧。

(e) 定位焊必须由持相应合格证的焊工施焊,所用焊接材料应与正式施焊相同,定位焊焊缝应与最终焊缝有相同的质量要求。钢衬垫的定位焊宜在接头坡口内焊接,定位焊焊缝厚度不宜超过设计厚度的 2/3,定位焊焊缝长度宜大于 40 mm,间距为 500～600 mm,并应填满弧坑。定位焊预热温度应高于正式施焊预热温度。当定位焊焊缝上有气孔或裂纹时,必须清除后重焊。

(f) 对于非密闭的隐蔽部位,应按施工图的要求进行涂层处理后,方可进行组装;对刨平顶紧的部位,必须经质检部检验合格后才能施焊。在组装好的构件上施焊,应严格按焊接工艺规定的参数以及焊接顺序进行,以控制焊后变形。

(g) 在约束焊道上施焊,应连续进行;如因故中断,在焊时应对已焊的焊缝局部做预热处理。采用多层焊时,应将前一道焊缝表面清理干净后继续施焊。因焊接变形的构件,可用机械(冷矫)或在严格控制温度的条件下加热(热矫)的方法进行矫正。

③ 焊接检验。

a.焊接材料的品种、规格、性能等应符合现行国家产品标准和设计要求。

检查数量:全数检查。

检查方法:检查焊接材料的质量合格证明文件、中文标志及检验报告。

b.重要钢结构采用的焊接材料应进行抽样复验,复验结果应符合现行国家产品标准和设计要求。

检查数量:全数检查。

检查方法:检查复验报告。

c.焊工必须经考试合格并取得合格证书。持证焊工必须在考试合格项目认可的范围内施焊。

检查数量:全数检查。

检查方法:检查焊工合格证书及其认可范围、有效期。

d.施工单位对其首次采用的钢材、焊接材料、焊接方法、焊后热处理等,应进行焊接工艺评定,并根据评定报告确定焊接工艺。

检查数量:全数检查。

检查方法:检查焊接工艺评定报告。

e.设计要求全熔透的一、二级焊缝应采用超声波探伤进行内部缺陷的检验,超声波探伤不能作出判断时,应采用射线探伤,其内部缺陷分级及探伤方法应符合现行国家标准。

检查数量:全数检查。

检查方法:检查焊缝探伤报告。

f.焊缝表面不得有裂纹、焊瘤、烧穿、弧坑等缺陷。一、二级焊缝不得有表面气孔、夹渣、弧坑、裂纹、电弧擦伤等缺陷;且一级焊缝不得有咬边、未焊满等缺陷。

检查数量:每批同类构件抽查 10%,且不少于 3 件;被抽查构件中,每一类型焊缝按条数抽查 5%,且不得少于 1 条;每条检查 1 处,总抽查数不应少于 10 处。

检查方法:观察检查或使用放大镜、焊缝量规和钢尺检查。

g.T 形、十字形、角接接头等要求熔透的对接和角接组合焊缝,其焊脚高度不得小于 1/4 的板厚;设计有疲劳验算要求的吊车梁或类似构件的腹板与上翼缘板连接焊缝的焊脚高度为 1/2 的板厚,且不应大于 10 mm。焊脚高度的允许偏差为 0～4 mm。

检查数量:资料全数检查;同类焊缝抽查 10%,且不应少于 3 条。

检查方法:观察检查,用焊缝量规抽查测量。

④ 成品保护。

a.构件焊接后的变形,应进行成品矫正。成品矫正一般采用热矫正,加热温度不宜高于 650 ℃。凡构件上的焊瘤、飞溅物、毛刺、焊疤等均应清除干净。零部件采用机械矫正法矫正,一般采用压力机进行。

b.根据装配工序用钢印将构件代号打入构件翼缘板上,距边缘 500 mm 范围内。构件编号必须按图纸要求编号进行标识,编号要清晰,位置要明显。应在构件钢印代号的附近挂上铁牌,铁牌上用钢印打号来表明构件编号。用红色油漆标注中心线并打钢印。

c.钢结构制作完成后,应按施工图的规定及规范进行验收。在工厂内制作完毕后,根据合同规定或业主的安排,由监理验收。验收合格后方可安排运输至现场,验收要填写记录报告。

d.验收合格后方能进行包装,包装应保护构件不受损伤,零件不变形、不损坏、不散失。包装应符合交通运输部门的有关规定。现场安装用的连接零件,应分号捆扎出厂发运。成品发运应填写发运清单。

e.钢构件由钢结构加工厂直接运输到现场,根据现场总调度的安排,按照吊装顺序一次运输到安装使用位置,避免二次倒运。超长、超宽构件安排在夜间运输,并在运输车后设引路车和护卫车,以保证运输的安全。

f.钢构件运输时,应根据钢结构的长度、重量选用车辆,钢构件在运输车辆上的支点两端伸出的长度及绑扎方法均应保证构件不产生变形,不损伤涂层。

### 4.2.2　钢结构框架的制作

#### 4.2.2.1　工程概况

本工程为机械楼,如图 4-50 所示。主体结构为钢结构框架,共 8 层。底层层高 4.5 m,2~8 层层高为3.2 m。

图 4-50　某钢结构框架

#### 4.2.2.2　典型节点

典型节点示意图见图 4-51~图 4-53。

#### 4.2.2.3　构件的加工制作

（1）原材料

① 焊接材料。

a.$CO_2$ 气体保护焊实芯焊丝的选配:ER49-1。

b.埋弧焊材的选配:HJ431-H08A。

c.手工焊条的选配:E5003。

熔敷金属化学成分见表 4-52,熔敷金属力学性能见表 4-53,参考电流见表 4-54。

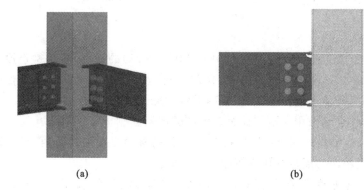

**图 4-51 栓焊刚接梁柱节点**

(a) 栓焊刚接梁柱节点整体图；(b) 栓焊刚接梁柱节点剖面图

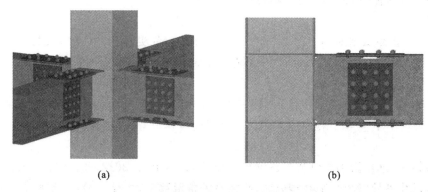

**图 4-52 短梁刚接梁柱节点（螺栓连接梁）**

(a) 短梁刚接梁柱节点整体图（螺栓连接梁）；(b) 短梁刚接梁柱节点剖面图（螺栓连接梁）

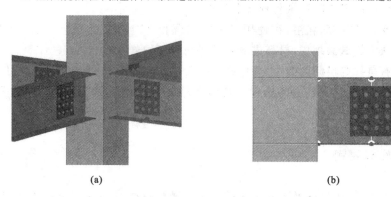

**图 4-53 短梁刚接梁柱节点（栓焊混接梁）**

(a) 短梁刚接梁柱节点整体图（栓焊混接梁）；(b) 短梁刚接梁柱节点剖面图（栓焊混接梁）

表 4-52　　　　　　　　　　　　　熔敷金属化学成分　　　　　　　　　　　　（单位：%）

| 化学元素 | C | Mn | Si | Cr | Ni | S | P | Cu |
|---|---|---|---|---|---|---|---|---|
| 含量 | ≤0.11 | 1.8~2.10 | 0.65~0.95 | ≤0.20 | ≤0.30 | ≤0.030 | ≤0.030 | ≤0.50 |

表 4-53　　　　　　　　　　　　　熔敷金属力学性能

| 抗拉强度 $f_u$/MPa | 屈服强度 $f_{0.2}$/MPa | 伸长率 $\delta$/% | 冲击功(室温)$A_{kv}$/J |
|---|---|---|---|
| ≥490 | ≥372 | ≥20 | ≥27 |

表 4-54　　　　　　　　　　　　　参考电流

| 焊丝直径/mm | 0.8 | 1.0 | 1.2 | 1.6 |
|---|---|---|---|---|
| 焊接电流/A | 50~110 | 60~190 | 80~300 | 150~450 |

② 钢材。

a.原材料及成品验收。

严格执行《钢结构工程施工质量验收规范》(GB 50205—2001)的规定,详细检查原材料质量保证书和实际材料的牌号、规格、炉批号、标准号等是否一致,并对材料做好明显的标识。对于有特殊要求的原材料及成品,质检人员要按照图纸规定进行复检,并经监理工程师见证取样、送样。

b.本工程使用的钢材,全部采用大型钢铁企业生产的产品。

c.所有钢材应同时具有质量证明书和试验报告。所有钢材均要按照规范要求进行复验,复验项目包括拉伸试验、弯曲试验、常温冲击和超声波探伤等项目的复验。

d.钢材的化学成分及机械性能指标(抗拉强度、屈服强度、伸长率)应分别满足《碳素结构钢》(GB/T 700—2006)及《低合金高强度结构钢》(GB/T 1591—2008)的规定。

e.如采用其他钢材代换时,必须经设计单位认可。

③ 螺栓、锚栓。

普通螺栓应符合《六角头螺栓》(GB/T 5782—2000)和《六角头螺栓 C 级》(GB/T 5780—2000)的规定,锚栓应采用《碳素结构钢》(GB/T 700—2006)规定的 Q235 钢材。

④ 栓钉。

采用符合《电弧螺柱焊用圆柱头焊钉》(GB/T 10433—2002)规定的 Q235 钢制成的栓钉,栓钉直径为 16 mm 或 19 mm,长度不小于 $4d$。栓钉应采用自动定时的栓焊设备进行施焊。

⑤ 高强螺栓。

采用符合现行标准《钢结构用扭剪型高强度螺栓连接副》(GB/T 3632—2008)的 10.9 级扭剪型摩擦型高强螺栓。所连接的构件接触面采用喷砂处理,摩擦面的抗滑移系数,对于 Q345 钢材为 0.5。

⑥ 防腐涂料。

应提供有关国际上权威机构的认证报告和技术标准。

各涂层之间涂料应该分别配套、相溶,在使用时不能出现相互"咬底"的现象。涂层的配套和相溶应该提供具备国家检测机构认定的试验报告,材料进场应该进行见证取样复检。

所选用涂料应该具有良好的层间附着力,并应提供相关的国家检测机构认定的试验报告。

所有的涂料必须在保质期内,并且提供涂料厂商的名称、产地、化学成分、性能指标、质量合格证书、生产日期和批号等。

(2) 钢梁的制作

本工程钢梁采用热轧 H 型钢。

① 工艺流程。

钢梁制作的工艺流程为:加工准备及下料→零件加工→装配→焊接→矫正→制孔→成品检验→除锈→摩擦面处理→涂装→编号。

② 加工准备及下料。

a.放样。按照放样图放样,放样和号料时要预留焊接收缩量和加工余量,经检验人员复验后办理预检手续。

b.根据放样做样板(样杆)。

c.钢材矫正。钢材下料前必须先进行矫正,矫正后的偏差值不应超过规范规定的允许偏差值,以保证下料的质量。

③ 零件加工。

a.切割。等离子、氧气切割前,钢材切割区域内的铁锈、污物应清理干净。切割后断口边缘的熔瘤、飞溅物应清除。机械剪切面不得有裂纹及大于 1 mm 的缺陷,并应清除毛刺。不规则的零件采用数控放样切割。

b.铣边。顶紧面铣边。

c.开坡口。对接接头开坡口制作。

④ 装配与拼接。

a.装配。在装配台上,按照施工图及工艺要求进行柱的装配。装配平台应具有一定的刚度,不得发生变形,影响装配精度。定位焊必须牢固。

b.钢梁拼接。下翼缘板的拼接焊缝应设置在距端部 1/4～1/3 处,上、下翼缘板及腹板要相互错开 200 mm。

c.钢柱拼接。绕开柱梁连接节点,设在楼面 1.3 m 处。

d.钢梁、钢柱拼接采用坡口熔透焊,对接焊缝必须保证焊透,厚度不小于 8 mm 的对接焊缝应经 100%超声波探伤。

⑤ 焊接。

a.焊工必须有合格证书,安排焊工所担任的焊接工作应与焊工的技术水平相适应。

b.焊接前复查组装质量和焊缝区的处理情况,修整后方可施焊。

c.焊完后,清除熔渣及飞溅物。在工艺规定的焊缝及部位上,打上焊工钢印代号。

d.手工焊接采用 $CO_2$ 气体保护焊,减少变形量。使用药芯焊丝,减少飞溅,提高质量、效率和美观度。

⑥ 成品检验。

a.焊接全部完成,焊缝冷却 24 h 之后,全部做外观检查并做记录。一、二级焊缝做超声波探伤。

b.用高强螺栓连接时,需将构件摩擦面进行喷砂处理。

c.按照施工图要求和施工规范规定,对成品外形几何尺寸进行检查验收,逐榀钢梁做好记录。

⑦ 除锈、刷油漆、编号。

a.先喷砂、涂一遍底漆后进行构件加工,避免构件成型后难以处理。在成品经质量检验合格后进行焊缝节点处的局部处理,最后进行出厂前的油漆涂刷。

b.涂料及漆膜厚度应符合设计要求、施工规范的规定。

(3) 钢柱的制作

本工程钢柱采用焊接 H 型钢,其制作工艺详见第 4.1.2 节。

### 4.2.3 钢结构网架的制作

#### 4.2.3.1 工程概况

体育馆屋盖呈东高西低,东侧支座标高为 29.25 m,西侧支座标高为 21.895 m。网架平面近似成正方形,尺寸为 77.45 m×78 m,为正放四角锥双层网架结构。网架高度为 3.5 m,平面网格尺寸为 2500 mm×3250 mm。体育馆钢结构轴测图见图 4-54。

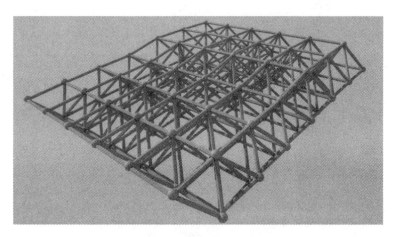

**图 4-54 体育馆钢结构轴测图**

体育馆钢结构工程节点形式有焊接球和螺栓球,焊接球最大规格为 $D500\ mm×25\ mm$,螺栓球规格为 BS260,杆件的最大规格为 180 mm×10 mm。

4.2.3.2 典型节点

典型节点形式如图 4-55～图 4-57 所示。

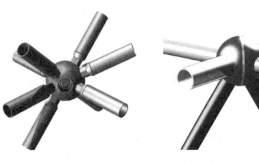

图 4-55 螺栓球节点     图 4-56 焊接球节点     图 4-57 支座节点

4.2.3.3 加工制作方法及技术措施

(1) 网架杆件的构造说明

本工程主体结构为螺栓球和焊接球组合网架结构,构件形式有焊接球、螺栓球、钢管以及支座节点等。

网架杆件主要有:钢管、锥头(封板)、套筒、高强螺栓和销轴等,如图 4-58 所示。

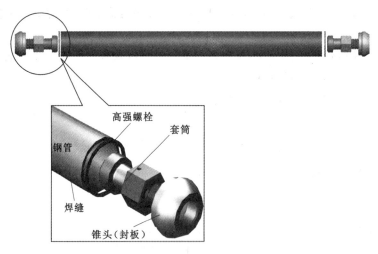

图 4-58 网架杆件构造图

(2) 螺栓球节点加工制作方法

螺栓球节点加工制作方法具体见表 4-55。

表 4-55 　　　　　　　　　　　　　　　螺栓球节点加工制作方法

| 序号 | 工序名称 | 工艺说明 | 示意图 |
|---|---|---|---|
| 1 | 圆钢下料 | ① 螺栓球节点材质要求为 45# 优质钢,材料主要为圆钢。<br>② 圆钢下料采取锯床机械锯割 | |
| 2 | 钢球初压 | ① 首先将圆钢在加热炉中加热至 1150～1200 ℃。<br>② 初锻采取高速蒸汽冲床或油压机,配合专用成型模具 | |

续表

| 序号 | 工序名称 | 工艺说明 | 示意图 |
|---|---|---|---|
| 3 | 球体锻造 | ① 球体锻造采取高速蒸汽冲床,配合专用成型模具。<br>② 锻造加工温度控制在 800~850 ℃。<br>③ 锻造时球体表面不得有微裂纹产生,同时锻造后的球体表面应均匀顺滑 |  |
| 4 | 劈面/工艺孔加工 | ① 在专用车床上先劈出工艺孔平面,再在该平面上钻出工艺孔。<br>② 以工艺孔为基准进行球体的装夹,配置专用夹具 |  |
| 5 | 螺栓孔加工 | ① 先采用钻头钻出螺栓孔,然后换成丝锥进行内螺纹的攻制。<br>② 内螺纹丝锥公差应达到国家标准《丝锥螺纹公差》(GB/T 968—2007)中的 H4 级 | 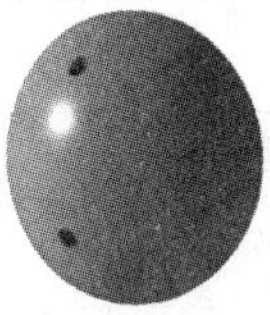 |
| 6 | 标记 | ① 检查螺栓球标记是否齐全。<br>② 螺栓球标记要打在基准孔平面上,要有球号、螺纹孔加工工号等,字迹要清晰可辨 | 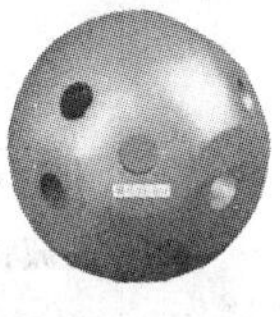 |
| 7 | 除锈 | 除锈等级需达到设计要求的 Sa2.5 级 | 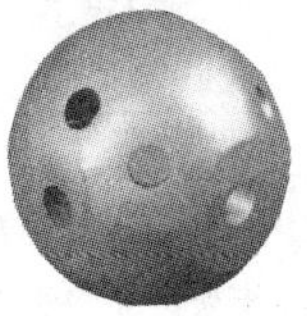 |
| 8 | 油漆涂装 | ① 球体表面油漆主要采取喷涂方法。<br>② 涂装的厚度由干湿膜测厚仪控制并符合设计要求,涂装时应注意避免油漆进入螺纹孔内 | — |

(3) 焊接球节点加工制作方法

焊接球节点加工制作方法见表 4-56。

表 4-56　　　　　　　　　　　　　焊接球节点加工制作方法

| 序号 | 工艺说明 | 示意图 |
|---|---|---|
| 1 | 根据焊接球直径,加工剖口余量及肋板、支座板的尺寸,计算钢板下料尺寸,下料设备采用等离子火焰数控切割机,切割机直线切割精度为 ±0.2 mm/(10 m),曲线切割精度误差不大于 0.2 mm | 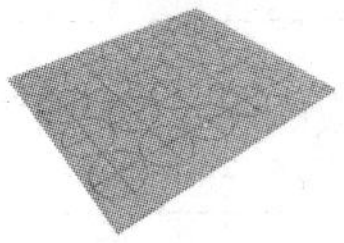 |
| 2 | 半球成型后,不应有起泡现象,外观光滑,无明显起皱,壁厚的减薄量不大于壁厚的 10%,且不大于 1.5 mm |  |

| 序号 | 工艺说明 | 示意图 |
|---|---|---|
| 3 | 对于有加劲肋要求的焊接球,组装加劲肋板 | 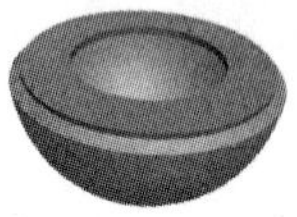 |
| 4 | 焊接球的焊接采用 $CO_2$ 气体保护半自动焊接,焊丝直径为 $\phi 1.2$ mm,型号为 H08Mn2SiA,先定位焊,再分层焊接。焊缝质量应达到二级以上 | 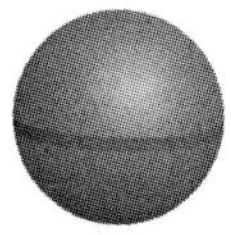 |

（4）网架杆件加工制作方法

网架杆件加工制作方法具体见表 4-57。

表 4-57　　网架杆件加工制作方法

| 序号 | 工序名称 | 工艺说明 | 示意图 |
|---|---|---|---|
| 1 | 钢管下料 | ① 杆件钢管为高频焊管或无缝钢管。<br>② 钢管下料采取管子自动切割机,下料坡口一次性成型 | 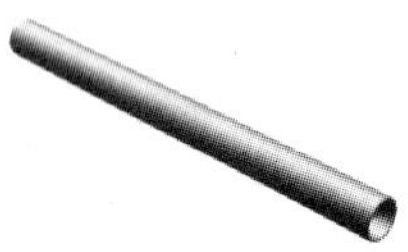 |
| 2 | 锥头制作 | ① 锥头材料为 45# 优质钢,原材料主要是圆钢,下料采取锯床机械锯割。<br>② 锥头锻造采取高速蒸汽冲床,或油压机,配合专用成型模具。<br>③ 锥头成型采取机加工 | 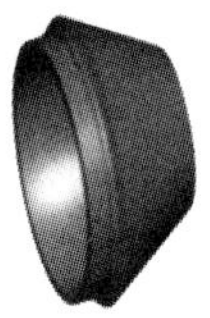 |
| 3 | 杆件组装 | ① 杆件组装在专用设备上,采取 $CO_2$ 气体保护自动焊。<br>② 焊接时,保持焊枪与杆件之间偏移 5~10 mm。同时,焊枪与钢管平面内旋转 10°~15°,偏转角度与钢管旋转方向相反 | 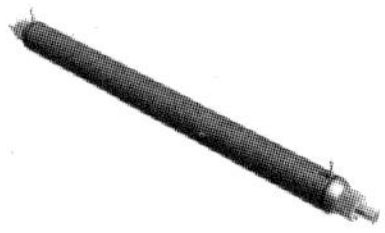 |
| 4 | 杆件检验 | ① 检验杆件检验后的外形尺寸是否符合设计图纸要求。<br>② 焊缝金属表面焊接均匀,无裂纹、弧坑、电弧擦伤、焊瘤、表面夹渣、表面气孔等缺陷,焊接区不得有飞溅物,咬边深度应小于 $0.05t$ ($t$ 为管壁厚),同时对焊缝进行 UT 检测 | 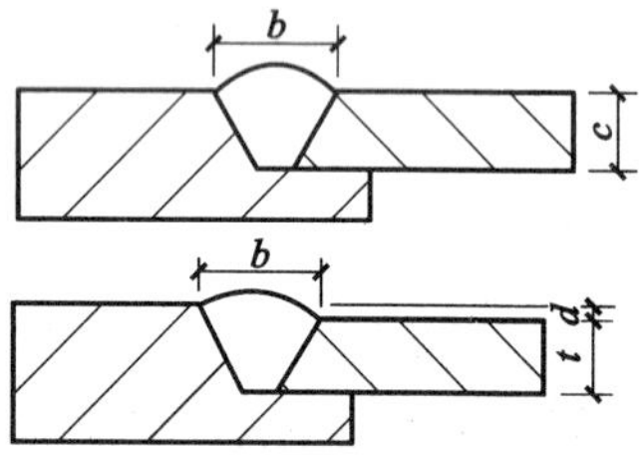 |
| 5 | 杆件标识 | ① 检查杆件标记是否齐全。<br>② 杆件标记有杆件号、焊工号、超声波检测号等钢印,且字迹清晰可辨 |  |
| 6 | 除锈 | 除锈等级需达到设计要求的 Sa2.5 级 |  |
| 7 | 油漆涂装 | ① 杆件表面油漆主要采取喷涂方法。<br>② 涂装的厚度由干湿膜测厚仪控制并符合设计要求 | — |
| 8 | 包装发运 | ① 杆件采取打包方式捆扎,并要求捆绑牢固。<br>② 每个打包捆上挂有杆件所在工程名称、杆件数量和编号等 | 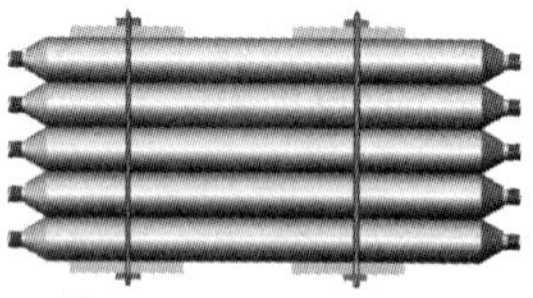 |

（5）网架支座节点加工制作技术措施

　　本工程网架支座为单支座节点，支座由底板、肋板、螺栓球和锚筋等组成，其中肋板与底板为碳素结构钢 Q235 材质，螺栓球则采用 45# 钢锻造而成。支座节点肋板与螺栓球节点的焊接是支座节点工厂制作的关键，也是重点。下面就工程支座节点的制作工艺作如下说明。其效果图见图 4-59，工程支座节点的制作工艺见表 4-59。

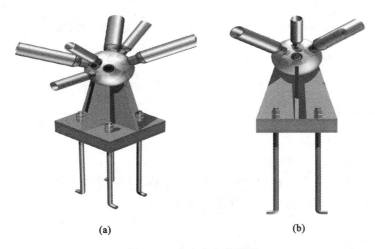

(a)　　　　　　　　　　　　　(b)

**图 4-59　支座节点效果图**

（a）网架支座轴测视图；（b）支座节点主视图

表 4-58 　　　　　　　　　　　**工程支座节点的制作工艺**

| 序号 | 工序名称 | 工艺说明 | 示意图 |
|---|---|---|---|
| 1 | 支座钢板下料 | ① 支座钢板材料为碳素结构钢，材质为 Q235。<br>② 钢板下料采取数控切割，放样时预放切割余量 |  |
| 2 | 支座底板、肋板组装 | ① 肋板之间、肋板与底板之间焊缝质量等级要求一级。<br>② 肋板与底板组装焊接坡口形式采取双面对称 X 形坡口形式，正面焊反面清根。<br>③ 焊接采取热输入量小的 $CO_2$ 气体保护焊接方法 | 塞焊 |
| 3 | 锚栓与底板组装 | ① 锚栓与底板焊接设置为塞焊形式。<br>② 焊接采取 $CO_2$ 气体保护焊接方法。当焊接厚度大于 16 mm 时，需分多层多道进行焊接 |  |
| 4 | 螺栓球与肋板组装 | ① 螺栓球采用 45# 钢锻造而成，肋板使用的是碳素结构钢。<br>② 肋板与球体坡口形式设置为双面对称 X 形坡口形式，正面焊反面清根。<br>③ 根据球体与肋板使用的材质性能，组装焊接选择焊条手工焊。焊前对焊缝两侧进行预热，控制焊层温度，焊后进行保温并缓冷。焊接采取对称施焊方式 |  |

续表

| 序号 | 工序名称 | 工艺说明 | 示意图 |
|---|---|---|---|
| 5 | 喷砂除锈、涂装 | ① 支座节点制作后对其外形尺寸进行检验。<br>② 支座喷砂采用自动喷砂机,喷后表面粗糙度应达到设计要求的 Sa2.5 级。<br>③ 涂装均采取喷涂方式,涂后表面均匀顺滑,无明显流挂等缺陷 | |
| 6 | 包装运输 | ① 支座节点包装采取散件形式。<br>② 直接由汽车运输至安装现场 | — |

**4.2.3.4　高强度螺栓抛丸除锈、涂装技术措施**

(1) 高强度螺栓的检验

① 高强度螺栓由具备生产许可证的专业制造厂生产供应。螺栓制造厂应提供以批(对于螺纹直径小于或等于 M36 的最大批量为 500 件,对于螺纹直径大于 M36 的最大批量为 200 件)为单位的质量检验报告书,内容如下。

a. 规格、数量、性能等级。

b. 材料、炉号、化学成分。

c. 机械性能、试验数据(含材料试件)。

d. 产品质量合格证。

e. 出厂日期。

② 使用高强度螺栓前,应检查制造厂的质量检验报告书,抽取样本并按照设计及规范的规定进行检查和试验。

③ 高强度螺栓的尺寸极限偏差和形位公差必须符合规范要求。

(2) 网架构件的除锈工艺

所有的钢构件在涂装前应进行除锈后方可进行涂装。除锈主要采用抛丸除锈工艺方法,在全自动、全封闭的抛丸除锈机中进行。抛丸除锈可以提高钢材的疲劳强度和抗腐蚀能力,并提高漆膜的附着力。

抛丸除锈后,钢构件表面质量应符合现行国家标准《涂覆涂料前钢材表面处理　表面清洁度的目视评定　第 2 部分:已涂覆过的钢材表面局部清除原有涂层后的处理等级》(GB/T 8923.2—2008),除锈等级达到 Sa2.5 级。抛丸除锈技术要求如下。

① 加工的构件和制品,应经验收合格后方可进行处理。

② 除锈前应对钢构件进行边缘加工,去除毛刺、焊渣、焊接飞溅物及污垢等。

③ 除锈时,施工环境相对湿度不应大于 85%,钢材表面温度应高于空气露点温度 3 ℃以上。

④ 抛丸除锈使用的磨料必须符合质量标准和工艺要求。

⑤ 经除锈后的钢结构表面,应用毛刷等工具清扫,或用干净的压缩空气吹净锈尘和残余磨料,然后方可进行下道工序。

⑥ 钢构件除锈经验收合格后,应在车间 3 h 内涂完第一道底漆。

⑦ 除锈合格后的钢构件表面,如在涂底漆前已返锈,需重新除锈。如果返锈不严重,可只进行轻度抛丸处理即可,同样也需经清理后,才可涂底漆。

(3) 网架构件的涂装

① 涂装要求。

a. 钢结构构件应进行抛丸(喷砂)除锈处理,除锈等级应达到《涂覆涂料前钢材表面处理　表面清洁度的目视评定　第 2 部分:已涂覆过的钢材表面局部清除原有涂层后的处理等级》(GB/T 8923.2—2008)中的 Sa2.5 级。

b.马道钢结构采用喷射除锈方式,除锈等级要求达到 Sa3 级,现场局部修补可采用手工和动力工具除锈。

c.工程防腐涂装年限应不小于 25 年,钢材原始锈蚀等级不低于 B 级。钢屋盖防腐要求见表 4-59。

表 4-59 　　　　　　　　　　　　　　　　　钢屋盖防腐要求

| 涂层 | 涂料 | 干膜厚度/μm | 施工方式 |
|---|---|---|---|
| 底层 | 水性无机富锌底漆,两遍 | 80(2×40),锌含量应大于 90% | 无气喷涂 |
| 中间层 | 环氧云铁中间漆,两遍 | 50(2×25) | 无气喷涂 |
| 面层 | 脂肪族聚氨酯面漆,两遍 | 50(2×25) | 无气喷涂 |

② 涂装施工工艺。

a.施工气候条件的控制。

(a) 涂装涂料时必须注意钢材表面状况、钢材温度和涂装时的大气环境;通常涂装施工工作应该在温度为 5 ℃以上,相对湿度为 85%以下的气候条件中进行。

(b) 用温度计测定钢材温度,用湿度计测出相对湿度,然后计算其露点。当钢材温度低于露点以上 3 ℃时,由于表面凝结水分而不能涂装,必须高于露点 3 ℃才能施工。

(c) 当在 5 ℃以下的低温条件下,防腐涂料的固化速度减慢,甚至停止固化,此时,应视涂层表面干燥速度,可采用提高工件温度,降低空气湿度及加强空气流通的办法解决。

(d) 在 30 ℃以上的恶劣条件下施工时,由于溶剂挥发很快,必须采用加入油漆自身质量约 5%的稀释剂进行稀释后才能施工。

b.基底处理。

(a) 表面涂装前,必须清除一切污垢以及搁置期间产生的锈蚀和老化物,运输、装配过程中的部位及损伤部位和缺陷处均需进行重新除锈。

(b) 采用稀释剂或清洗剂除去油脂、润滑油、溶剂,上述作为隐蔽工程,填写隐蔽工程验收单,交监理或业主验收合格后方可施工。

c.涂装施工。

(a) 防腐涂料出厂时应提供符合国家标准的检验报告,并附有品种、名称、型号、技术性能、制造批号、贮存日期、使用说明书及产品合格证。

(b) 施工应备有各种计量器具、配料桶、搅拌器,按不同材料说明书中的使用方法进行分别配制,充分搅拌。

(c) 对于双组分的防腐涂料应严格按比例配制,搅拌并进行熟化后方可使用。

(d) 施工可采用喷涂的方法进行。

(e) 施工人员应经过专业培训和实际施工培训,并持证上岗。

(f) 喷涂防腐材料应按顺序进行,先喷底漆,使底层完全干燥后方可进行封闭漆的喷涂施工,做到每一道工序严格受控。

(g) 施工完的涂层应表面光滑、轮廓清晰、色泽均匀一致、无脱层、不空鼓、无流挂、无针孔,膜层厚度应达到技术指标规定要求。

(h) 足够的漆膜厚度能使防腐涂料发挥最佳性能,因此,必须严格控制漆膜厚度。施工时应按使用量进行涂装,经常使用湿膜测厚仪测定湿膜厚度,以控制干膜厚度并保证厚度均匀。

不同类型的材料,其涂装间隔各有不同,在施工时应按每种涂料的各自要求进行施工。涂装间隔时间不能超过说明书中规定的最长间隔时间,否则将会影响漆膜层间的附着力,造成漆膜剥落。

## 知识归纳

本章从两个部分对钢构件的制作进行了讲解,第一部分为钢构件制作的基础知识,详细阐述了钢结构零部件的加工以及典型钢构件(如:焊接 H 型钢构件、箱形构件、圆钢管构件和连接节点)的工艺编制和制作流程。第二部分为钢构件制作案例分析,分别从钢结构门式刚架、钢结构框架及钢结构网架三种常见结构的钢构件制作进行了系统化的讲解,有利于学生对知识点的巩固和加深。

## 独立思考

4-1  谈谈你对钢构件制作过程和要点的看法。

4-2  结合你具体参与或了解的钢结构工程制作过程情况,谈谈你对影响钢构件制作质量的主要因素的看法。

4-3  焊接是钢结构中常用的连接方式,在钢构件制作中因焊接问题而造成的质量事故有哪些?

4-4  你是否注意过涂装过程? 你对涂装有什么认识?

4-5  你认为作为技术人员负责钢构件制作工作,最重要的能力是什么? 最关键的技术是什么?

## 参考文献

[1]  中华人民共和国建设部,中华人民共和国国家质量监督检验检疫总局.GB 50017—2003  钢结构设计规范[S].北京:中国计划出版社,2003.

[2]  中华人民共和国建设部.JGJ 99—1998  高层民用建筑钢结构技术规程[S].北京:中国建筑工业出版社,1998.

[3]  中华人民共和国住房和城乡建设部,中华人民共和国国家质量监督检验检疫总局.GB 50011—2010  建筑抗震设计规范[S].北京:中国建筑工业出版社,2010.

[4]  中华人民共和国住房和城乡建设部,中华人民共和国国家质量监督检验检疫总局.GB 50224—2010  建筑防腐蚀工程施工质量验收规范[S].北京:中国计划出版社,2011.

[5]  中华人民共和国建设部.JGJ 81—2002  建筑钢结构焊接技术规程[S].北京:中国建筑工业出版社,2003.

[6]  中华人民共和国国家质量监督检验检疫总局,中华人民共和国建设部.GB 50205—2001  钢结构工程施工质量验收规范[S].北京:中国计划出版社,2001.

[7]  中华人民共和国住房和城乡建设部.JGJ 7—2010  空间网格结构技术规程[S].北京:中国建筑工业出版社,2010.

[8]  中国钢结构协会.建筑钢材手册[M].北京:人民交通出版社,2005.

[9]  李社生.钢结构工程施工[M].北京:化学工业出版社,2010.

[10]  刘声扬.钢结构[M].北京:中国建筑工业出版社,2004.

[11]  《钢结构制作安装便携手册》编委会.钢结构制作安装便携手册[M].北京:中国计划出版社,2008.

[12]  陈绍蕃.钢结构:上册[M].2 版.北京:中国建筑工业出版社,2007.

[13]  陈绍蕃.钢结构:下册[M].2 版.北京:中国建筑工业出版社,2007.

[14]  董军.钢结构基本原理[M].重庆:重庆大学出版社,2011.

[15]  经东风,巩晓东.钢结构工程施工禁忌[M].北京:中国建筑工业出版社,2011.

[16]  杜绍堂.钢结构施工[M].北京:高等教育出版社,2009.

# 5

# 场学结合训练——钢结构安装训练

## 课前导读

### 内容提要

本章主要内容包括：门式刚架、钢框架和网架的安装基础知识，以及这三种不同结构类型施工安装的典型案例分析。本章的教学重点为门式刚架、框架和网架三种结构的安装方法和施工质量控制及其相应的施工案例分析；教学难点为网架结构的安装方法和施工案例分析。本章围绕门式刚架、框架、网架这三种量大面广的结构形式，介绍了多种钢结构的安装方法，并给出了详细的案例，便于有效培养从事钢结构安装所需的综合能力。

### 能力要求

通过本章的学习，学生应对土木工程专业有基本的了解，对钢结构理论知识有足够的认识；熟悉钢结构的多种结构形式（门式刚架、框架、网架等）；掌握每种结构的特点和应用范围；掌握钢结构节点的各种连接方式、受力特点及适用范围；了解钢结构的安装机具（如塔式起重机、汽车式起重机、千斤顶等），一般钢结构工程的实施方案、质量控制要点、质量通病防治和安全技术要求。

## 5.1　钢结构安装的基础知识　>>>

### 5.1.1　门式刚架安装

#### 5.1.1.1　基本概念

基础灌浆是将细石混凝土灌注到柱脚底板与基础间，为调整柱顶面或牛腿顶面标高而设的 50 mm 预留缝的施工方法。

当室外日平均气温连续 5 d 稳定低于 5 ℃即进入冬期施工，当室外日平均气温连续 5 d 稳定高于 5 ℃即解除冬期施工。

垫铁是用来调整或处理柱顶面或牛腿顶面标高、柱垂直度时在柱脚底板与基础上表面间放置的楔形钢板。

门式刚架为一种传统的结构体系，该类结构的上部主构架包括刚架斜梁、刚架柱、支撑、檩条、系杆、山墙骨架等。门式刚架轻型房屋钢结构具有受力简单、传力路径明确、构件制作快捷、便于工厂化加工、施工周期短等特点，因此广泛应用于工业、商业及文化娱乐公共设施等工业与民用建筑中。门式刚架轻型房屋钢结构起源于美国，经历了近百年的发展，目前已成为设计、制作与施工标准相对完善的一种结构体系。

门式刚架轻型房屋钢结构属于轻型钢结构的一个分支。这种结构形式的主要特点是：体现轻钢结构轻型、快速、高效的特点，应用节能环保型新型建材，实现工厂化加工制作、现场施工组装、方便快捷、节约建设周期；结构坚固耐用、建筑外形新颖美观、质优价宜、经济效益明显；柱网尺寸布置自由灵活，能满足不同气候环境条件下的施工和使用要求。

门式刚架轻型房屋钢结构的主要应用范围包括单层工建厂房、民建超级市场和展览馆、库房以及各种不同类型仓储式工业及民用建筑等。

#### 5.1.1.2　施工准备

施工准备主要包括文件资料的准备、场地准备、构件材料的准备、土建部分准备、地脚锚栓的埋设、抗剪键槽的预留等钢结构主体施工前的准备工作。

交底，是指在某一项工作（多指技术工作）开始前，由技术负责人向参与人员进行的技术性交代。其目的是使参与人员对所要进行的工作在技术上的特点、技术质量要求、工作方法与措施等方面有一个较详细的了解，以便科学地组织工程施工，避免技术质量等事故的发生。交底要做好相关记录工作。各项技术交底记录也是工程技术档案资料中不可缺少的部分。

技术交底一般包括：设计图纸交底、施工设计交底和安全技术交底等。

（1）技术准备

① 审查设计文件是否齐全合理、符合国家标准。设计文件包括设计图、施工图、图纸说明和设计变更通知单等。审查设计文件是否经过设计、校对、审核人员签字，设计院盖章，建设部门存档，监理单位核对，并由施工单位和建设单位会审签字。

② 根据工厂、工地现场的实际起重能力和运输条件，核对施工图中钢结构的分段是否满足要求，工厂和工地的工艺条件是否满足设计要求。根据设计文件进行构件详图设计，以便于加工制作和安装，并编制材料采购计划。

③ 钢结构的加工工艺方案，由制造单位根据施工图和合同对钢结构质量、工期的要求编制，并经公司的总工程师审核，经发包单位代表或监理工程师批准后实施。

（2）材料准备

材料采购流程图见图 4-33。

手工电弧焊的焊条应与焊件钢材强度相适应,如 Q235 钢采用 E43 型焊条,Q345 钢采用 E50 型焊条,Q390 钢和 Q420 钢采用 E55 型焊条,具体规定详见《非合金钢及细晶粒钢焊条》(GB/T 5117—2012)、《热强钢焊条》(GB/T 5118—2012)。当不同钢种的钢材相连接时,宜采用与较低强度钢材相适应的焊条。

(3)材料检验

材料检验参见第 4.2.1.2 节"生产准备"中第 4 部分"材料的验收"内容。

(4)构件吊装准备

① 施工设备、工具、材料应根据施工场地实地布置,其原则为生活设施应尽量远离施工场地,材料应就近靠近施工场地,设备则根据施工临时用电设施合理布置。

② 钢构件力求在吊装现场就近堆放,并遵循"重近轻远"的原则,对规模较大的工程需另设立钢构件堆放场。钢构件在吊装现场堆放时一般沿吊车开行路线两侧按轴线就近堆放。其中,钢柱、钢斜梁和钢屋架等大件位置,应依据吊装工艺作平面布置设计,避免现场二次倒运困难。钢梁、支撑等可按吊装顺序配套供应堆放,为保证安全,堆垛高度一般不超过 2 m 和 3 层。

(5)基础验收

当基础工程分批进行交接时,每次交接验收不应少于 1 个安装单元的柱基基础,并应符合下列规定。

① 基础混凝土强度达到设计要求。

② 基础周围回填夯实完毕。

③ 基础的轴线标志和标高基准点准确、齐全,其允许偏差符合设计规定。

④ 基础顶面直接作为柱的支承面和基础顶面预埋钢板或支座作为柱的支承面时,基础支承面、地脚螺栓(锚栓)的允许偏差应符合表 5-1。

表 5-1　　　　　　　　　　　　　基础支承面、地脚螺栓(锚栓)的允许偏差

| 项目 | | 允许偏差/mm |
|---|---|---|
| 支承面 | 标高 | ±3.0 |
| | 水平度 | $l/1000$ |
| 地脚螺栓(锚栓) | 螺栓中心偏移 | 5.0 |
| | 螺栓露出长度 | 30.0<br>0 |
| | 螺纹长度 | 30<br>0 |
| 预留孔中心偏移 | | 10.0 |

⑤ 钢垫板面积应根据基础混凝土和抗压强度、柱脚底板下细石混凝土二次浇灌前柱底承受的荷载和地脚螺栓(锚栓)的紧固拉力计算确定。

⑥ 垫板应设置在靠近地脚螺栓(锚栓)的柱脚底板加劲板下,每根地脚螺栓(锚栓)侧应设 1～2 组垫板,每组垫板不得多于 5 块。垫板与基础面和柱底面的接触应平整、紧密。当采用成对斜垫板时,其叠合长度不应小于垫板长度的 2/3。二次浇灌混凝土前垫板间应焊接固定。

⑦ 采用座浆垫板时,应采用无收缩砂浆。柱子吊装面砂浆试块强度应高于基础混凝土强度 1 个等级。座浆垫板的允许偏差应符合表 5-2。

表 5-2　　　　　　　　　　　座浆垫板的允许偏差

| 项目 | 允许偏差/mm |
|---|---|
| 顶面标高 | 0<br>−3.0 |
| 水平度 | $l/1000$ |
| 位置 | 20.0 |

⑧ 采用杯口基础时,杯口尺寸的允许偏差应符合表 5-3。

表 5-3 　　　　　　　　　　　　　　　　　　杯口尺寸的允许偏差

| 项目 | 允许偏差/mm |
|---|---|
| 底面标高 | 0<br>−5.0 |
| 杯口深度 H | ±5.0 |
| 杯口垂直度 | H/100,且不应大于 10.0 |
| 位置 | 10.0 |

⑨ 地脚螺栓(锚栓)的螺纹应受到保护。地脚螺栓(锚栓)尺寸的允许偏差应符合表 5-4。

表 5-4 　　　　　　　　　　　　　　　　地脚螺栓(锚栓)尺寸的允许偏差

| 项目 | 允许偏差/mm |
|---|---|
| 地脚螺栓(锚栓)露出长度 | +30.0<br>0 |
| 螺纹长度 | +30.0<br>0 |

⑩ 基础标高的调整应根据钢柱的长度、钢牛腿和柱脚距离来决定基础标高的调整数值。

通常,基础标高调整时,双肢柱设 2 个点,单肢柱设 1 个点,其调整方法如下:根据标高调整数值,用压缩强度为 55 MPa 的无收缩水泥砂浆制成无收缩水泥砂浆标高控制块进行调整。用无收缩水泥砂浆标高控制块进行调整,标高调整的精度较高,可达±1 mm 以内。

**5.1.1.3 安装知识**

(1) 安装方法

钢结构工程安装方法有分件安装法、节间安装法和综合安装法。

① 分件安装法。

分件安装法是指起重机在厂房内每开行一次仅安装一种或两种构件。如起重机第一次开行中先吊装全部柱子,并进行校正和最后固定,然后依次吊装地梁、柱间支撑、墙梁、吊车梁、托架(托梁)、屋架、天窗架、屋面支撑和墙板等构件,直至所有构件吊装完成。有时屋面板的吊装也可在屋面上单独用桅杆或屋面小吊车来进行。

分件安装法的优点是起重机在每次开行中仅吊装一类构件,吊装内容单一,准备工作简单,校正方便,吊装效率高;有充分时间进行校正;构件可分类在现场顺序预制、排放,场外构件可按先后顺序组织供应;构件预制、吊装、运输、排放条件好,易于布置;可选用起重量较小的起重机械,可利用改变起重臂杆长度的方法,分别满足各类构件吊装起重量和起升高度的要求。缺点是起重机开行频繁,机械台班费用增加;起重机开行路线长;起重臂长度改变需一定的时间;不能按节间吊装,不能为后续工程及早提供工作面,阻碍了工序的穿插;相对的吊装工期较长;屋面板吊装有时需要辅助机械设备。

分件安装法适用于一般中、小型厂房的吊装。

② 节间安装法。

节间安装法是指起重机在厂房内一次开行中,分节间依次安装所有各类型构件,先吊装一个节间柱子,并立即加以校正和最后固定,再吊装地梁、柱间支撑、墙梁(连续梁)、吊车梁、走道板、柱头系统、托架(托梁)、屋架、天窗架、屋面支撑系统、屋面板和墙板等构件。一个(或几个)节间的全部构件吊装完毕后,起重机再行进至另一个(或几个)节间,进行下一个(或几个)节间全部构件的吊装,直至吊装完成。

节间安装法的优点是起重机开行路线短、停机点少,停机一次可以完成一个(或几个)节间全部构件的安装工作,可为后期工程及早提供工作面,可组织交叉平行流水作业,缩短工期;构件制作和吊装误差能及时被发现并纠正;吊装完一间,校正固定一间,结构整体稳定性好,有利于保证工程质量。缺点是需用起重量较大的起重机同时起吊各类构件,不能充分发挥起重机的效率,无法组织单一构件连续作业;各类构件需交叉配合,场地构件堆放拥挤,吊具、索具更换频繁,准备工作复杂;校正工作零碎,困难;柱子固定时间较长,难以组织连续作业,使吊装时间延长,吊装效率降低;操作面窄,易发生安全事故。

节间安装法适用于采用回转式桅杆进行吊装,或特殊要求的结构(如门式框架)或某种原因局部特殊需要(如急需施工地下设施)时采用。

③ 综合安装法。

综合安装法是将全部或一个区段的柱头以下部分的构件用分件安装法吊装,即柱子吊装完毕并校正固定,再按顺序吊装地梁、柱间支撑、吊车梁、走道板、墙梁、托架(托梁),接着按节间综合吊装屋架、天窗架、屋面支撑系统和屋面板等屋面构件。整个吊装过程可按三次流水进行,根据结构特性有时也可采用两次流水,即先吊装柱子,再分节间吊装其他构件。吊装时通常采用2台起重机,一台起重量大的起重机用来吊装柱子、吊车梁、托架和屋面系统等;另一台用来吊装柱间支撑、走道板、地梁、墙梁等构件,并承担构件卸车和就位排放工作。

综合安装法综合了分件安装法和节间安装法的优点,能最大限度地发挥起重机的功能,提高工效,缩短工期,是被广泛采用的一种安装方法。

(2) 安装流程

安装流程为:场地三通一平→构件进场→吊机进场→钢柱吊装→垂直支撑系统安装→钢梁吊装→系杆、部分檩条安装→水平支撑系统安装→檩条、墙梁系统安装→喷涂、防腐工程→屋面系统安装→墙面系统安装→零星构件安装→收尾、验收资料准备→交工。

钢结构的安装,应保证结构稳定性和不致造成构件永久变形。对稳定性较差的构件,起吊前应进行试吊,确认无误后方可正式起吊。钢结构的柱、梁、屋架、支撑等主要构件安装就位后,应立即进行校正、固定。对不能形成稳定的空间体系的结构,应进行临时加固。

钢结构安装、校正时,应考虑外界环境(风力、温差、日照等)和焊接变形等因素的影响,由此引起的变形超过允许偏差时,应对其采取调整措施。

(3) 结构安装

大跨度构件、长细构件以及侧向刚度小、腹板宽厚比大的构件等,吊点必须经过计算。构件的捆绑和悬挑部位等,应采取防止局部变形、扭曲和损坏的措施。

轻钢门式刚架柱安装时的标高控制在无桥式吊车时以柱顶为控制点,有桥式吊车时以牛腿顶面为控制点。

① 钢柱安装。

安装前应按构件明细表核对进场构件,查验产品合格证和设计文件,工厂预拼装过的构件在现场组装时,应根据预拼装记录进行,并对构件进行全面检查,包括外形尺寸、螺栓孔位置及直径、连接件数量及质量、焊缝、摩擦面、防腐涂层等。对构件的变形、缺陷、不合格处,应在地面进行矫正、修整、处理,合格后方可安装。

a. 钢柱吊装。

根据钢柱形状、断面、长度、起重机性能等具体情况,确定钢柱安装的吊点位置和数量。常用的钢柱吊装方法有旋转法、滑行法、递送法,对于重型钢柱可采用双机抬吊。

旋转法:钢柱运到现场,起重机边起吊和边回转,使柱子绕柱脚旋转而将钢柱吊起。

滑行法:用1~2辆起重机抬起柱身后,使钢柱的柱脚滑移到位的安装方法,为减少柱脚与地面之间的摩阻力,可铺设滑行道。

递送法:双机或多机抬吊,其中一台为副机。为减少柱脚与地面的摩阻力,副机吊点选择在钢柱下面,配合主机起钩。随着主机的起吊,副机要行走或回转,将柱脚递送到柱基础上面,副机摘钩卸载,主机将柱安装就位。

一般钢柱采用一点正吊,吊耳设在柱顶,柱身垂直,易于对中校正。吊点也可以放在柱长的1/3处,但钢柱倾斜,不便于对中校正。对于细长钢柱,为防止钢柱变形,可采用两点或两点以上吊装。

若吊装是将钢丝绳直接绑扎在钢柱本身上时,需要注意在钢柱四角做包角,预防钢丝绳被割断。在绑扎处,为防止钢柱局部挤压破坏,可增加加强板,对格构柱增加支撑杆。

吊装前先将基础板清理干净,操作人员在钢柱吊至基础上方后,各自站好位置,稳住柱脚,并将其定位在基础板上。在柱子降至基础板上时停止落钩,用撬棍撬柱子,使柱中间对准柱基础中心线,在检查柱脚与基础板轴线对齐后,立即点焊定位。如果是已焊有连接板的柱脚,在吊机把钢柱连接板对准地脚螺栓后,钢柱落至基础板表面,立即用螺母固定钢柱。

双机或多机抬吊时应尽量选用同类型起重机,根据起重机能力,对吊点进行荷载分配,各起重机的荷载不宜超过其相应起重能力的80%。双机抬吊,在操作过程中,要互相配合,动作协调,以防一台起重机失重而使另一台起重机超载,造成安全事故。

b.钢柱校正。

钢结构的主要构件,如柱、主梁、屋架、天窗架、支撑等,安装时应立即校正,并进行永久固定,切忌安装一大片后再进行校正。无法及时校正,将影响结构整体的正确位置,是不允许的。

(a)柱底板标高。根据钢柱实际长度、柱底平整度和柱顶到距柱底部距离,重点保证柱顶部标高值,然后决定基础标高的调整数值。

(b)纵横十字线。钢柱底部制作时,用钢冲在柱底板侧面打出四个互相垂直的面,每个面一个点,用三个点与基础面十字线对准即可,争取达到点线重合,如有偏差可借用线。

(c)柱垂直度。优先采用缆风绳校正,用两台呈90°的经纬仪找垂直。先不断调整底板下面的螺母,直至符合要求后,拧上底板上方的双螺母;松开缆风绳,钢柱处于自由状态,再用经纬仪复核,如小有偏差,调整下螺母并满足要求,将双螺母拧紧;校正结束后,可将螺母与螺杆焊实。

(d)钢柱临时性固定。在单根钢柱吊装完毕及校正后,单根钢柱不具有整体结构的稳定性,且在灌浆以前及未吊装其他梁构件时,需要对单根钢柱做临时固定,采用缆风绳与手摇葫芦相结合的方式进行临时性固定,具体方式见图5-1。

② 钢梁安装。

a.吊车梁。

(a)吊装。钢吊车梁安装一般采用工具式吊耳或捆绑法进行吊装。在进行安装以前,应将吊车梁的分中标记引至吊车梁的端头,以利于吊装时按柱牛腿的定位轴线临时定位,如图5-2所示。

(b)校正。钢吊车梁的校正包括标高、纵横轴线(包括直线度和轨道轨距)和垂直度。

标高调整。当一跨内两排吊车梁吊装完毕后,用一台水准仪(精度为±3 mm/km)在梁上或专门搭设的平台上,测量每根梁两端的标高;计算标准值。通过增加垫板的措施进行调整,达到规范要求。

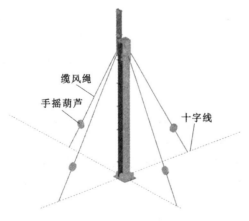

图 5-1　采用缆风绳与手摇葫芦相结合的方式
进行临时性固定

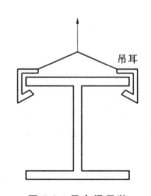

图 5-2　吊车梁吊装

纵横轴线校正。钢柱和柱间支撑安装好,首先要用经纬仪,将每轴列中端部柱基的正确轴线,引到牛腿顶部的水平位置,定出正确轴线距吊车梁中心线距离。在吊车梁顶面中心线拉一通长钢丝(或经纬仪),进行逐根调整。当两排纵横轴线达到要求后,复查吊车梁跨距。

垂直校正。从吊车梁的上翼缘板挂锤球下去,测量线绳到梁腹板上下两处的距离。根据梁的倾斜程度,用楔铁块调整,使线锤与腹板上下相等。纵横轴线和垂直度可同时进行。对重型吊车梁校正宜在屋盖吊装后进行。

b.钢斜梁。

(a)吊装方法。门式刚架采用的钢结构斜梁应最大限度在地面拼装,将组装好的斜梁吊起,就位后与柱连接。可用单机进行两、三、四点或结合使用铁扁担起吊,见图5-3,或者采用双机抬吊。

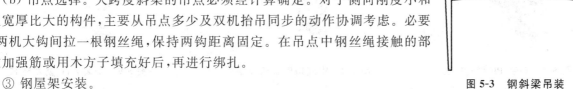

图 5-3　钢斜梁吊装

(b)吊点选择。大跨度斜梁的吊点必须经计算确定。对于侧向刚度小和腹板宽厚比大的构件,主要从吊点多少及双机抬吊同步的动作协调考虑。必要时,两机大钩间拉一根钢丝绳,保持两钩距离固定。在吊点中钢丝绳接触的部位放加强筋或用木方子填充好后,再进行绑扎。

③ 钢屋架安装。

a.吊装。

钢屋架侧向刚度较差,安装前需要进行稳定性验算,稳定性不足时应进行加固。

(a)单机吊常加固下弦,双机吊装常加固上弦。吊装绑扎处必须位于桁架节点,以防屋架产生弯曲变形。

(b)第一榀屋架起吊就位后,应在屋架两侧用缆风绳固定。如果端部有抗风柱已校正,可与其固定。第二榀屋架就位后,屋架的每个坡面用一个间隙调整,进行屋架垂直度校正;然后,两端支座中螺栓固定或焊接→安装垂直支撑→水平支撑→检查无误,成为样板跨,以此类推安装。

(c)如果有条件,可在地面上将天窗架预先拼装在屋架上,并将吊索两面绑扎,把天窗架夹在中间,以保证整体安装的稳定。

b.校正。

在屋架下拉一根通长钢丝,同时在屋架上弦中心线引出一个同等距离的标尺,用线锤校正垂直度。也可用一台经纬仪,放在柱顶一侧,与轴线平移 $a$ 距离;在对面柱顶上设同样距离为 $a$ 的一点,再从屋架中心线处用标尺挑出 $a$ 距离点。若三点在一条线上,则屋架垂直。

④ 屋面围护系统安装。

屋面围护系统安装施工顺序:天沟托架、檩条安装→天沟安装→屋面各构造层安装→天窗系统安装→细部处理。

以某一实际工程的屋面围护系统为例,其施工流程如下。

第一步:安装屋面檩条及天沟托架,见图5-4。

第二步:安装屋面天沟,见图5-5。

第三步:安装屋面底板,见图5-6。

第四步:安装 PE 膜隔气层,见图5-7。

第五步:安装挤塑聚苯保温板,见图5-8。

第六步:安装 PVC 防水卷材,见图5-9。

图 5-4　安装屋面檩条及天沟托架

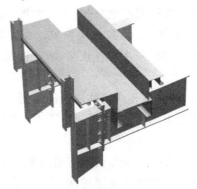

图 5-5　安装屋面天沟

图 5-6　安装屋面底板

图 5-7　安装 PE 膜隔气层　　　　图 5-8　安装挤塑聚苯保温板　　　　图 5-9　安装 PVC 防水卷材

⑤ 次构件的安装。

结构的安装宜先从靠近山墙且有柱间支撑的两榀刚架开始,在主刚架安装完毕后,应将其间的支撑、檩条、隔撑等全部安装好,并检查各部位尺寸及垂直度等,合格后进行连接固定;然后以此为起点,向房屋另一端顺序安装,其间墙梁、檩条、隔撑和檐檩等也随之安装,待一个区段整体校正后,其螺栓方可拧紧。

各种支撑、拉条、隔撑的紧固程度,应以不将檩条等构件拉弯或产生局部变形为原则。不得利用已安装就位的构件吊其他重物,不得在高强度螺栓连接处或主要受力部位焊接其他物件。刚架在施工中以及施工人员离开现场的夜间,或雨、雪天气暂停施工时,均应临时固定。

a.屋面檩条。

一般钢结构的檩条重量不大,可直接用人力进行吊装,也可借助滑轮由人力采用麻绳进行吊装,吊装装置如图 5-10 所示。安装时在地面分配两名工人进行檩条绑扎及拉动绳子,在屋面上分配两名安装人员,当檩条接近屋架时,帮助把檩条提起并安装在檩条托架上。

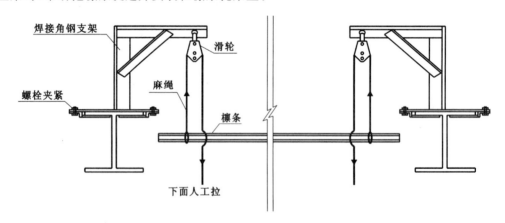

图 5-10　檩条吊装装置

檩条因壁薄、刚度小,应避免碰撞、堆压而产生翘曲、弯扭变形。吊装时吊点位置应适当,防止弯扭变形和划伤构件。拉条宜设置在腹板的中心线以上,拉条应拉紧。在安装屋面时,檩条不应产生肉眼可见的扭转,其扭转角不应超过 $3°$。檩条与刚架梁应采用檩托连接,防止檩条在支座处倾覆、扭转以及腹板压曲。

b.墙梁。

当钢柱吊装好,固定地脚螺栓后,即可安装两钢柱之间的墙梁。钢结构墙梁的重量和檩条差不多,重量一般不大,在施工现场借助滑轮采用人力吊装,到位后再由工人在钢梯上将墙梁的螺栓固定。

c.拉条。

屋面拉条安装时,在屋面檩条上铺设脚手板作为施工通道和安装平台,脚手板与檩条采用钢筋固定,钢筋外面采用布条绑扎,以防止损坏油漆。安装应从屋面檐口开始进行,每一道拉条安装均应拉紧,同时安装后应随时进行测量调整,如图 5-11 所示。

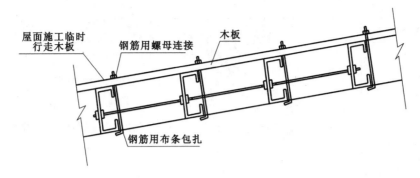

**图 5-11 檩条拉条安装平台示意图**

（4）螺栓安装

高强度螺栓在生产上的全称为高强度螺栓连接副,包括一个螺栓、一个螺母、两个垫圈。根据安装特点分为大六角头螺栓和扭剪型螺栓。根据高强度螺栓的性能等级分为 8.8 级和 10.9 级,其中扭剪型只在 10.9 级中使用。

① 材料管理。

a.高强度螺栓的供应商必须是经国家有关部门认可的专业生产商,采购时,一定要严格按照钢结构设计图纸要求选用螺栓等级。高强度螺栓连接副应由制造厂按批配套供应,每个包装箱内都必须配套装有螺栓、螺母及垫圈。包装箱应能满足储运的要求,并具备防水、密封的功能。包装箱内应带有产品合格证和质量保证书;包装箱外表面应注明批号、规格及数量。

b.高强度螺栓连接副必须配套供应。其中扭剪型高强度螺栓连接副每套包括一个螺栓、一个螺母、一个垫圈;高强度大六角头螺栓连接副每套包括一个螺栓、一个螺母、两个垫圈。

c.要注意高强度螺栓使用前的保管。如保管不善,会引起螺栓生锈等,进而会改变螺栓的扭矩系数及性能。

② 施工机具。

高强度螺栓施工最主要的施工机具就是高强度螺栓电动扳手及手动工具,见表 5-5。

表 5-5 高强度螺栓施工机具

| 名称 | 图例 | 用途 |
|---|---|---|
| 扭矩型高强度螺栓电动扳手 | | 用于高强度螺栓初拧;<br>用于因构造原因扭剪型高强度螺栓电动扳手无法终拧节点 |
| 扭剪型高强度螺栓电动扳手 | | 用于高强度螺栓终拧 |
| 角磨机 | | 用于清除摩擦面上浮锈、油污等 |
| 钢丝刷 | | 用于清除摩擦面上浮锈、油污等 |

续表

| 名称 | 图例 | 用途 |
|------|------|------|
| 手工扳手 | 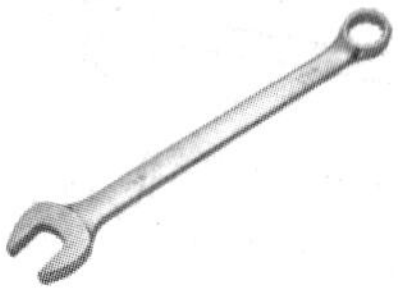 | 用于普通螺栓及安装螺栓初、终拧 |
| 棘轮扳手 |  | |

③ 安装方法。

组装时应用钢钎、冲子等校正孔位。为了使接合部钢板间摩擦面贴紧,结合良好,先用临时普通安装螺栓和手动扳手紧固,达到贴紧为止。待结构调整就位以后穿入高强度螺栓,并用带把扳手适当拧紧,再用高强度螺栓逐个取代安装螺栓。

高强度螺栓(图 5-12)长度按式(5-1)计算。

$$L = \delta + H + nh + c \tag{5-1}$$

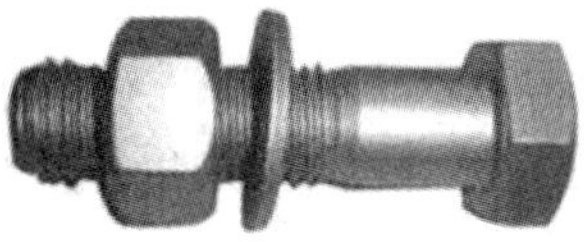

式中　$\delta$——连接构件的总厚度,mm;

　　　$H$——螺母高度,mm,取 $0.8D$($D$ 为螺栓直径);

　　　$n$——垫片个数;

　　　$h$——垫圈厚度,mm;

　　　$c$——螺杆外露部分长度,mm(2~3 丝扣为宜,一般取 5 mm),计算后取 5 的整倍数。

**图 5-12　高强度螺栓**

结构组装前要对摩擦面进行清理。为防止连接后构件位置偏移,应尽量消除间隙。为了保证安装摩擦面达到规定的摩擦系数,连接面应平整,不得有毛刺、飞边、焊疤、飞溅物、铁屑以及浮锈等污物;摩擦面上不允许存在钢材卷曲变形及凹陷等现象。

安装高强度螺栓时,构件的摩擦面应保持干燥,不得在雨中作业。高强度螺栓安装方法见表 5-6。

表 5-6　　　　　　　　　　　　　　　　　　**高强度螺栓安装方法**

| 序号 | 高强度螺栓安装方法 | 示意图 |
|------|------|------|
| 1 | 待吊装完成一个施工段,钢构件形成稳定框架单元后,开始安装高强度螺栓 |  |
| 2 | 扭剪型高强度螺栓安装时应注意方向:螺栓的垫圈安装在螺母一侧,垫圈孔有倒角的一侧应和螺母接触 | |
| 3 | 螺栓穿入方向以便于施工为准,每个节点应整齐一致。穿入高强度螺栓用扳手紧固后,再卸下临时螺栓,以高强度螺栓替换 | |
| 4 | 高强度螺栓的紧固必须分两次进行。第一次为初拧:初拧紧固到螺栓标准轴力(即设计预拉力)的 60%~80%;第二次紧固为终拧,终拧时扭剪型高强度螺栓扳手应将梅花卡头拧掉 | **高强度螺栓安装** |
| 5 | 初拧完毕的高强度螺栓,应做好标记以供确认。为防止漏拧,当天安装的高强度螺栓,当天应终拧完毕 |  |
| 6 | 初拧、终拧都应从螺栓群中间向四周按对称扩散方式进行紧固 | |
| 7 | 因空间狭窄,扭剪型高强度螺栓扳手不宜操作部位,可采用加高套管或手动扳手安装 | |
| 8 | 扭剪型高强度螺栓扳手应全部拧掉尾部梅花卡头为终拧结束,不准遗漏 | **高强度螺栓终拧** |

④ 质量保证措施。

高强度螺栓施工质量保证措施见表5-7。

表 5-7 高强度螺栓施工质量保证措施

| 序号 | 高强度螺栓质量保证措施 | 示意图 |
|---|---|---|
| 1 | 雨天不得进行高强度螺栓安装,摩擦面上和螺栓上不得有水及其他污物 | |
| 2 | 钢构件安装前应清除飞边、毛刺、氧化皮、污垢等。已产生的浮锈等杂质,应用电动角磨机认真刷除 | |
| 3 | 雨后作业,用氧-乙炔焰吹干作业区连接摩擦面 | 现场测量螺栓孔位 |
| 4 | 高强度螺栓不能自由穿入螺栓孔位时,不得硬性敲入,用绞刀扩孔后再插入,扩修后的螺栓孔最大直径不应大于1.2倍螺栓公称直径,扩孔数量应征得设计单位同意 | |
| 5 | 高强度螺栓在栓孔内不得受剪,螺栓穿入后应及时拧紧 | 临时螺栓安装示意图 |
| 6 | 初拧时用油漆逐个做标记,防止漏拧 | |
| 7 | 扭剪型高强度螺栓的初拧和终拧由电动剪力扳手完成,因构造要求未能用专用扳手终拧螺栓,由亮灯式的扭矩扳手来控制,确保达到要求的最小力矩 | |
| 8 | 扭剪型高强度螺栓以梅花卡头拧掉为合格 | |
| 9 | 因土建相关工序配合等原因拆下来的高强度螺栓不得重复使用 | |
| 10 | 制作厂制作时在节点部位不应涂装油漆 | |
| 11 | 若构件制作精度相差大,应现场测量孔位,更换连接板 | 终拧需在24小时内完毕 |

(5)安装要点和安装检验

① 安装要点。

钢结构在安装形成稳定的空间刚度单元后,应及时对柱脚底板和基础顶面的空隙采用细石混凝土进行二次浇灌。当柱底板面积比较大时,应在底板开出排气孔。排气孔的数量及孔径视底板面积而定,一般为1~2个,孔径为$\phi 80 \sim 100$ mm。安装偏差的检测,应在结构形成空间刚度单元且连接固定和检验合格后进行。

安装时,必须控制屋面、楼面、平台等的施工荷载(包括施工用料、施工机具、临时吊具、操作者及结构自重),雨雪天气还应加上雨雪荷载等,严禁超过梁、桁架、楼面板、屋面板、平台铺板等的承受能力。

钢构件在运输、存放和安装过程中,对损坏的涂层及安装连接部位应进行补涂,补涂遍数及要求应与原涂层相同。

② 安装检验。

a.基础混凝土强度达到设计要求,基础周围回填土夯实完毕,基础的轴线标志和标高基准点齐备、准确。

检查数量:抽查10%,且不应少于3个。

检查方法:用经纬仪、水准仪、水平尺和钢尺实测。

b.钢柱、钢斜梁等主要钢构件的中心线及标高基准点等标志应齐全。

检查数量:抽查10%,且不应少于3件。

检查方法:观察检查。

c.钢柱和钢斜梁安装的允许偏差应符合《钢结构工程施工质量验收规范》(GB 50205—2001)的规定。

检查数量:抽查10%,且不应少于3件。

检查方法:用经纬仪、水准仪、吊线和钢尺等。

d.钢吊车梁或类似直接承受动力荷载的构件,其安装的允许偏差应符合《钢结构工程施工质量验收规范》(GB 50205—2001)的规定。

检查数量:抽查10%,且不应少于3榀。

检查方法:用经纬仪、水准仪、吊线、拉线和钢尺等检查。

e. 檩条、墙架等次要构件的安装允许偏差应符合《钢结构工程施工质量验收规范》(GB 50205—2001)的规定。

检查数量:抽查10%,且不应少于3件。

检查方法:用经纬仪、吊线和钢尺等检查。

### 5.1.2 框架安装

#### 5.1.2.1 基本概念

① "三宝"。"三宝"是指安全帽、安全带、安全网。

② "四口"。"四口"是指楼梯口、电梯井口、预留洞口、通道口。

③ "五临边"。"五临边"是指尚未安装栏杆的阳台周边,无外架防护的层面周边,框架工程楼层周边,上下跑道及斜道的两侧边,卸料平台的侧边。

④ 劲性混凝土结构是指在钢结构柱、梁周围配置钢筋,浇筑混凝土后,钢构件同混凝土连成一体、共同作用的一种结构。

钢框架是由钢梁和钢柱组成的能承受垂直和水平荷载的结构,用于大跨度或高层以及荷载较大的工业与民用建筑。

钢框架一般布置在建筑物的横向,以承受屋面或楼板的恒载、雪荷载、使用荷载和水平方向的风荷载及地震荷载等。纵向之间以系梁、纵向支撑吊车梁或墙板与框架柱连接,以承受纵向的水平风荷载和地震荷载并保证柱的纵向稳定。钢杆件的连接一般用焊接,也可用高强度螺栓或铆接。

框架杆件截面除满足材料的强度和稳定性外,还需保证框架的整体刚度,以满足设计的使用要求。

#### 5.1.2.2 施工准备

施工准备是一项集技术、计划、经济、质量、安全、现场管理等于一体的综合性强的工作,是同设计单位、钢结构加工厂、混凝土基础施工单位、混凝土结构施工单位以及钢结构安装单位内部资源组合的重要工作。

施工准备包括技术准备、材料准备、主要机具准备和劳动力准备、构件吊装准备、基础验收等内容。

(1) 技术准备

技术准备主要包括设计交底和图纸会审、钢结构安装施工组织设计、钢结构及构件验收标准及技术要求、计量管理和测量管理、特殊工艺管理等。具体如下:

① 参加图纸会审,与业主、设计、监理充分沟通,确定钢结构各节点、构件分节细节及工厂制作图,分节加工的构件应满足运输和吊装要求。

② 编制施工组织设计、分项作业指导书。施工组织设计包括工程概况、工程量清单、现场平面布置、主要施工机械和吊装方法、施工技术措施、专项施工方案、工程质量标准、安全及环境保护、主要资源表等。其中,吊装主要机械选型及平面布置是吊装重点。分项作业指导书可以细化为作业卡,主要用于作业人员明确相应工序的操作步骤、质量标准、施工工具和检测内容、检测标准。

③ 依承接工程的具体情况,确定钢构件进场检验内容及适用标准,以及钢结构安装检验批划分、检验内容、检验标准、检测方法、检验工具,在遵循国家标准的基础上,参照行业标准或其他权威部门认可的标准,确定后在工程中使用。

④ 确定各专项工种施工工艺,编制具体的吊装方案、测量监控方案、焊接及无损检测方案、高强度螺栓施工方案、塔吊装拆方案、临时用电用水方案、质量安全环保方案。

⑤ 组织必要的工艺试验,如焊接工艺试验、压型钢板施工及栓钉焊接检测工艺试验。尤其要做好新工艺、新材料的工艺试验,作为指导生产的依据。对于栓钉焊接检测工艺试验,根据栓钉的直径、长度及焊接类型(是穿透压型钢板焊还是直接打在钢梁上的栓钉焊接),要做相应的电流大小、通电时间长短的调试。对于高强度螺栓,要做好高强度螺栓连接副扭矩系数、预拉力和摩擦面抗滑移系数的检测。

⑥ 根据钢结构深化详图,验算钢结构框架安装时构件受力情况,科学地预计其可能的变形情况,并采取相应合理的技术措施来保证钢结构安装的顺利进行。

⑦ 和工程所在地的相关部门(如治安、交通、绿化、环保、文保、电力等)进行协调,并到当地的气象部门了解以往年份的气象资料,做好防台风、防雨、防冻、防寒、防高温等措施。

(2) 材料准备

钢框架结构的钢材主要采用 Q235 的碳素结构钢和 Q345 的低合金高强度结构钢,其质量标准应分别符合我国现行国家标准《碳素结构钢》(GB/T 700—2006)和《低合金高强度结构钢》(GB/T 1591—2008)的规定。钢框架结构的焊接连接材料主要采用 E43、E50 系列焊条或 H08 系列焊丝,高强度螺栓主要采用 45#钢、40B 钢和 20MnTiB 钢。

① 品种规格。

钢材有热轧成型的钢板和型钢以及冷弯成型的薄壁型钢。

a. 对钢板,现行国家标准《热轧钢板和钢带的尺寸、外形、重量及允许偏差》(GB/T 709—2006)规定了热轧钢板和钢带的尺寸、外形、重量及允许偏差。该标准适用于宽度大于或等于 600 mm,厚度为 0.35～200 mm 的热轧钢板。钢板表面质量应符合《碳素结构钢和低合金结构钢热轧厚钢板和钢带》(GB/T 3274—2007)中的表面质量的要求,钢板和钢带不得有分层。

b. 对热轧型钢,现行国家标准《热轧型钢》(GB/T 706—2008)分别规定了热轧工字钢、等边角钢、不等边角钢和槽钢的尺寸、外形、质量及允许偏差。

c. 对冷弯型钢,现行国家标准《冷弯型钢》(GB/T 6725—2008)规定了冷弯型钢的尺寸、外形、质量及允许偏差。

d. 对钢管,现行国家标准《结构用无缝钢管》(GB/T 8162—2008)和《直缝电焊钢管》(GB/T 13793—2008)分别规定了无缝钢管和电焊钢管的尺寸、外形、质量及允许偏差。采用钢板制作的钢管应符合国家标准中的相应要求。

e. 对 H 型钢,现行国家标准《热轧 H 型钢和剖分 T 型钢》(GB/T 11263—2010)规定了 H 型钢的尺寸、外形、质量及允许偏差。对国外进口的 H 型钢,应充分研究其材质和力学性能,在检验合格条件下合理采用。

f. 对花纹钢板,《热轧花纹钢板和钢带》(YB/T 4159—2007)规定了花纹钢板的尺寸、外形、质量及允许偏差。

② 材料采购和运输准备。

a. 根据施工图,测算各主耗材料(如焊条、焊丝等)的数量,做好订货安排,确定进场时间。

b. 各施工工序所需临时支撑、钢结构拼装平台、脚手架支撑、安全防护、环境保护器材数量确认后,安排进场搭设、制作。

c. 根据现场施工安排,编制钢构件进场计划,安排制作、运输计划。对于特殊构件(如放射性、腐蚀性等构件)的运输,要做好相应的措施,并到当地的公安、消防部门登记。对超重、超长、超宽的构件,还应规定好吊耳的设置,并标出重心位置。

(3) 主要机具准备

在多层与高层钢框架结构安装施工中,由于建筑较高、大,吊装机械多以塔式起重机、履带式起重机、汽车式起重机为主。

多层与高层钢框架结构安装施工中,钢构件在加工厂制作,现场安装,工期较短,机械化程度高,采用的机具设备较多。因此,在施工准备阶段,根据现场施工要求,编制施工机具设备需用计划,同时根据现场施工现状、场地情况,确定各机具设备进场日期、安装日期及临时堆放场地,确保在不影响其他单位的施工活动的同时,保证机具设备按现场安装施工要求安装到位。

① 塔式起重机。

塔式起重机,又称塔吊,有行走式、固定式、附着式与内爬式等类型。在高层框架钢结构安装施工中,塔式起重机是首选安装机械。塔式起重机由提升机构、行走机构、变幅机构、回转机构等机构及金属结构两大部分组成。塔式起重机具有提升高度大、工作半径大、动作平稳、工作效率高等优点。随着建筑机械技术的发展,大吨位塔式起重机的出现,弥补了塔式起重机起重量不大的缺点。

② 其他施工机具。

在多层与高层钢框架结构安装施工中,除了塔式起重机、汽车式起重机、履带式起重机外,还会用到以下一些机具,如千斤顶、卷扬机、滑车及滑车组、电焊机、栓钉熔焊机、电动扳手、全站仪等。

(4) 劳动力准备

所有生产工人都要进行岗前培训,取得相应资质的上岗证书,做到持证上岗,尤其是焊工、起重工、塔吊操作工、塔吊指挥工等特殊工种。

(5) 构件吊装准备

现场钢构件吊装是根据施工方案的要求按吊装流水顺序进行的。钢构件必须按照安装的需要供应。为充分利用施工场地和吊装设备,应严密制订出构件进场及吊装周、日计划,保证进场的构件满足吊装周、日计划并配套。

① 钢构件进场验收检查。

钢构件现场检查包括数量、质量、运输保护 3 个方面内容。

钢构件进场后,按货运单检查所到构件的数量及编号是否相符,发现问题及时在回执单上说明,反馈制作厂,以便及时处理。

按标准要求对钢构件的质量进行验收检查,做好检查记录,也可在钢构件出厂前直接进厂检查。主要检查钢构件外形尺寸、螺孔大小和间距等。

制作超过规范误差和运输中变形的钢构件必须在安装前在地面修复完毕,减少高空作业。由运输造成的构件变形,在施工现场均要加以矫正。

② 钢构件堆场安排、清理。

进场的钢构件,按现场平面布置要求堆放。为减少二次搬运,尽量将钢构件堆放在吊装设备的回转半径内。钢构件堆放应安全、牢固。钢构件吊装前必须清理干净,特别在接触面、摩擦面上,必须用钢丝刷清除铁锈、污物等。

(6) 基础验收

安装在钢筋混凝土基础上的钢柱,安装质量和工效与混凝土柱基和地脚螺栓的定位轴线、基础标高直接有关,必须会同设计单位、监理单位、总包单位、业主共同验收,合格后才可进行钢柱的安装。

### 5.1.2.3 安装知识

钢框架结构安装流水段的划分,一般是沿高度方向划分,以一节柱高度内所有结构作为一个安装流水段。钢柱的分节长度取决于加工条件、运输工具和钢柱质量。长度一般为 12 m 左右,质量不大于 15 t,一节柱的高度多为 2~4 个楼层。

多层与高层钢框架结构安装工艺流程图如图 5-13 所示。

(1) 框架柱安装

钢柱多采用实腹式,实腹钢柱截面多为工字形、箱形、十字形、圆形。钢柱多采用焊接对接接长,也有高强度螺栓连接接长。劲性柱与混凝土采用熔焊栓钉连接。

① 吊点设置。

吊点位置及吊点数根据钢柱形状、断面、长度、起重机性能等具体情况确定。吊点一般采用焊接吊耳、吊索绑扎、专用吊具等。

钢柱一般采用一点正吊。吊点设置在柱顶处,吊钩通过钢柱重心线,钢柱易于起吊、对线、校正。当受起重机臂杆长度、场地等条件限制,吊点可放在柱长 1/3 处斜吊。由于钢柱倾斜,起吊、对线、校正较难控制。

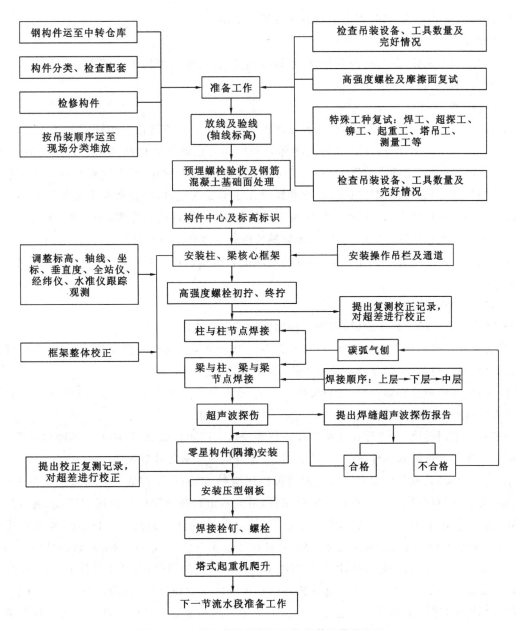

图 5-13　多层与高层钢框架结构安装工艺流程图

② 起吊方法。

钢柱一般采用单机起吊,也可采用双机抬吊。双机抬吊应注意以下事项。

a. 尽量选用同类型起重机。

b. 对起吊点进行荷载分配,有条件时进行吊装模拟。

c. 各起重机的荷载不宜超过其相应起重能力的 80%。

d. 在操作过程中,要互相配合、动作协调,如采用铁扁担起吊,尽量使铁扁担保持平衡,要防止一台起重机失重而使另一台起重机超载,造成安全事故。

e. 信号指挥:分指挥必须听从总指挥。

起吊时钢柱必须垂直,尽量做到回转扶直。起吊回转过程中应避免同其他已安装的构件相碰撞,吊索应预留有效高度。

钢柱扶直前,应将登高爬梯和挂篮等挂设在钢柱预定位置并绑扎牢固;起吊就位后,临时固定地脚螺栓、校正垂直度。钢柱接长时,钢柱两侧装有临时固定用的连接板,上节钢柱对准下节钢柱柱顶中心线后,即用螺栓固定连接板临时固定。

钢柱安装到位,对准轴线,临时固定牢固后才能松开吊索。

③ 钢柱校正。

钢柱校正要做三项工作:柱基标高调整、柱基轴线调整、柱身垂直度校正。依工程施工组织设计要求配备测量仪器,配合钢柱校正。

a.柱基标高调整。

桩基标高调整主要采用螺母调整和垫铁调整两种方法。螺母调整是根据钢柱的实际长度,在钢柱底板下的地脚螺栓上加一个调整螺母,将螺母表面的标高调整到与柱底板底标高齐平。若第一节钢柱过重,可在柱底板下、基础钢筋混凝土面上放置钢板,作为标高调整块。放上钢柱后,利用柱底板下的螺母或标高调整块控制钢柱的标高(因为有些钢柱过重,螺栓和螺母无法承受其重量,故柱底板下需加设标高调整块——钢板调整标高),精度可达到 1 mm 以内。柱底板下预留的空隙,可以用高强度、微膨胀、无收缩砂浆以赶浆法填实。当使用螺母调整柱底板标高时,应对地脚螺栓的强度和刚度进行计算。

对于高层钢结构地下室部分劲性钢柱,钢柱的周围都布满了钢筋,调整标高和轴线时,需同土建施工单位交叉作业。

b.第一节柱底轴线调整。

钢柱制作时,在柱底板的四个侧面,用钢冲标出钢柱的中心线。

对线方法:在起重机不松钩的情况下,将柱底板上的中心线与柱基础的控制轴线对齐,缓慢降落至设计标高位置。如果钢柱与控制轴线有微小偏差,可借线调整。

预埋螺杆与柱底板螺孔有偏差时,适当将螺孔放大,或在加工厂将底板预留孔位置调整,保证钢柱安装。

c.第一节柱身垂直度校正。

柱身调整一般采用缆风绳、千斤顶或钢柱校正器等校正。用两台成 90° 径向放置的经纬仪测量。

地脚螺栓上螺母一般用双螺母,在螺母拧紧后,将螺杆的螺纹破坏或焊实。

d.柱顶标高调整和其他节框架钢柱标高控制可以用两种方法:一是按相对标高安装,另一种是按设计标高安装,通常是按相对标高安装。钢柱吊装就位后,用大六角高强度螺栓临时固定连接,通过起重机和撬棍微调柱间间隙。量取上下柱顶预先标定的标高值,符合要求后打入钢楔、临时固定,考虑焊缝及压缩变形,标高偏差调整至 4 mm 以内。钢柱安装完后,在柱顶安置水准仪,测量柱顶标高,以设计标高为准。若标高高于设计值 5 mm 以内,则不需调整,因为柱与柱节点间有一定的间隙;若高于设计值 5 mm 以上,则需用气割将钢柱顶部割去一部分,然后用角向磨光机将钢柱顶部磨平到设计标高;若标高低于设计值,则需增加上下钢柱的焊缝宽度,但一次调整不得超过 5 mm,以免过大的调整造成其他构件节点连接的复杂化和安装难度增大。

e.第二节柱轴线调整。

上下柱连接保证柱中心线重合。若有偏差,在柱与柱的连接耳板的不同侧面加入垫板(垫板厚度为0.5~1.0 mm),拧紧大六角螺栓。钢柱中心线偏差调整每次在 3 mm 以内;若偏差过大,分 2~3 次调整。

**注意:**上一节钢柱的定位轴线不允许使用下一节钢柱的定位轴线,应从控制网轴线引至高空,保证每节钢柱的安装标准,避免过大的积累误差。

f.第二节钢柱垂直度校正。

钢柱垂直度校正的重点是对钢柱有关尺寸进行预检。下节钢柱的柱顶垂直度偏差就是上节钢柱的底部轴线、位移量、焊接变形、日照影响、垂直度校正及弹性变形等的综合,可采取预留垂直度偏差值消除部分误差。预留值大于下节钢柱积累偏差值时,只预留累积偏差值;反之则预留可预留值,其方向与偏差方向相反。

安装标准化框架的原则:在建筑物核心部分或对称中心,由框架柱、梁、支撑组成刚度较大的框架结构,作为安装基本单元,其他单元依此扩展。

标准柱的垂直度校正:采用径向放置的两台经纬仪对钢柱及钢梁进行观测。钢柱垂直度校正可分两步。

第一步:采用无缆风绳校正。在钢柱偏斜方向的一侧打入钢楔或顶升千斤顶。在保证单节柱垂直度不超过规范的前提下,将柱顶偏移控制到0,最后拧紧临时连接耳板的大六角螺栓。

**注意:**临时连接耳板的螺栓孔应比螺栓直径大4 mm,利用螺栓孔扩大调节钢柱制作误差−1~5 mm。

焊缝横向收缩值见表5-9。

表5-9　　　　　　　　　　　　　　　　　焊缝横向收缩值

| 焊接坡口形式 | 钢材厚度/mm | 焊缝收缩值/mm | 构件制作增加长度/mm |
|---|---|---|---|
| 柱与柱节点全熔透坡口 | 19 | 1.3~1.6 | 1.5 |
| | 25 | 1.5~1.8 | 1.7 |
| | 32 | 1.7~2.0 | 1.9 |
| | 40 | 2.0~2.3 | 2.2 |
| | 50 | 2.2~2.5 | 2.4 |
| | 60 | 2.7~3.0 | 2.9 |
| | 70 | 3.1~3.4 | 3.3 |
| | 80 | 3.4~3.7 | 3.5 |
| | 90 | 3.8~4.1 | 4.0 |
| | 100 | 4.1~4.4 | 4.3 |
| 梁与柱节点全熔透坡口 | 12 | 1.0~1.3 | 1.2 |
| | 16 | 1.1~1.4 | 1.3 |
| | 19 | 1.2~1.5 | 1.4 |
| | 22 | 1.3~1.6 | 1.5 |
| | 25 | 1.4~1.7 | 1.6 |
| | 28 | 1.5~1.8 | 1.7 |
| | 32 | 1.7~2.0 | 1.8 |

第二步:安装标准框架梁。先安装上层梁,再安装中、下层梁,安装过程会对柱垂直度产生影响,采用钢丝绳缆索(只适宜跨内柱)、千斤顶、钢楔和手拉葫芦进行调整,其他框架梁依标准框架体向四周发展,其做法与上同。

(2)框架梁安装

框架梁和柱连接通常为上下翼板焊接、腹板栓接,或者全焊接、全栓接的连接方式。

钢梁吊装宜采用专用吊具,两点绑扎吊装。吊升中必须保证使钢梁保持水平状态。一机吊多根钢梁时绑扎要牢固、安全,便于逐一安装。

一节柱一般有2~4层梁,原则上横向构件由上向下逐层安装,由于上部和周边都处于自由状态,易于安装和控制质量。通常在钢结构安装操作中,同一列柱的钢梁从中间跨开始对称地向两端扩展安装,同一跨钢梁,先安装上层梁,再安装中、下层梁。

在安装柱与柱之间的主梁时,测量必须跟踪校正柱与柱之间的距离,并预留安装余量,特别是节点焊接收缩量,以达到控制变形,减小或消除附加应力的目的。

柱与柱节点和梁与柱节点的连接,原则上对称施工,互相协调。对于焊接连接,一般可以先焊一节柱的顶层梁,再从下向上焊接各层梁与柱的节点。柱与柱的节点可以先焊,也可以后焊。混合连接一般为先栓后焊的工艺,螺栓连接从中心轴开始,对称拧固。钢管混凝土柱焊接接长时,严格按工艺评定要求施工,确保焊缝质量。

次梁根据实际施工情况逐层安装完成。

(3)组合楼层的安装

高层钢结构建筑的楼面一般均为钢-混凝土组合结构,而且多数是用压型钢板与钢筋混凝土组成的组合楼层。其安装施工要求如下。

① 组合楼层的构造。

高层建筑组合楼层的构造形式为压型钢板＋栓钉＋钢筋＋混凝土。楼层结构由栓钉将钢筋混凝土压型钢板和钢梁组合成整体。

压型钢板是用 0.7 mm 和 0.9 mm 两种厚度的镀锌钢板压制而成的,宽 640 mm,板肋高 51 mm。在施工期间同时起永久性模板作用,可避免漏浆,并减少支拆模的工作,加快施工速度。压型钢板在钢梁上的搁置情况如图 5-14 所示。

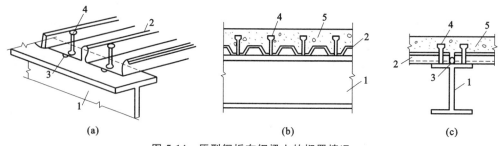

图 5-14　压型钢板在钢梁上的搁置情况

(a) 示意图;(b) 侧视图;(c) 剖面图

1—钢梁;2—压型钢板;3—点焊;4—剪力栓钉;5—楼板混凝土

② 组合楼层施工。

a. 支撑的设置。

因结构梁是由钢梁通过剪力栓钉与混凝土楼面结合而成的组合梁,在浇筑混凝土并达到一定强度前,抗剪强度和刚度较差,为解决钢梁和永久模板的抗剪强度不足,以支承施工期间楼面混凝土的自重,通常需设置简单钢管排架支撑或桁架支撑。通常,采用连续四层楼面支撑的方法,使四个楼面的结构梁共同支撑楼面混凝土的自重,如图 5-15 所示。

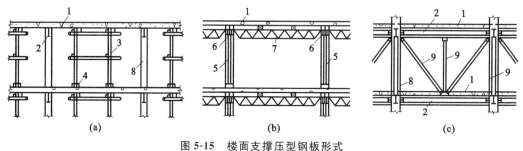

图 5-15　楼面支撑压型钢板形式

(a) 用排架支撑;(b) 用桁架支撑;(c) 钢梁焊接桁架

1—楼板;2—钢梁;3—钢管排架;4—支点木;5—梁中顶撑;6—托撑;7—钢桁架;8—钢柱;9—腹杆

b. 楼面施工工序。

楼序施工是由下而上,逐层支撑,顺序施工。压型钢板铺设后,将两端点焊于钢梁翼缘板上,并用指定的焊枪进行剪力栓钉焊接。施工时,钢筋绑扎和模板支撑可同时交叉进行。混凝土宜采用泵送浇筑。

③ 压型钢板栓焊施工。

a. 栓钉的规格。

栓钉是组合楼层结构的剪力连接件,用以传递水平荷载到框架梁柱上。其规格、数量按楼面与钢梁连接处的剪力大小确定。常用的栓钉直径有 13 mm、16 mm、19 mm、22 mm 四种。

b. 栓钉直径及间距。

(a) 当栓钉焊于钢梁受拉翼缘时,其直径不得大于翼缘板厚度的 1.5 倍;当栓钉焊于无拉应力部位时,其直径不得大于翼缘板厚度的 2.5 倍。

(b) 栓钉沿梁轴线方向布置,其间距不得小于 $5d$($d$ 为栓钉的直径);栓钉垂直于轴线布置,其间距不得小于 $4d$,边距不得小于 35 mm。

(c) 当栓钉穿透钢板焊于钢梁时,其直径不得小于 19 mm,焊后栓钉高度应大于压型钢板波高加 30 mm。

(d) 栓钉顶面的混凝土保护层厚度不应小于 15 mm。

(e) 穿透压型钢板跨度小于 3 m 时,栓钉直径宜为 13 mm 或 16 mm;跨度为 3～6 m 时,栓钉直径宜为 16 mm 或 19 mm;跨度大于 6 m 时,栓钉直径宜为 19 mm。

(f) 对已焊好的栓钉,如有直径不一、间距位置不准等情况,应打掉后重新按设计要求焊好。

c.栓钉焊接施工。

（a）栓钉应采用自动定时的栓焊机进行施焊，栓焊机必须连接在单独的电源上。

（b）栓钉材质应合格，无锈蚀、氧化皮、油污、受潮；端部无涂漆、镀锌或镀铬等。

（c）栓钉焊接药座施焊前必须严格检查，不得使用焊接药座破裂或缺损的栓钉。被焊母材必须清理表面氧化皮、锈蚀、受潮、油污等，并且在低于−18 ℃或遇雨雪天气时不得施焊。

（d）对穿透压型钢板焊于母材上时，焊钉施焊前应认真检查压型钢板是否与母材点固焊牢。被焊压型钢板在栓钉位置有锈蚀或镀锌层，应采用角向砂轮打磨干净。

（e）焊接时应保持焊枪与工件垂直；焊接完成后，应进行外观检验。

d.栓钉焊接质量检查。

栓钉焊接完成后，还需进行焊接质量检查与处理，其要求如下。

（a）栓钉焊于工件上，经外观检查合格后，应在主要构件上逐批抽1‰打弯15°检验，若焊钉根部无裂纹则认为通过弯曲检验；否则抽2‰检验，若其中1‰不合格，则对此批焊钉逐个检验，打弯栓钉可不调直。

（b）对不合格焊钉打掉重焊，被打掉栓钉底部不平处要磨平，母材损伤凹坑补焊好。

（c）如焊脚不足360°，可用合适的焊条进行手工焊修补，并做30°弯曲试验。

e.焊型钢板栓钉焊接质量外观检查。

焊型钢板栓钉焊接质量外观检查的判定标准、允许偏差和检查方法见表5-10。

表 5-10                    焊型钢板栓钉焊接质量外观检查的判定标准、允许偏差和检查方法

| 序号 | 外观检查项目 | 判定标准与允许偏差 | 检查方法 |
|---|---|---|---|
| 1 | 焊肉形状 | 360°范围内；焊肉高大于1 mm，焊肉宽大于0.5 mm | 目测 |
| 2 | 焊肉质量 | 无气泡和夹渣 | 目测 |
| 3 | 焊肉咬肉 | 咬肉深度小于0.5 mm或咬肉深度不大于0.5 mm，并已打磨去掉咬肉处的锋锐部位 | 目测 |
| 4 | 焊钉焊后高度 | 焊后高度允许偏差为±2 mm | 用钢尺量测 |

（4）测量监控工艺

① 施工流程。

钢柱吊装测量流程图见图5-16。

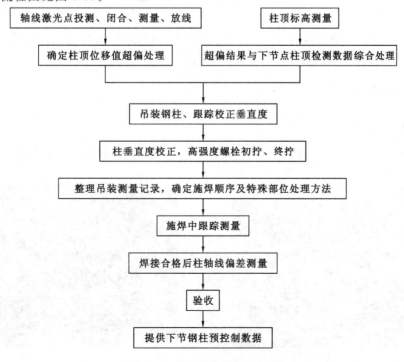

图 5-16  钢柱吊装测量流程图

② 施工测量的重要性。

测量工作直接关系整个钢结构安装质量和进度。为此,钢结构安装应重点做好以下工作。

a.测量控制网的测定和测量定位依据点的交接与校测。

b.测量器具的精度要求和测量器具的鉴定与检校。

c.测量方案的编制与数据准备。

d.建筑物测量验线。

e.多层与高层钢结构安装阶段的测量放线工作(包括平面轴线控制点的竖向投递,柱顶平面放线,传递标高,平面形状复杂的钢结构坐标测量,钢结构安装变形监控等)。

建筑物施工平面控制网,应根据建筑物的分布、高度、基础埋深和机械设备传动的连接方式、生产工艺的连续程度,分别布设一级或二级控制网,其主要技术要求应符合表 5-11 的规定。

表 5-11　　　　　　　　　　建筑物平面控制网主要技术指标

| 等级 | 测角中误差/(″) | 边长相对中误差 |
| --- | --- | --- |
| 一级 | $7/\sqrt{n}$ | ≤1/30000 |
| 二级 | $15/\sqrt{n}$ | ≤1/15000 |

注:$n$ 为建筑物结构的跨数。

③ 钢结构安装工程中的测量顺序。

测量工作必须按照一定的顺序贯穿整个钢结构安装施工过程,才能达到质量的预控目标。

建立钢结构安装测量的"三校制度"。钢结构安装测量经过基准线的设立,平面控制网的投测、闭合,柱顶轴线偏差值的测量以及柱顶标高的控制等一系列的测量准备,到钢柱吊装就位,就由钢结构吊装过渡到钢结构校正。

a.初校。初校的目的是要保证钢柱接头的相对对接尺寸,在综合考虑钢柱扭曲、垂偏、标高等安装尺寸的基础上,保证钢柱的就位尺寸。

b.重校。重校的目的是对柱的垂直度偏差、梁的水平度偏差进行全面调整,以达到标准要求。

c.高强度螺栓终拧后的复校。其目的是掌握高强度螺栓终拧时钢柱发生的垂直度变化。这种变化一般用下一道焊接工序的焊接顺序来调整。

d.焊后测量。对焊接后的钢框架柱及梁进行全面的测量,编制单元柱(节柱)实测资料,确定下一节钢结构构件吊装的预控数据。

通过以上钢结构安装测量程序的运行,测量要求的贯彻,测量顺序的执行,使钢结构安装的质量自始至终都处于受控状态,以达到不断提高钢结构安装质量的目的。

### 5.1.3　网架安装

#### 5.1.3.1　基本概念

网架结构常用形式有:由平面桁架系组成的两向正交正放网架、两向正交斜放网架、两向斜交斜放网架、单向折线形网架,见图 5-17~图 5-20。

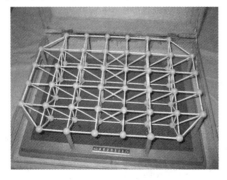

**图 5-17　两向正交正放网架**

**图 5-18　两向正交斜放网架**

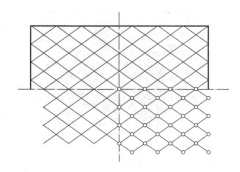

图 5-19　两向斜交斜放网架

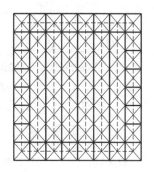

图 5-20　单向折线形网架

　　由四角锥体组成的正放四角锥网架、正放抽空四角锥网架、星形四角锥网架、斜放四角锥网架、棋盘形四角锥网架,见图 5-21～图 5-25。

　　由三角锥体组成的三角锥网架、抽空三角锥网架、蜂窝形三角锥网架见图 5-26～图 5-28。

　　就节点而言,常用的有焊接空心球节点(分加肋和不加肋,图 5-29)、螺栓球节点(图 5-30)两种,还有焊接钢板节点(图 5-31)等。

图 5-21　正放四角锥网架

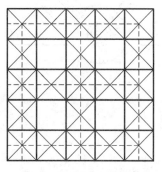

图 5-22　正放抽空四角锥网架

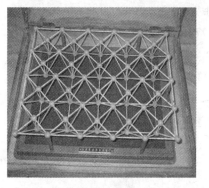

图 5-23　星形四角锥网架

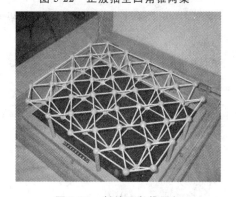

图 5-24　斜放四角锥网架

图 5-25　棋盘形四角锥网架

图 5-26　三角锥网架

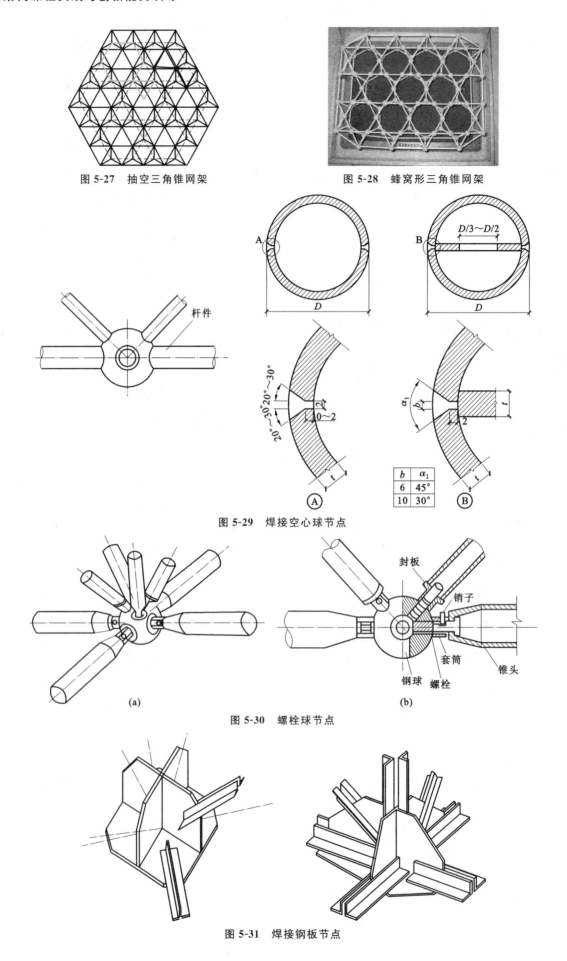

图 5-27　抽空三角锥网架

图 5-28　蜂窝形三角锥网架

杆件

| b | $\alpha_1$ |
|---|---|
| 6 | 45° |
| 10 | 30° |

图 5-29　焊接空心球节点

(a)

封板
销子
套筒
锥头
钢球
螺栓

(b)

图 5-30　螺栓球节点

图 5-31　焊接钢板节点

小拼单元——钢网架结构安装工程中除散件之外的最小安装单元,一般分平面桁架和锥体两种类型。

中拼单元——钢网架结构安装工程中由散件和小拼单元组成的安装单元,一般分条状和块状两种类型。

### 5.1.3.2　网架结构的拼装

网架结构的拼装一般可分为小拼与总拼两个过程。

拼装时要选择合理的焊接工艺,尽量减少焊接变形和焊接应力。拼装的焊接顺序应从中间开始,向两端或向四周延伸展开进行。

焊接节点的网架结构拼接后,对其所有的焊缝均应做全面检查,对大、中跨度的钢管网架结构的对接焊缝应做无损检测。

网架的杆件与节点制作完毕后,为了减少现场工作量和保证拼装质量,最好在工厂或预制拼装场内先拼成单片桁架,或拼成较小的空间网架单元,再运到现场完成网架结构的总拼工作。

网架结构的拼装一般可采用整体拼装、小单元拼装(分条或分块单元拼装)等。无论选用哪种拼装方式,拼装时均应在拼装模板上进行,要严格控制各部分尺寸。对于小单元拼装的网架结构,为保证高空拼装节点的吻合和减少累积误差,一般应在地面预装。

（1）网架结构的拼装准备

① 主要机具。

网架结构拼装的主要机具见表5-12。

表5-12　主要机具表

| 序号 | 名称 | 规格 | 用途 |
|---|---|---|---|
| 1 | 起重机 | 10 t | 拼装较大网片时,起重机根据情况而定,翻身就位 |
| 2 | 交直流电焊机 | 30~40 kW | 根据工期而定数量,拼装焊接 |
| 3 | 直流电焊机 | 21 kW | 根据工期而定数量,返修焊缝 |
| 4 | 气泵 | 0.5 MPa | 根据工期而定数量,返修焊缝 |
| 5 | 砂轮 | $\phi100$ mm | 打磨电焊飞溅 |
| 6 | 长毛钢丝刷 | 两排 | 去药皮 |
| 7 | 钢板尺 | 15 cm | 检查坡口尺寸 |
| 8 | 焊缝量规 | 多用 | 检查焊缝外观 |
| 9 | 烤箱 | 350~500 ℃ | 烤焊条 |
| 10 | 保温筒 | 用于长度为 450 mm 的焊条 | 保温焊条 |
| 11 | 氧乙炔烘烤枪 | — | 预热 |
| 12 | 经纬仪 | J6 | 拼装,胎具测量 |
| 13 | 水准仪 | 自动调平 | 拼装过程中调平 |
| 14 | 钢尺 | 30 m | 量距 |
| 15 | 盒尺 | 5.0 m | 量距 |
| 16 | 水平标尺 | 200 cm | 检查平整度 |
| 17 | 素具 | — | 拼装用 |

② 作业条件。

a.网架结构应在专门胎架上小拼,以保证小拼单元的精度和互换性。

b.胎架在使用前必须进行检验,合格后再拼装。

c.在整个拼装过程中,要随时对胎具位置和尺寸进行复核,如有变动,经调整后方可重新拼装。

d.网架的中拼装片或条块的拼装应在平整的刚性平台上进行。拼装前,必须在空心球表面用套模画出杆件定位线,做好定位记录,在平台上按 1∶1 大样,搭设立体模来控制网架的外形尺寸和标高,拼装时应设调节支点来调节钢管与球的同心度。

e.焊接球节点网架结构在拼装前应考虑焊接收缩,其收缩量可通过试验确定,试验时可参考下列数值:

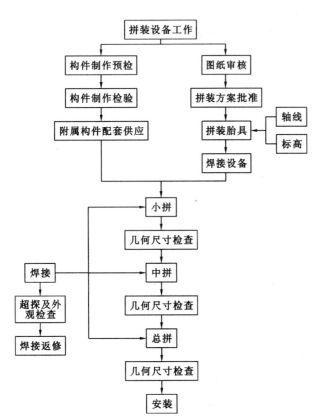

图 5-32 网架结构拼装工艺

钢管球节点加衬管时,每条焊缝的收缩量为 1.5～3.5 mm。

钢管球节点不加衬管时,每条焊缝的收缩量为 2～3 mm。

焊接钢板节点,每个节点收缩量为 2～3 mm。

f.对供应的杆件、球及部件,在拼装前严格检查其质量及各部为尺寸。对不符合规范规定的数值,要进行技术处理后方可拼装。

(2)操作工艺

网架结构拼装工艺见图 5-32。

① 合理分割。

网架结构拼装时,要根据实际情况合理地分割成各种单元体,可采用以下 3 种方式拼装成网架。

a.直接由单根杆件、单个节点、一球一杆、两球一杆,总拼成网架。

b.由小拼单元一球四杆(四角锥体)、一球三杆(三角锥体)总拼成网架。

c.由小拼单元、中拼单元总拼成网架。

② 小拼单元。

a.划分小拼单元时,应考虑网架结构的类型及施工方案等条件,小拼单元一般可分为平面桁架和锥体型两种,见图 5-33。

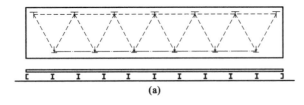

图 5-33 平台型胎具示意图

(a)平面桁架;(b)锥体型

b.小拼单元应在专门的拼装架上焊接,以确保几何尺寸的准确性,小拼胎架有平台型和转动型两种。

c.斜放四角锥网架小拼单元的划分。将其划分成平面桁架型小拼单元,如图 5-34 所示,则该桁架缺少上弦,需要加设临时上弦,以免在翻身、吊运、安装过程中产生变形。

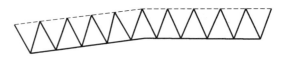

图 5-34 斜放四角锥网架的平面桁架型小拼单元

d.如采取锥体型小拼单元,见图 5-35,则在工厂中的电焊工作量就约占 75%,故斜放四角锥网架以划分成锥体型小拼单元较有利。

e.两向正交斜放网架小拼单元划分方案,考虑总拼时标高控制方便,每行小拼单元的两端在同一标高上,如图 5-36 所示。

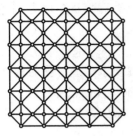

图 5-35 斜放四角锥网架的锥体型小拼单元

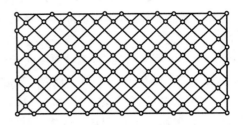

图 5-36 两向正交斜放网架小拼单元方案

③ 网架单元预拼装。

采取先在地面预拼装后拆开,再进行吊装的措施。当场地不够,也可用"套拼"的方法,即两个或三个单元,在地面预拼装,吊去一个单元后,再拼接另一个单元。

④ 螺栓球节点网架的拼装。

a. 螺栓球节点网架拼装时,一般是先拼下弦,将下弦的标高和轴线调整后,全部拧紧螺栓,起定位作用。

b. 开始连接腹杆,螺栓不宜拧紧,但必须使其与下弦连接端的螺栓吃上劲。若吃不上劲,在周围螺栓都拧紧后,这个螺栓就可能偏歪(因锥头或封板的孔较大),那时将无法拧紧。

c. 连接上弦时,开始不能拧紧。当分条拼装时,安装好三行上弦球后,即可将前两行调整校正,这时可通过调整下弦球的垫块高低进行;然后,固定第一排锥体的两端支座,同时将第一排锥体的螺栓拧紧。按以上各条循环进行。

d. 在整个网架拼装完成后,必须进行一次全面检查,检查螺栓是否拧紧。

e. 正放四角锥网架试拼后,用高空散装法拼装时,也可在安装一排锥体后(一次拧紧螺栓),从上弦挂腹杆的办法安装其余锥体。

由于网架的刚度较好,在一般情况下,网架在使用阶段的挠度均较小。因此,跨度在 40 m 以下的网架,一般可不起拱(拼装过程中,为防止网架下挠,根据经验留施工起拱)。

网架起拱按线形分有两类,一是折线形,如图 5-37(a)所示;二是圆弧线形,如图 5-37(b)所示。

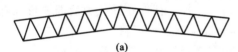
(a)

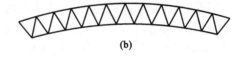
(b)

图 5-37 网架起拱方法

(a) 折线形起拱;(b) 圆弧线形起拱

网架起拱按找坡方向,分为单向起拱和双向起拱两种。

单向圆弧线起拱和双向圆弧线起拱,都要通过计算确定几何尺寸。当网架起拱为折线形起拱时,对于桁架体系的网架,无论是单向或双向找坡,起拱计算较简单。

但对四角锥或三角锥体系的网架,当单向或双向起拱时,计算复杂。

⑤ 总拼顺序。

a. 为保证网架在总拼过程中具有较少的焊接应力和便于调整尺寸,合理的总拼顺序应该是从中间向两边或从中间向四周发展,如图 5-38(a)、(b)所示。

b. 对总拼时严禁形成封闭圈,因为在封闭圈中焊接,会产生很大的焊接收缩应力,如图 5-38(c)所示。

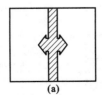
(a)

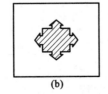
(b)

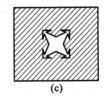
(c)

图 5-38 网架总拼顺序

(a) 从中间向两边拼装;(b) 从中间向四周拼接;(c) 封闭围焊拼接

c.网架焊接时,一般先焊下弦,使下弦收缩而略上拱,再焊接腹杆及上弦,即焊接顺序为:下弦→腹杆→上弦。若先焊上弦,则易造成不易消除的下挠度。

⑥ 焊接。

在钢管球节点的网架结构中,钢管厚度大于 4 mm 时,必须开坡口。在要求焊缝等强的构件中,焊接时钢管与球壁之间必须留有 3～4 mm 的间隙,为此应加衬管,这样才容易保证焊缝的根部焊透。

若将坡口(不留根)钢管与球壁顶紧后焊接,则必须用单面焊接双面成型的焊接工艺。在这种情况下,为保证焊透,建议采用 U 形坡口进行焊接,如图 5-39 所示。

⑦ 焊缝检验。

a.为保证焊缝质量,对于要求等强的焊缝,其质量应符合现行《钢结构工程施工质量验收规范》(GB 50205—2001)二级焊缝质量指标。

b.按二级焊缝外观检查。

c.超声波无损检验。《空间网格结构技术规程》(JGJ 7—2010)中,对大中跨度钢管网架的拉杆与球的对接焊缝,其抽样检验数不少于焊口总数的 20%,具体检验质量标准可根据《钢结构超声波探伤及质量分级法》(JG/T 203—2007)所规定的要求进行检验。

螺栓球节点网架、锥头与管连接焊缝,超声波无损检验,具体检验质量标准可根据《钢结构超声波探伤及质量分级法》(JG/T 203—2007)所规定的要求进行检验。

图 5-39 球-管横焊

⑧ 防腐处理。

a.网架的防腐处理包括制作阶段对构件及节点的防腐处理和拼装后的防腐处理。

b.焊接球与钢管连接时,钢管及球均不与大气相通。对于新轧制的钢管的内壁可不除锈,直接刷防锈漆即可;对于旧钢管内外均应认真除锈,并刷防锈漆。

c.螺栓球与钢管的连接属于与大气相通的状态,特别是拉杆。杆件在受拉力后即变形,必然产生缝隙,南方地区较潮湿,水汽有可能进入高强度螺栓或钢管中,对高强度螺栓不利。

当网架承受大部分荷载后,对各个接头用油腻子将所有空余螺孔及接缝处填嵌密实,并补刷防锈漆,以保证不留渗漏水汽的缝隙。

螺栓球节点网架安装时,必须做到确实拧紧了螺栓。

d.电焊后对已刷油漆局部破坏及焊缝漏刷油漆的情况,按规定补刷好油漆层。

### 5.1.3.3 网架结构的安装方法

网架结构的安装是用各种施工方法将拼装好的网架搁置在设计位置上,主要安装方法有:高空散装法、分条或分块安装法、高空滑移法、整体吊升法、整体提升法及整体顶升法。网架结构的安装方法,应根据网架受力和构造特点,在满足质量、安全、进度和经济效果的要求下,结合施工技术确定,如表 5-13 所示。

表 5-13 网架结构的安装方法及适用范围

| 安装方法 | 内容 | 适用范围 |
|---|---|---|
| 高空散装法 | 单杆件拼装 | 螺栓连接节点的各类型网架 |
| | 小拼单元拼装 | |
| 分条或分块安装法 | 条状单元组装 | 两向正交正放四角锥、正放抽空四角锥等网架 |
| | 块状单元组装 | |
| 高空滑移法 | 单条滑移法 | 正放四角锥、正放抽空四角锥、两向正交正放等网架 |
| | 逐条积累滑移法 | |

续表

| 安装方法 | 内容 | 适用范围 |
| --- | --- | --- |
| 整体吊升法 | 单机、多机吊装 | 各种类型网架 |
| | 单根、多根拔杆吊装 | |
| 整体提升法 | 利用拔杆提升 | 周边支承及点支承网架 |
| | 利用结构提升 | |
| 整体顶升法 | 利用网架支撑柱作为顶升时的支撑结构 | 支点较少的多点支承网架 |
| | 在原支点处或其附近设置临时顶升支架 | |
| 备注 | 未注明连接节点构造的网架,指各类连接节点网架均适用 | |

　　网架结构的节点和杆件,在工厂内制作完成并检验合格后运至现场,拼装成整体。工程中有许多因地制宜的现场安装方法,现分别介绍如下。

　　(1) 高空散装法

　　高空散装法是指将运输到现场的运输单元体(平面桁架或锥体)或散件,用起重机械吊升到高空对位拼装成整体结构的方法。其适用于螺栓球或高强度螺栓连接节点的网架结构,如图 5-40 所示。它在拼装过程中始终有一部分网架悬挑着,当网架悬挑拼接成为一个稳定体系时,不需要设置任何支架来承受其自重和施工荷载。当跨度较大,拼接到一定悬挑长度后,设置单肢柱或支架支承悬挑部分,以减少或避免因自重和施工荷载而产生的挠度。

**图 5-40　高空散装法**

(a) 网架整体结构;(b) 网架结构安装

　　这种施工方法不需要大型起重设备,在高空一次拼装完毕,但现场及高空作业量大,而且需要搭设大规模的拼装支架,耗用大量材料。其适用于螺栓连接节点的各种网架,在我国应用较多。

　　高空散装法有全支架(即满堂红脚手架)和悬挑法两种。全支架法多用于散件拼装。而悬挑法则多用于小拼单元在高空总拼,可以少搭支架。

　　搭设的支架应满足强度、刚度和单肢及整体稳定性要求。对重要的或大型工程,还应进行试压,以确保安全可靠。支架上支撑点的位置应设在下弦处,支架支座下应采取措施,防止支座下沉,可采用木楔或千斤顶进行调整。

　　拼装可从脊线开始,或从中间向两边发展,以减少累积误差和便于控制标高。拼装过程中应随时检查基准轴线位置、标高及垂直偏差,并应及时纠正。

　　① 工艺流程。

　　高空散装法工艺流程见图 5-41。

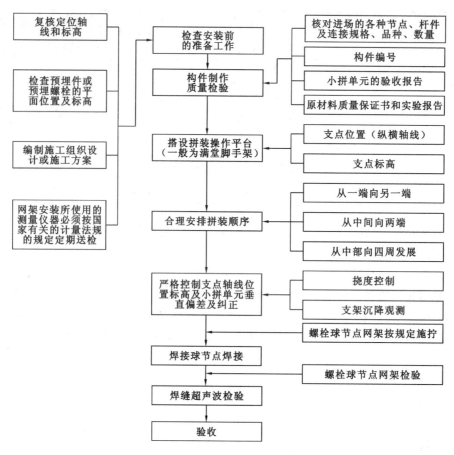

图 5-41 高空散装法工艺流程

② 支架设置。

支架既是网架结构拼装成型的承力架，又是操作平台支架。因此，支架搭设位置必须对准网架下弦节点。支架一般用扣件和钢管搭设。它应具有整体稳定性和足够的刚度，并使支架本身的弹性压缩、接头变形、地基沉降等引起的总沉降值控制在 5 mm 以下。为了调整沉降值和卸荷方便，可在网架下弦节点与支架之间设置调整标高用的千斤顶。

拼装支架必须牢固，设计时应对单肢稳定性、整体稳定性进行验算，并估算沉降量。其中单肢稳定性验算可按一般钢结构设计方法进行。

③ 支架的整体沉降量控制。

支架的整体沉降量包括钢管接头的空隙压缩、钢管的弹性压缩、地基的沉陷等。如果地基情况不良，要采取夯实加固等措施，并且要用木板铺地以分散支柱传来的集中荷载。高空散装法对支架的沉降要求较高（不得超过 5 mm），应给予足够重视。大型网架施工，必要时可进行试压，以取得所需资料。

拼装支架不宜用竹或木制，因为这些材料容易变形并易燃，故当网架用焊接连接时禁用。

④ 支架的拆除。

支架的拆除应在网架结构拼装完成后进行，拆除顺序宜根据各支撑点的网架自重挠度值，采用分区分阶段按比例或用每步不大于 10 mm 的等步下降法降落，以防止个别支撑点集中受力，造成拆除困难。对小型网架，可一次性同时拆除，但必须速度一致。对于大型网架，每次拆除的高度可根据自重挠度值分成若干批进行。

⑤ 特点与适用范围。

本方法无须大型起重设备，对场地要求不高，但需搭设大量拼装支架，高空作业多，且不易控制标高、轴线和质量，工效较低。其适用于非焊接连接（如螺栓球节点、高强螺栓节点等）的各种网架的拼装，不宜用于焊接球网架的拼装，因焊接易引燃脚手板，操作不够安全。

（2）分条或分块法

分条或分块法是高空散装法的组合扩大。为适应起重机械的起重能力和减少高空拼装工作量,将屋盖划分为若干单元,在地面拼装成条状或块状组合单元体后,用起重机械或设在双肢柱顶的起重设备(钢带提升机、升板机等),垂直吊升或提升到设计位置上,拼装成整体网架结构的安装方法。

条状单元是指沿网架长跨方向分割为若干区段,每个区段的宽度是 1～3 个网格,而其长度即为网架的短跨或 1/2 短跨。块状单元是指将网架沿纵横方向分割成矩形或正方形单元,每个单元的重量以现有起重机能力能胜任为宜。

这种施工方法大部分的焊接、拼装工作在地面进行,既能保证工程质量,并可省去大部分拼装支架,又能充分利用现有起重设备,比较经济。其适用于分割后刚度和受力状况改变较小的网架,如两向正交、正放四角锥、正放抽空四角锥等网架。

① 工艺流程。

分条或分块法工艺流程见图 5-42。

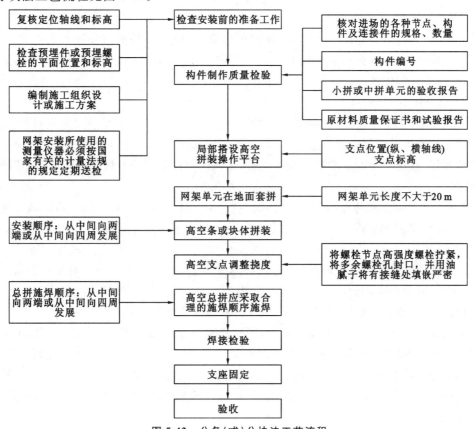

**图 5-42 分条(或)分块法工艺流程**

② 条状单元组合体的划分。

条状单元组合体的划分是沿着屋盖长度方向划分。对桁架结构,是将一个节间或两个节间的两榀或三榀桁架组装成条状单元体;对网架结构,则将一个或两个网格组装成条状单元体,组装后的网架条状单元体往往是单向受力的两端支承结构。这种安装方法适用于划分后的条状单元体,在自重作用下能形成一个稳定体系,其刚度与受力状态改变较小的正放类网架或刚度和受力状况未改变的桁架结构类似。网架条状单元体的刚度要经过验算,必要时应采取相应的临时加固措施。通常,条状单元的划分有以下几种形式:

a.网架单元相互靠紧,把下弦双角钢分在两个单元上,如图 5-43(a)所示。此法可用于正放四角锥网架。

b.网架单元相互靠紧,单元间上弦用剖分式安装节点连接,如图 5-43(b)所示。此法可用于斜放四角锥网架。

c.单元之间空一节间,该节间在网架单元吊装后再在高空拼装,如图 5-43(c)所示。此法可用于两向正交正放或斜放四角锥等网架。

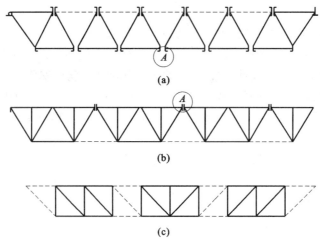

**图 5-43 网架条状单元划分法**

(a) 网架下弦双角钢分在两单元上；(b) 网架上弦用剖分式安装；(c) 网架单元在高空拼装

分条(分块)单元,自身应是几何不变体系,同时还应有足够刚度,否则应加固。对于正放类网架而言,在分割成条(块)状单元后,自身在自重作用下能形成几何不变体系,同时也有一定刚度,一般不需要加固。但对于斜放类网架,在分割成条(块)状单元后,由于上弦为菱形可变体系,因而必须加固后才能吊装。

③ 块状单元组合体的划分。

块状单元组合体的分块,一般是在网架平面的两个方向均有切割,其大小视起重机的起重能力而定。切割后的块状单元体大多是两邻边或一边有支承,一角点或两角点要增设临时顶撑予以支承。也有将边网格切除的块状单元体,在现场地面对准设计轴线组装,边网格留在垂直吊升后再拼装成整体网架。

④ 吊装操作。

吊装有单机跨内吊装和双机跨外抬吊两种方法。在跨中下部设可调立柱、钢顶撑,以调节网架跨中挠度。吊上后即可焊接半圆球节点和安设下弦杆件,待全部作业完成后,拧紧支座螺栓,拆除网架下立柱,即告完成。

⑤ 特点与适用范围。

分条(或)分块法所需起重设备较简单,不需大型起重设备,可与室内其他工种平行作业,缩短总工期,用工省,劳动强度低,减少高空作业,施工速度快,费用低,但需搭设一定数量的拼装平台。另外,拼装容易造成轴线的累积偏差,一般要采取试拼装、套拼、散件拼装等措施来控制。

分条(或)分块法高空作业较高空散装法减少,同时只需搭设局部拼装平台,拼装支架量也大大减少,并可充分利用现有起重设备,比较经济。但施工应注意保证条(块)状单元制作精度和控制起拱,以免造成总拼困难。其适用于分割后刚度和受力状况改变较小的各种中、小型网架,如双向正交正放、正放四角锥、正放抽空四角锥等网架。对于场地狭小或跨越其他结构、起重机无法进入网架安装区域时,尤为适宜。

(3) 高空滑移法

高空滑移法是将网架条状单元组合体在已建结构上空进行水平滑移对位总拼的一种施工方法,适用于网架支承结构为周边承重墙或柱上有现浇钢筋混凝土圈梁等情况。可在地面或支架上进行扩大拼装条状单元,并将网架条状单元提升到预定高度后,利用安装在支架或圈梁上的专用滑行轨道,水平滑移对位拼装成整体网架。此条状单元可以在地面拼成后用起重机吊至支架上,如设备能力不足或其他因素,也可用小拼单元甚至散件在高空拼装平台上拼成条状单元。高空拼装平台一般设置在建筑物的一端,宽度约大于两个节间,如建筑物端部有平台,可利用其作为拼装平台,滑移时网架的条状单元由一端滑向另一端。

① 工艺流程。

高空滑移法工艺流程见图 5-44。

② 高空滑移法分类。

a. 按滑移方式分类。

(a) 单条滑移法。先将条状单元一条条地分别从一端滑移到另一端就位安装,再将各条在高空进行连接。

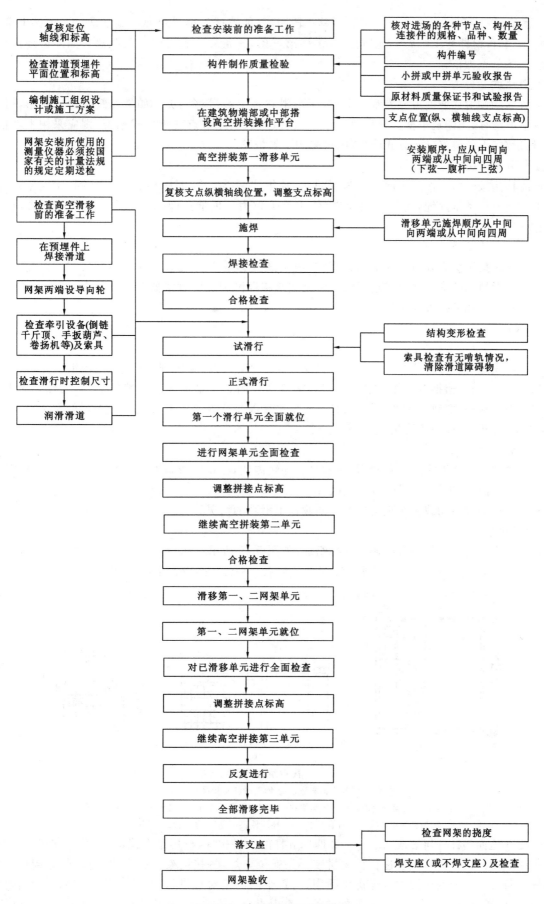

图 5-44 高空滑移法工艺流程

（b）逐条累积滑移法。先将条状单元滑移一段距离（能连接上第二单元的宽度即可），连接上第二条单元后，两条一起再滑移一段距离（宽度同上），再接第三条，三条又一起滑移一段距离。如此循环操作，直至接上最后一条单元为止。

b.按滑移坡度分类。

高空滑移法按滑移坡度可分为水平滑移、下坡滑移及上坡滑移三类。如果建筑平面为矩形，可采用水平滑移或下坡滑移；当建筑平面为梯形时，短边高、长边低、上弦节点支承方式网架，则应采用上坡滑移；当短边低、长边高、下弦节点支承方式网架，则可采用下坡滑移。

c.按牵引力作用方向分类。

高强滑移法按牵引力作用方向可分为牵引法、顶推法两类。牵引法即将钢丝绳钩扎于网架前方，用卷扬机或手扳葫芦拉动钢丝绳，牵引网架前进，作用点受拉力。顶推法即用千斤顶顶推网架后方，使网架前进，作用点受压力。

d.按摩擦方式分类。

高强滑移法按摩擦方式可分为滚动式滑移、滑动式滑移两类。滚动式滑移即网架装上滚轮，网架滑移是通过滚轮与滑轨的滚动摩擦方式进行的。滑动式滑移即网架支座直接搁置在滑轨上，网架滑移是通过支座底板与滑轨的滑动摩擦方式进行的。

③ 滑移装置。

a.滑轨。

滑移用的轨道有各种形式。对于中小型网架，滑轨可用圆钢、扁铁、角钢及小型槽钢制作；对于大型网架，可用钢轨、工字钢、槽钢等制作。滑轨可用焊接或螺栓固定于梁顶面的预埋件上，轨面标高应大于或等于网架支座设计标高，滑轨接头处应垫实，其安装水平度及接头要符合有关技术要求。网架在滑移完成后，支座应固定于底板上，以便于连接。

b.导向轮。

导向轮主要是作为安全保险装置用，一般设在导轨内侧，在正常滑移时导向轮与导向轨脱开，其间隙为10~20 mm，只有当同步差超过规定值或拼装误差在某处较大时二者才碰上。但是在滑移过程中，当左右两台卷扬机以不同时间启动或停车也会造成导向轮顶上滑轨的情况。

④ 滑移操作。

滑移平台由钢管脚手架和升降调平支撑组成，如图5-45所示。起始点尽量利用已建结构物，如门厅、观众厅，高度应比网架下弦低40 cm，以便在网架下弦节点与平台之间设置千斤顶，用以调整标高，平台上面铺设安装模架，平台宽应略大于两个节间。

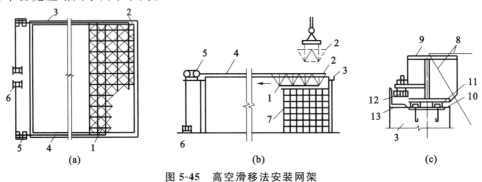

**图 5-45　高空滑移法安装网架**

（a）滑移平面布置；（b）网架滑移安装；（c）支座

1—网架；2—网架分块单元；3—天沟梁；4—牵引索；5—滑车组；6—卷扬机；7—拼装平台；
8—网架杆件中心线；9—网架支座；10—预埋件；11—型钢导轨；12—导轮；13—导轨

网架先在地面将杆件拼装成两球一杆和四球五杆的小拼构件，再用悬臂式桅杆、塔式或履带式起重机，按组合拼接顺序吊到拼接平台上进行扩大拼装。先就位点焊，拼接网架下弦方格，再点焊立起横向跨度方向角腹杆。每节间单元网架部件点焊拼接顺序，由跨中向两端对称进行，焊完后临时加固。牵引可用慢速卷扬机、手扳葫芦或绞磨进行，并设减速滑轮组。牵引点应分散设置，滑移速度应控制在1 m/min以内，并要求做到两边同步滑移。当网架跨度大于50 m时，应在跨中增设一条平稳滑道或辅助支顶平台。

⑤ 特点与适用范围。

高空滑移法可与下部其他施工立体作业平行,缩短施工工期,对起重设备、牵引设备要求不高,可用小型起重机或卷扬机,甚至不用,成本低。其适用于正放四角锥、正放抽空四角锥、两向正交正放等网架,尤其适用于采用上述网架而场地狭小、跨越其他结构或设备等,或需要进行立体交叉施工的情况。

(4) 整体吊升法

整体吊升法是将网架结构在地上错位拼装成整体,然后用起重机吊升超过设计标高,空中移位后落位固定。根据吊装方式和所用起重设备的不同,可分为多机抬吊及独脚拔杆吊升。

网架就地错位布置进行拼装时,使网架任何部位与支柱或把杆的净距离不小于 100 mm,并应防止网架在起升过程中被凸出物(如牛腿等悬挑构件)卡住。由于网架错位布置导致网架个别杆件暂时不能组装时,应征得设计单位的同意方可暂缓装配。由于网架错位拼装,当网架起吊到柱顶以上时,要经空中移位才能就位。采用多根拔杆方案时,可利用拔杆两侧起重滑轮组,使一侧滑轮组的钢丝绳放松,另一侧不动,从而产生不相等的水平力以推动网架移动或转动进行就位。当采用单根拔杆方案时,若网架平面是矩形,可通过调整缆风绳使拔杆吊着网架进行平移就位;若网架平面为正多边形或圆形,则可通过旋转拔杆使网架转动就位。

采用多根拔杆或多台吊车联合吊装时,考虑各拔杆或吊车负荷不均匀的可能性,设备的最大额定负荷能力应予以折减。

网架整体吊装时,应采取具体措施保证各吊点在起升或下降时的同步性,一般控制提升高差值不大于吊点间距离的 1/400,且不大于 100 mm。吊点的数量及位置应与结构支承情况相接近,并应对网架吊装时的受力情况进行验算。

① 工艺流程。

整体吊升法工艺流程见图 5-46。

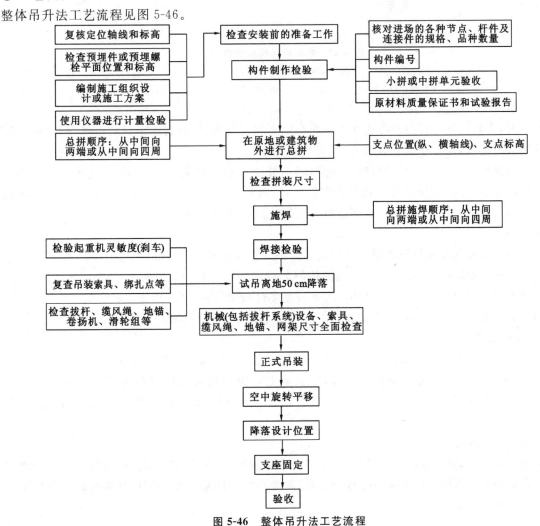

图 5-46 整体吊升法工艺流程

② 多机抬吊作业。

多机抬吊施工中,布置起重机时,需要考虑各台起重机的工作性能和网架在空中移位的要求。起吊前要测出每台起重机的起吊速度,以便起吊时掌握;或每两台起重机的吊索用滑轮连通。这样,当起重机的起吊速度不一致时,可由连通滑轮的吊索自行调整。

如网架重量较轻,或4台起重机的起重量均能满足要求时,宜将4台起重机布置在网架的两侧。只要4台起重机将网架垂直吊升超过柱顶后,旋转一小角度,即可完成网架空中移位要求。

多机抬吊一般用多台起重机联合作业,将地面错位拼装好的网架整体吊升到柱顶后,在空中进行移位,落下就位安装。一般有四侧抬吊和两侧抬吊两种方法,如图5-47所示。

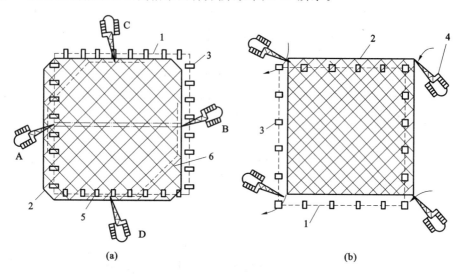

**图 5-47　四机抬吊网架示意图**

(a) 四侧抬吊;(b) 两侧抬吊

1—网架安装位置;2—网架拼装位置;3—柱;4—履带式起重机;5—吊点;6—连通吊索

a. 四侧抬吊。

四侧抬吊时,为防止起重机因升降速度不一而产生不均匀荷载,每台起重机设两个吊点,每两台起重机的吊索互相用滑轮连通,使各吊点受力均匀,网架平稳上升。

当网架提到比柱顶高30 cm时进行空中移位,起重机 A 一边落起重臂,一边升钩;起重机 B 一边升起重臂,一边落钩;起重机 C、D 则松开旋转刹车跟着旋转,待转到网架支座中心线对准柱子中心时,4台起重机同时落钩,并通过设在网架四角的拉索和倒链拉动网架进行对线,将网架落到柱顶就位。

b. 两侧抬吊。

两侧抬吊是用4台起重机将网架吊过柱顶同时向一个方向旋转一定角度,即可就位。

本法准备工作简单,安装较快速方便。四侧抬吊和两侧抬吊比较,前者移位较平稳,但操作较复杂;后者空中移位较方便,但平稳性较差。而两种吊法都需要多台起重设备条件,操作技术要求较严。

两侧抬吊适用于跨度在40 m左右、高度在2.5 m左右的中、小型网架屋盖的吊装。

③ 独脚拔杆吊升作业。

独脚拔杆吊升法是多机抬吊的另一种形式。它是用多根独脚拔杆,将地面错位拼装的网架吊升超过柱顶,进行空中移位后落位固定。采用此法时,支承屋盖结构的柱与拔杆应在屋盖结构拼装前竖立。此法所需的设备多,劳动量大,但对于吊装高、重、大的屋盖结构,特别是大型网架较为适宜,如图5-48所示。

④ 网架的空中移位。

多机抬吊作业中,起重机变幅容易,网架空中移位并不困难,而用多根独脚拔杆进行整体吊升网架的关键是网架吊升后的空中移位。由于拔杆变幅很困难,网架在空中的移位是利用拔杆两侧起重滑轮组中的水平力不等而推动网架移位。

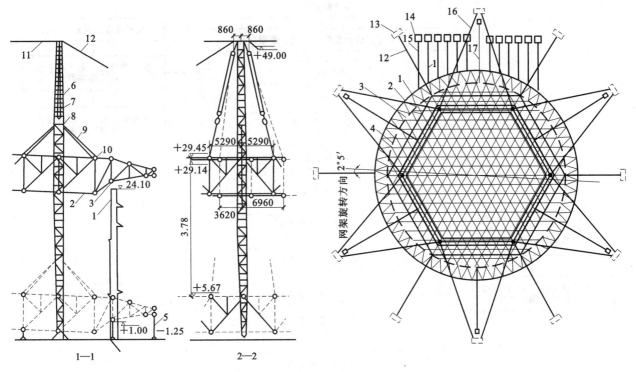

**图 5-48 独脚拔杆吊升网架示意图**

1—柱；2—网架；3—摇摆支座；4—提升后再焊的结构；5—拼装用小钢柱；6—独脚拔杆；

7—门滑轮组；8—铁扁担；9—吊索；10—吊点；11—平缆风绳；12—斜缆风绳；13—地锚；

14—起重卷扬机；15—起重钢丝绳；16—校正用卷扬机；17—校正用钢丝绳

网架空中移位的方向与桅杆及其起重滑轮组布置有关。如桅杆对称布置，桅杆的起重平面（即起重滑轮组与桅杆所构成的平面）方向一致且平行于网架的一边。因此，使网架产生运动的水平分力都平行于网架的一边，网架即产生单向的移位。同理，如桅杆均布于同一圆周上，且桅杆的起重平面垂直于网架半径，这时使网架产生运动的水平分力与桅杆起重平面相切，由于切向力的作用，网架即产生绕其圆心旋转的运动。

⑤ 特点与适用范围。

整体吊升法不需要搭设高的拼装架，高空作业少，易于保证接头焊接质量，但需要起重能力大的设备，吊装技术也复杂。此法以吊装焊接球节点网架为宜，尤其是三向网架的吊装。

（5）整体提升法

① 分类。

a.单提网架法。网架在设计位置就地总拼后，利用安装在柱子上的小型设备（如穿心式液压千斤顶）将网架整体提升到设计标高上，然后下降就位、固定。

b.网架爬升法。网架在设计位置就地总拼后，利用安装在网架上的小型设备（如穿心式液压千斤顶），提升锚点固定在柱上或拔杆上，将网架整体提升到设计标高，就位、固定。

c.升梁抬网法。网架在设计位置就地总拼，同时安装好支承网架的装配式圈梁（提升前圈梁与柱断开，提升网架完成后再与柱连成整体），把网架支座搁置于此圈梁中部，在每个柱顶上安装好提升设备，这些提升设备在升梁的同时，抬着网架升至设计标高。

d.升网滑模法。网架在设计位置就地总拼，柱是用滑模施工。网架提升是利用安装在柱内钢筋上的滑模用液压千斤顶，一面提升网架，一面滑升模板浇筑混凝土。

② 工艺流程。

整体提升法工艺流程见图 5-49。

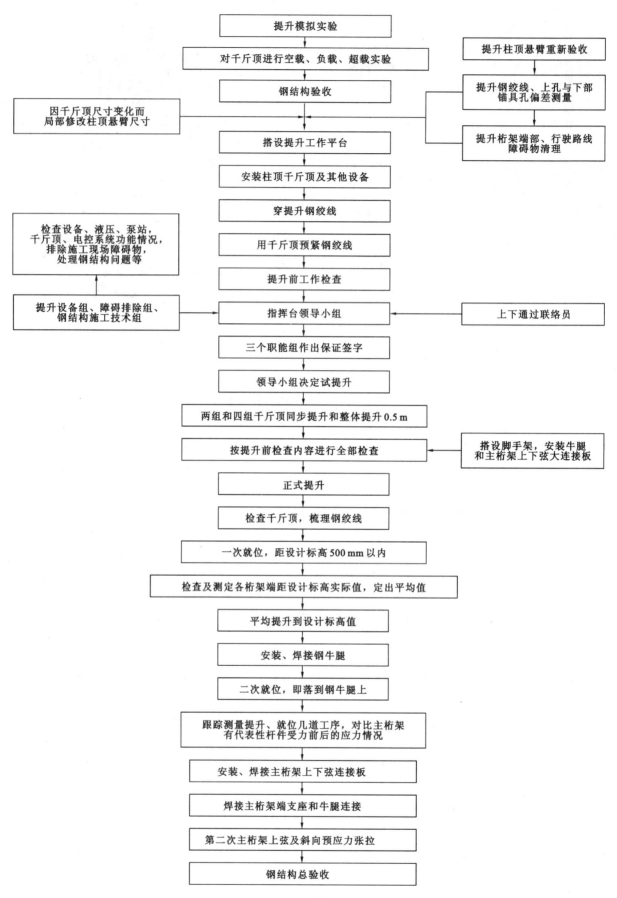

图 5-49  整体提升法工艺流程

③ 技术准备。

提升的几种方法都是根据网架形式、重量，选用不同起重能力的液压穿心式千斤顶、钢绞线（螺杆）、泵站等进行网架提升。

提升阶段网架支承情况不变，对利用的结构柱一般情况下不需要加固，如果柱顶上做出牛腿或采用拔杆（放提升设备或提升锚点），需验算结构柱稳定性，如果不够，对柱或拔杆采取稳定措施，如设缆风绳等。

为了更好地发挥整体提升法的优越性，可将网架屋面板、防水层、顶棚、采暖通风及电气设备等全部在地面及最有利的高度上进行施工，可大大节省施工费用。

通过提升设备验算，当不能满足全部屋面结构整体提升时，也可安装部分屋面结构后再提升。应当注意的是，为防止屋面结构安装后在提升过程中产生扭曲而导致局部出现裂纹，要采取必要的加固处理。

单提网架法和网架爬升法，都需要在原有柱顶上接高钢柱约 2～3 m，并加悬挑牛腿以设置提升锚点。

单提网架法的操作平台设在接高钢柱上，网架爬升法的操作平台设在网架上弦平面上。

放好网架支座处的轴线及标高。升梁抬网法的网架支座应搁置在圈梁中部。升网滑模法的网架支座应搁置在柱顶上。单提网架法、网架爬升法网架支座可搁置在圈梁中部或柱顶上。

一般情况下，整体提升法适宜在设计平面位置地面上拼装后垂直提升就位。如网架垂直提升到设计标高后还需水平移动时，需另加悬挑结构，结合滑移法施工就位到设计位置。

④ 提升设备布置。

在结构柱上安装升板工程用的电动穿心式提升机，将地面正位拼装的网架直接整体提升到柱顶横梁就位，如图 5-50 所示。

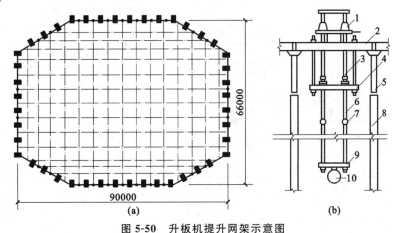

图 5-50  升板机提升网架示意图

(a) 平面布置图；(b) 提升装置

1—提升机；2—上横梁；3—螺杆；4—下横梁；5—短钢柱；6—吊杆；7—接头；8—柱；9—横吊梁；10—支座钢球

提升点设在网架四边，每边 7～8 个。提升设备的组装是在柱顶加接的短钢柱上安装工字钢上横梁，每一吊点上方的上横梁上安放一台 300 kN 电动穿心式提升机，提升机的螺杆下端连接多节长 4.8 m 的吊杆，下面连接横吊梁，梁中间用钢销与网架支座钢球上的吊环相连接。在钢柱顶上的上横梁处，又用螺杆连接着一个下横梁，作为拆卸吊杆时的停歇装置。

⑤ 提升过程。

当提升机每提升一节吊杆后（提升速度为 3 cm/min），用 U 形卡板塞入下横梁上部和吊杆上端的支承法兰之间，卡住吊杆，卸去上节吊杆，将提升螺杆下降，与下一节吊杆接好，再继续上升，如此循环往复，直到网架升至托梁以上，然后把预先放在柱顶牛腿的托梁移至中间就位，再将网架降至托梁上，即告完成。

网架提升时应同步，每上升 60～90 mm 观测一次，控制相邻两个提升点高差不大于 25 mm。

（6）整体顶升法

当采用千斤顶顶升时，应对其支承结构和支承杆进行稳定性验算。如稳定性不足，则应采取措施予以加强。应尽可能将屋面结构（包括屋面板、顶棚等）及通风、电气设备在网架顶升前全部安装在网架上，以减少高空作业量。

利用建筑物的承重柱作为顶升的支承结构时,一般应根据结构类型和施工条件,选择四肢式钢柱、四肢式劲性钢筋混凝土柱,或采用预制钢筋混凝土柱块逐段接高的分段钢筋混凝土柱。采用分段柱时,预制柱块间应连接牢固,接头强度宜为柱的稳定性验算所需强度的1.5倍。

当网架支点很多或由于其他原因不宜利用承重柱作为顶升支承结构时,可在原有支点处或其附近设置临时顶升支架。临时顶升支架的位置和数量,应以尽量不改变网架原有支承状态和受力性质为原则,否则应根据改变的情况验算网架的内力,并决定是否需采取局部加固措施。临时顶升支架可用枕木构成,如天津塘沽车站候车室,就是在6个枕木垛上用千斤顶将网架逐步顶起,也可采用格构式钢井架。

顶升的机具主要是螺旋式千斤顶或液压式千斤顶等。各类千斤顶的行程和提升速度必须一致,这些机具必须经过现场检验认可后方可使用。顶升时网架能否同步上升是一个值得注意的问题。如果提升差值太大,不仅会使网架杆件产生附加内力,还会引起柱顶反力的变化,同时也可能使千斤顶的负荷增大和造成网架的水平偏移。

① 工艺流程。

整体顶升法工艺流程见图5-51。

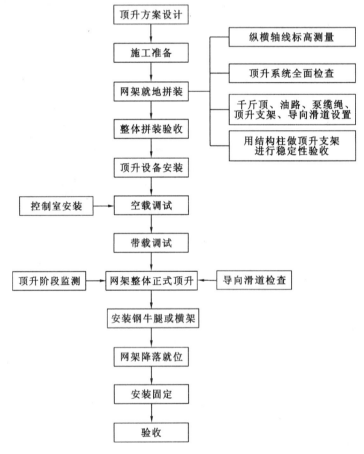

图 5-51 整体顶升法工艺流程

② 顶升准备。

顶升用的支承结构一般利用网架的永久性支承柱,或在原支点处或其附近设置临时顶升支架。顶升千斤顶可采用普通液压千斤顶或丝杠千斤顶,要求各千斤顶的行程和顶升速度一致。网架多采用伞形柱帽的方式,在地面按原位整体拼装。由4根角钢组成的支承柱(临时支架)从腹杆间隙中穿过,在柱上设置缀板以搁置横梁、千斤顶和球支座。上下临时缀板的间距根据千斤顶的尺寸、行程、横梁等确定,应恰为千斤顶使用行程的整数倍,其标高偏差不得大于5 mm,如用320 kN普通液压千斤顶,缀板的间距为420 mm,即顶升一个循环的总高度为420 mm,千斤顶分3次(150 mm+150 mm+120 mm)顶升到该标高。

③ 顶升操作。

顶升时,每一顶升循环工艺过程如图 5-52、图 5-53 所示。顶升应做到同步,各顶升点的升差不得大于相邻两个顶升用的支承结构间距的 1/1000,且不大于 30 mm,在一个支承结构上有两个或两个以上千斤顶时不大于 10 mm。当发现网架偏移过大,可采用在千斤顶座下垫斜垫或有意造成反向升差逐步纠正。同时,顶升过程中,网架支座中心对柱基轴线的水平偏移值,不得大于柱截面短边尺寸的 1/50 及柱高的 1/500,以免导致支承结构失稳。

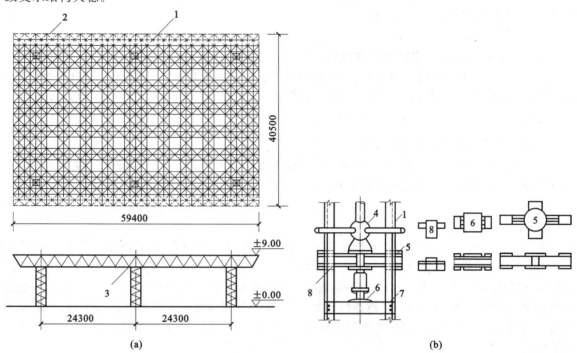

**图 5-52 某网架顶升施工示意图**

(a) 结构平面及立面布置图;(b) 顶升装置及安装图

1—柱;2—网架;3—柱帽;4—球支架;5—十字架;6—横梁;7—下缀板(16# 槽钢);8—上缀板

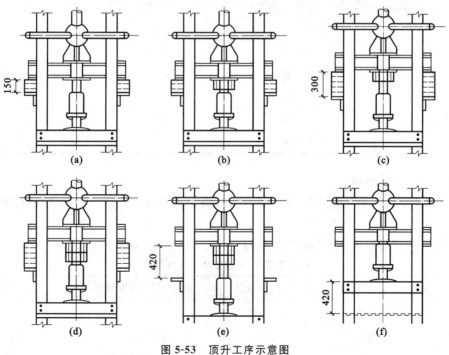

**图 5-53 顶升工序示意图**

(a) 顶升 150 mm,两侧垫方形垫块;(b) 回油,垫回垫块;(c) 重复(a)过程;(d) 重复(b)过程;
(e) 顶升 120 mm,安装两侧上缀板;(f) 回油,下缀板升一级

④ 升差控制。

顶升施工中同步控制主要是为了减少网架偏移,其次才是为了避免引起过大的附加杆件应力。而提升法施工时,升差虽然也会造成网架偏移,但其危害程度要比顶升法小。

顶升时当网架的偏移值达到需要纠正时,可采用千斤顶垫斜或人为造成反向升差逐步纠正,切不可操之过急,以免发生安全质量事故。由于网架偏移是一种随机过程,纠偏时柱的柔度、弹性变形又给纠偏以干扰,因而纠偏的方向及尺寸并不完全符合主观要求,不能精确地纠偏,故顶升施工时应以预防网架偏移为主,顶升时必须严格控制升差并设置导轨。

⑤ 特点与适用范围。

整体顶升法是利用支承结构和千斤顶将网架整体顶升到设计位置。本法设备简单,不用大型吊装设备。顶升支承结构可利用结构永久性支承柱,拼装网架不需搭设拼装支架,可节省大量机具和脚手架、支墩费用,降低施工成本,操作简便、安全,但顶升速度较慢,对结构顶升的误差控制要求需严格,以防失稳。整体顶升法适用于多支点支承的各种四角锥网架屋盖安装。

### 5.1.3.4 网架结构安装的质量检验

钢网架结构安装工程应按《钢结构工程施工质量验收规范》(GB 50205—2001)进行质量检验。

钢网架结构安装检验批应在进场验收和焊接验收、紧固件连接、制作等分项工程验收合格的基础上进行验收。

(1) 网架结构焊接

设计要求全焊透的一、二级焊缝应采用超声波探伤进行内部缺陷的检验;超声波探伤不能对缺陷作出判断时,应采用射线探伤。焊缝内部缺陷分级及探伤方法应符合现行国家标准《焊缝无损检测 超声检测技术、检测等级和评定》(GB/T 11345—2013)或《金属熔化焊焊接接头射线照相》(GB/T 3323—2005)的规定。

焊接球节点网架焊缝、螺栓球节点网架焊缝及圆管 T、K、Y 形节点相贯线焊缝,其内部缺陷分级及探伤方法应分别符合《钢结构超声波探伤及质量分级法》(JG/T 203—2007)、《钢结构焊接规范》(GB 50661—2011)的规定。

一、二级焊缝的质量等级及缺陷分级应符合表 5-14 的规定。

表 5-14　　　　　　　　　　　　　一、二级焊缝的质量等级及缺陷分级

| 焊缝质量等级 | | 一级 | 二级 |
|---|---|---|---|
| 内部缺陷超声波探伤 | 评定等级 | Ⅱ | Ⅲ |
| | 检验等级 | B 级 | B 级 |
| | 探伤比例 | 100% | 20% |
| 内部缺陷射线探伤 | 评定等级 | Ⅱ | Ⅲ |
| | 检验等级 | AB 级 | AB 级 |
| | 探伤比例 | 100% | 20% |

(2) 支承面顶板和支承垫块

① 钢网架结构支座定位轴线的位置、支座锚栓的规格应符合设计要求。用经纬仪和钢尺实测;检查数量按支座数抽查 10%,且不少于 4 处。

② 支承面顶板、支座锚栓中心偏移的允许偏差应符合表 5-15 的规定。

表 5-15　　　　　　　　　　　　　支承面顶板、支座锚栓的允许偏差

| 项目 | | 允许偏差/mm | 检查数量 | 检验方法 |
|---|---|---|---|---|
| 支承面顶板 | 位置 | 15.0 | 按支座数抽查 10%,且不应少于 4 处 | 用经纬仪、水准仪、水平尺和钢尺实测 |
| | 顶面标高 | 0,−3.0 | | |
| | 顶面水平度 | L/1000 | | |
| 支座锚栓 | 中心偏移 | ±5.0 | | |

③ 支座垫块的种类、规格、摆放位置和朝向,必须符合设计要求和国家现行有关标准的规定。橡胶垫块与刚性垫块之间或不同类型刚性垫块之间不得互换使用。观察和用钢尺实测;检查数量按支座数抽查10%,且不少于4处。

④ 网架支座锚栓的紧固应符合设计要求。观察检查;检查数量按支座数抽查10%,且不少于4处。

⑤ 支座锚栓尺寸的允许偏差应符合表5-16的规定。支座锚栓的螺纹应受到保护。

表5-16　　　　　　　　　　　　　　　　支座锚栓尺寸的允许偏差

| 项目 | 允许偏差/mm | 检查数量 | 检查方法 |
|---|---|---|---|
| 螺栓(锚栓)露出长度 | +30.0<br>0 | 按支座数抽查10%,且不少于4处 | 用钢尺实测 |
| 螺纹长度 | | | |

（3）拼装与安装检验

① 小拼单元的允许偏差应符合表5-17的规定。

表5-17　　　　　　　　　　　　　　　　小拼单元的允许偏差

| 项目 | | | 允许偏差/mm | 检查数量 | 检查方法 |
|---|---|---|---|---|---|
| 节点中心偏移 | | | 2.0 | 按单元数抽查5%,且不应少于5个 | 用钢尺和拉线等辅助量具实测 |
| 焊接球节点与钢管中心的偏移 | | | 1.0 | | |
| 杆件轴线的弯曲矢高 | | | $L_1/1000$,且不应大于5.0 | | |
| 锥体型小拼单元 | 弦杆长度 | | ±2.0 | | |
| | 锥体高度 | | ±2.0 | | |
| | 上弦杆对角线 | | ±3.0 | | |
| 平面桁架型小拼单元 | 跨长 | ≤24 m | +3.0,−7.0 | | |
| | | >24 m | +5.0,−10.0 | | |
| | 跨中高度 | | ±3.0 | | |
| | 跨中拱度 | 设计要求起拱 | ±L/5000 | | |
| | | 设计未要求起拱 | +10.0 | | |

注:$L_1$为杆件长度,$L$为跨度。

② 中拼单元的允许偏差应符合表5-18的规定。

表5-18　　　　　　　　　　　　　　　　中拼单元的允许误差

| 项目 | | | 允许偏差/mm | 检查数量 | 检验方法 |
|---|---|---|---|---|---|
| 单元长度 | ≤20 m | 单跨 | ±10.0 | 全数检查 | 用钢尺和辅助量具实测 |
| | | 多跨连接 | ±5.0 | | |
| | >20 m | 单跨 | ±20.0 | | |
| | | 多跨连接 | ±10.0 | | |

③ 对建筑结构安全等级为一级、跨度为40 m及以上的公共建筑钢网架结构,且设计有要求时,应按下列项目进行节点承载力试验,其结果应符合以下规定。

a.焊接球节点应按设计指定规格的球及其匹配的钢管焊接成试件,进行轴心拉、压承载力试验,其试验破坏荷载值大于或等于1.6倍设计承载力为合格。

b.螺栓球节点应按设计指定规格的球最大螺栓孔螺纹进行抗拉强度荷载试验,当达到螺栓的设计承载力时,螺孔、螺纹及封板仍完好无损为合格。在万能试验机上进行检验,出具试验报告;检查数量为每项试验做3个试件。

④ 钢网架总拼完成后及屋面工程完成后应分别测量其挠度值,且所测的挠度值不应超过相应设计值的 1.15 倍,用钢尺和水准仪实测。检查数量为跨度 24 m 及以下钢网架结构,测量下弦中央一点;跨度 24 m 以上钢网架结构,测量下弦中央一点及各向下弦跨度的 4 等分点。

⑤ 钢网架安装完成后,其节点及杆件表面应清理干净,不应有明显的疤痕、泥沙和污垢。螺栓球节点应将所有接缝用油腻子填嵌严密,并应将多余螺栓孔封口。按节点及杆件数抽查 5%,且不应少于 10 个节点,进行观察检查。

⑥ 钢网架结构安装完成后,其安装的允许偏差应符合表 5-19 的规定。

表 5-19                               钢网架结构安装的允许偏差

| 项目 | 允许偏差/mm | 检查数量 | 检验方法 |
|---|---|---|---|
| 纵向、横向长度 | $L/2000$,且应不大于 30.0 $-L/2000$,且应不大于 $-30.0$ | 全数检查 | 用钢尺实测 |
| 支座中心偏移 | $L/3000$,且应不大于 30.0 | | 用钢尺和经纬仪实测 |
| 周边支承网架相邻支座高差 | $L/400$,且应不大于 15.0 | | |
| 支座最大高差 | 30.0 | | 用钢尺和水准仪实测 |
| 多点支承网架相邻支座高差 | $L_1/800$,且应不大于 30.0 | | |

注:$L$ 为纵向、横向长度;$L_1$ 为相邻支座间距。

# 5.2   钢结构安装案例分析  &gt;&gt;&gt;

## 5.2.1   轻钢门式刚架安装

本工程实例参见第 4.2.1 节。

### 5.2.1.1   施工准备

(1) 安装前准备工作流程

安装前准备工作流程见图 5-54。

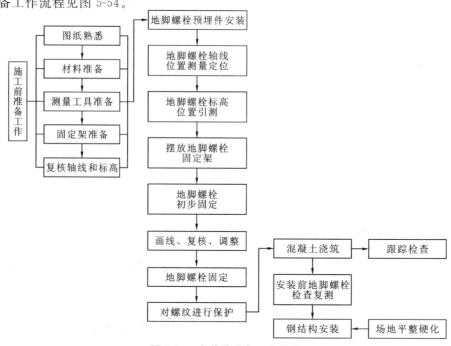

**图 5-54   安装前准备工作流程**

（2）场地平整硬化

施工现场的构件临时堆场设在总平面布置图指定的位置，在地面上铺设木方，减小钢构件堆放时产生的变形。构件堆放时，注意排水方向，不要阻碍地面排水。

（3）钢构件进场检验

钢构件进场验收的主要目的是清点构件的数量并将可能存在缺陷的构件在安装前进行处理，使得存在质量问题的构件不进入安装流程。

钢构件进场后，应根据施工设计图纸和《钢结构工程施工质量验收规范》（GB 50205—2001）的相关规定进行验收。经核对无误，并对构件质量检查合格后，方可确认签字，并做好检查记录，见图5-55。

(a)　　　　　　　　　　　　　(b)

**图 5-55　现场检测**

（a）连接端板尺寸检测；（b）孔距检测

钢构件进场验收主要是焊缝质量、构件的外形和尺寸检查。质量控制重点在构件制作工厂。

钢构件进场验收及修补内容如表5-20所示。

表 5-20　　　　　　　　　　　　　　钢构件进场验收及修补内容

| 序号 | 类型 | 验收内容 | 验收工具、方法 | 补修方法 |
|---|---|---|---|---|
| 1 | 焊缝质量 | 构件表面外观 | 目测 | 焊接修补 |
| 2 | | 现场焊接坡口方向 | 参照设计图纸 | 现场修正 |
| 3 | | 焊缝探伤抽查 | 无损探伤 | 碳弧气刨后重焊 |
| 4 | | 焊脚尺寸 | 量测 | 补焊 |
| 5 | | 焊缝错边、气孔、夹渣 | 目测 | 焊接修补 |
| 6 | | 多余外露的焊接衬垫板 | 目测 | 切除 |
| 7 | | 节点焊缝封闭 | 目测 | 补焊 |
| 8 | 构件的外形和尺寸 | 构件长度 | 钢卷尺丈量 | 制作工厂控制 |
| 9 | | 构件表面平直度 | 靠尺检查 | 制作工厂控制 |
| 10 | | 构件运输过程变形 | 参照设计图纸 | 变形修正 |
| 11 | | 预留孔大小、数量 | 参照设计图纸 | 补开孔 |
| 12 | | 螺栓孔数量、间距 | 参照设计图纸 | 铰孔修正 |
| 13 | | 连接摩擦面 | 目测 | 小型机械除锈 |
| 14 | | 表面防腐油漆 | 目测、测厚仪检查 | 补刷油漆 |
| 15 | | 表面污染 | 目测 | 清洁处理 |

5.2.1.2 主体钢结构的安装

（1）钢柱安装

① 钢柱的安装流程。

钢柱的安装流程见图 5-56。

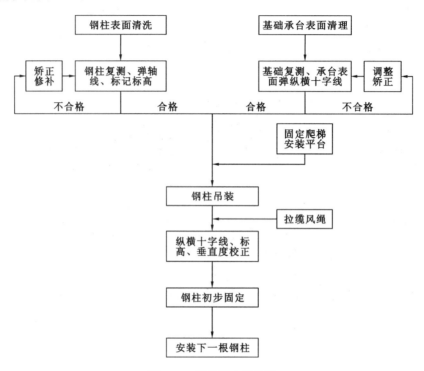

图 5-56 钢柱的安装流程

② 钢柱安装前准备。

a. 基础承台表面清理。

在钢柱进行安装前,需对基础承台表面进行彻底清理,防止钢柱脚后浇层灌浆后与基础承台之间夹有泥土等物质而产生裂缝,影响柱脚承载力,见图 5-57。

b. 基础平台表面弹线。

根据先前标记的纵横轴网,在承台基础表面用墨斗弹纵横十字线,为钢柱安装后的纵横十字线校正提供基准,见图 5-58。

图 5-57 现场基础承台表面清理

图 5-58 基础平台表面弹线

c. 安装调整螺母。

将调整螺母和垫片均套入对应的地脚螺栓中,并进行初步的调平,以便钢柱安装后调节标高。然后根据水平点与设计图纸中柱脚的标高,调整螺母控制垫片的标高,并且使同一基础上的调整螺栓上的垫片保持同一水平,见图5-59。

 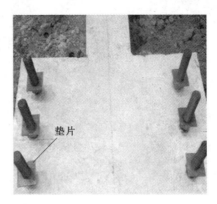

图 5-59 地脚螺栓安装调整螺母及垫片

d. 地脚螺栓复测

通过水准仪与水平仪分别复测调整螺母上垫片的标高与水平度,根据测量数据与表5-21所规定允许偏差进行相应的调整,见图5-60。

表 5-21                                     地脚螺栓安装允许偏差

| 项目 | | 允许偏差/mm |
|---|---|---|
| 支承面 | 标高 | ±3.0 |
| | 水平度 | $L/1000$ |
| 地脚螺栓(锚栓) | 螺栓中心偏移 | 5.0(单层) |
| | | 2.0(多高层) |
| 螺栓(锚栓)露出长度 | | +30.0,0 |
| 螺纹长度 | | +30.0,0 |

(a)                                      (b)

图 5-60 现场测量

(a)标高测量;(b)水平度测量

e. 钢柱清理。

在钢柱吊装前应将其表面彻底清洗一遍,去除钢柱表面的泥土和油迹等物质,以便后续涂装工序的进行,见图5-61。

f.标注中心线和标高。

在钢柱吊装前,应在钢柱两个竖向且相互垂直的面标记出中心线,以便以后校正钢柱纵横十字线。在钢柱上根据设计图纸标注标高,以便以后校正钢柱标高,见图5-62。

图 5-61 钢柱表面清理          图 5-62 钢柱上标记标高

③ 钢柱吊装。

a.吊点设置。

吊点拟设置在钢柱的柱顶附近处,这样能确保吊装的安全,防止钢柱与汽车吊的吊臂发生碰撞。

吊点可设置吊耳或直接用绳索绑扎进行吊装,见图5-63。

图 5-63 吊点设置在钢柱柱顶吊装

b.吊装方法。

本工程钢柱的吊装拟采用旋转法,能提高钢柱的吊装效率以及更好地防止柱脚变形。旋转法如图5-64所示。

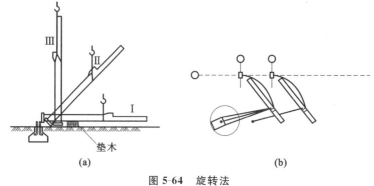

图 5-64 旋转法

(a) 旋转过程;(b) 平面布置

起重机起钩保持吊臂长度不变并同时回转吊臂,使柱子绕柱脚旋转,然后将钢柱吊起,吊往安装承台上方。

**注意:**起吊时应在柱脚下面放置垫木,以防止与地面发生摩擦,同时保证吊点、柱脚与基础中心同在起重机吊杆回旋的圆弧上。

吊装过程中由工人协助吊机将钢柱穿入地脚螺栓中,尽量使钢柱中心线与基础的纵横十字线重合,并拧紧螺母。如有偏差无法安装时,可对柱脚螺栓孔进行扩孔,但最终孔径不应大于 $1.2d$( $d$ 为未扩孔前螺栓孔直径),见图 5-65。

由于本工程钢柱均超过 10 m,当吊完一根轴线上的钢柱时还来不及形成较为稳定的受力体系,为了防止钢柱的倾覆,宜将该轴线的每根钢柱设置 3~4 根缆风绳,且缆风绳与钢柱垂直投影方向的夹角宜为 45°,见图 5-66。

图 5-65  工人协助吊机将钢柱穿入地脚螺栓

图 5-66  钢柱设置缆风绳
(每根钢柱 4 条缆风绳用手扳葫芦拉紧固定)

④ 检测校正与允许偏差。

a.纵横十字线。

在钢柱安装时,在起重机不脱钩的情况下,慢慢下落钢柱,使钢柱三个面的中心线与基础上画出的纵横十字线对准,尽量做到线线相交。若不能调整到位,可以对柱底板的螺栓孔进行扩孔处理,见图 5-67。

b.标高校正。

先利用水准仪和塔尺测量钢柱安装后钢柱牛腿上表面标高或柱顶与屋面梁连接部的最上处螺栓孔最高标高,再根据测量值与相应设计标高的差值,通过柱底板下的调整螺母调整钢柱的标高,见图 5-68。

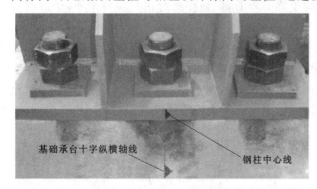

图 5-67  钢柱中心线与基础轴线重合

图 5-68  钢柱标高测量

c.垂直度校正。

在钢柱的纵横十字线的延长线上架设两台经纬仪,进行垂直度测量,通过调整钢柱底板下面的调整螺母来校正钢柱的垂直度,校正完毕后,松开缆风绳,再进行复校调整,调整后将螺母拧紧。调整螺母时,要保证其中一颗螺母不动,详见图 5-69、表 5-22。

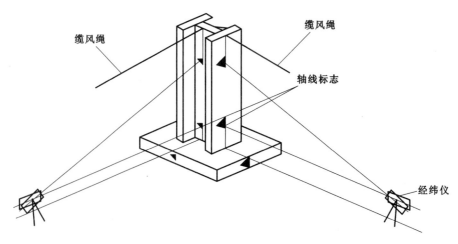

**图 5-69　钢柱垂直度测量示意图**

表 5-22
**允许偏差与检查方法表**

| 项目 | | 允许偏差/mm | 检查方法 |
|---|---|---|---|
| 柱脚底座中心线对定位轴线的偏移 | | 5.0 | 用吊线和钢尺检查 |
| 柱基准点标高 | 有吊车梁 | $-5.0 \sim 3.0$ | 用水准仪检查 |
| | 无吊车梁 | $-8.0 \sim 5.0$ | |
| 柱弯曲矢高 | | $H/1200$，且不大于 15.0 | 用经纬仪或拉线和钢尺检查 |
| 柱轴线垂直度 | 单层柱　$H \leqslant 10\text{ m}$ | $H/1000$ | 用经纬仪或吊线和钢尺检查 |
| | 单层柱　$H > 10\text{ m}$ | $H/1000$，且不大于 25.0 | |
| | 多节柱　单节柱 | $H/1000$，且不大于 10.0 | |
| | 多节柱　柱全高 | 35.0 | |

（2）钢吊车梁安装

钢柱吊装完成并经校正固定后，即可吊装钢吊车梁等构件。

① 吊点的选择。

钢吊车梁一般采用两点绑扎，对称起吊。吊钩应对称于梁的重心，以便使梁起吊后保持水平，梁的两端用缆风绳控制，以防吊升就位时左右摆动，碰撞柱子。

对设有预埋吊环的钢吊车梁，可采用带钢钩的吊索直接钩住吊环起吊。对梁自重较大的钢吊车梁，应用卡环与吊环吊索相互连接起吊。对未设置吊环的钢吊车梁，可在梁端靠近支点处用轻便吊索配合卡环绕钢吊车梁下部左右对称绑扎起吊，如图 5-70 所示；或利用工具式吊耳起吊，如图 5-71 所示。当起重能力允许时，也可采用将钢吊车梁与制动梁（或桁架）及支撑等组成一个大部件进行整体吊装，如图 5-72 所示。

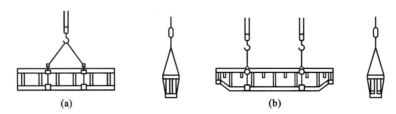

**图 5-70　钢吊车梁的吊装绑扎**

（a）单机起吊绑扎；（b）双机抬吊绑扎

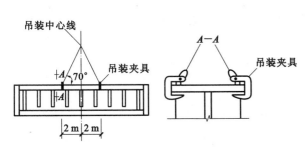

图 5-71 利用工具式吊耳吊装图

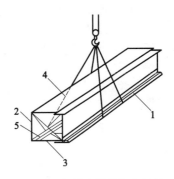

图 5-72 钢吊车梁的组合吊装
1—钢吊车梁;2—侧面桁架;3—底面桁架;
4—上平面桁架及走台;5—斜撑

② 吊升就位和临时固定。

在屋盖吊装之前安装钢吊车梁时,可采用各种起重机进行。在屋盖吊装完毕之后安装钢吊车梁时,可采用短臂履带式起重机或独脚桅杆进行。如无起重机械,也可在屋架端头或柱顶拴滑轮组来安装钢吊车梁。采用此法时,对屋架绑扎位置应通过验算确定。

钢吊车梁布置宜接近安装位置,使梁重心对准安装中心。安装可按由一端向另一端,或从中间向两端的顺序进行。当梁吊升至设计位置离支座顶面约 20 cm 时,用人力扶正,使梁中心线与支承面中心线(或已安装相邻梁中心线)对准,使两端搁置长度相等,缓缓下落。如有偏差,稍稍起吊用撬杠撬正;如支座不平,可用斜铁片垫平。

一般情况下,吊车梁就位后,因梁本身稳定性较好,仅用垫铁垫平即可,不需采取临时固定措施。当梁高度与宽度之比大于 4,或遇五级以上大风时,脱钩前,宜用铁丝将钢吊车梁临时捆绑在柱子上临时固定,以防倾倒。

③ 钢吊车梁校正。

钢吊车梁校正一般在梁全部吊装完毕,屋面构件校正并最后固定后进行。但对重量较大的钢吊车梁,因脱钩后撬动比较困难,宜采取边吊边校正的方法。校正内容包括中心线(位移)、轴线间距(跨距)、标高、垂直度等。纵向位移在就位时已基本校正,故校正主要为横向位移。

钢吊车梁中心线与轴线间距校正:校正钢吊车梁中心线与轴线间距时,先在吊车轨道两端的地面上,根据柱轴线放出吊车轨道轴线,用钢尺校正两轴线的距离,再用经纬仪放线,钢丝挂线锤或在两端拉钢丝等方法较正。

钢吊车梁标高的校正:当一跨(即两排)吊车梁全部吊装完毕后,将一台水准仪架设在某一钢吊车梁上或专门搭设的平台上,进行每节梁两端的高程测量,计算各点所需垫板厚度,或在柱上测出一定高度的水准点,再用钢尺或样杆量出水准点至梁面铺轨需要的高度,根据测定标高进行校正。校正时用撬杠撬起或在柱头屋架上弦端头节点上挂捯链将钢吊车梁需垫垫板的一端吊起,重型柱可在梁一端下部用千斤顶顶起填塞铁片。

钢吊车梁垂直度的校正:在校正标高的同时,用靠尺或线坠在吊车梁的两端测垂直度,用楔形钢板在一侧填塞校正。

④ 最后固定。

钢吊车梁校正完毕后,应立即将钢吊车梁与柱牛腿上的预埋件焊接牢固,并在梁柱接头处、吊车梁与柱的空隙处支模浇筑细石混凝土并养护,或将螺母拧紧,将支座与牛腿上垫板焊接进行最后固定。

⑤ 安装验收。

根据《钢结构工程施工质量验收规范》(GB 50205—2001)的规定,钢吊车梁安装的允许偏差见表 5-23。

(3)钢梁安装

采用综合安装法进行刚架梁的吊装并进行高强度螺栓连接,即可完成门式刚架斜梁的安装。门式刚架斜梁安装的重点是高强度螺栓连接施工。

屋面梁吊装流程图见表 5-24。

表 5-23            **钢吊车梁安装的允许偏差**

| 项目 | | | 允许偏差/mm | 检查方法 |
|---|---|---|---|---|
| 跨中垂直度 | | | $h/500$ | 用吊线和钢尺检查 |
| 侧向弯曲矢高 | | | $L/1500$,且不大于 10.0 | 用拉线和钢尺检查 |
| 垂直上拱矢高 | | | 10.0 | |
| 两端支座中心位移 | 安装在钢柱上时对牛腿中心的偏移 | | 5.0 | |
| | 安装在混凝土柱上时对定位轴线的偏移 | | 5.0 | |
| 同跨间同一横截面吊车梁顶面高差 | 支座处 | | 10.0 | 用经纬仪、水准仪和钢尺检查 |
| | 其他处 | | 15.0 | |
| 同跨间同一横截面下挂式吊车梁底面高差 | | | 10.0 | |
| 同列相邻两柱间吊车梁顶面高差 | | | $L/1500$,且不大于 10.0 | 用经纬仪和钢尺检查 |
| 相邻两吊车梁接头部位 | 中心错位 | | 3.0 | 用钢尺检查 |
| | 上承式顶面高差 | | 1.0 | |
| | 下承式底面高差 | | 1.0 | |
| 同跨间任一截面的吊车梁中心跨距 | | | ±10.0 | 用经纬仪和光电测距仪检查,跨度小时可用钢尺检查 |
| 轨道中心对吊车梁腹板轴线的偏移 | | | $t/2$ | 用吊线和钢尺检查 |

表 5-24            **屋面梁吊装流程**

| 序号 | 工艺名称 | 工艺说明 | 示意图 |
|---|---|---|---|
| 1 | 组装 | 先将拼装场地平整,再进行拼装。在拼装的过程中,钢梁两侧用木方或角钢做临时支撑 | |
| 2 | 吊索绑扎 | 绑扎点位置根据吊装钢梁长度及截面形式确定。为了更好地保护好钢梁的涂层,可在吊索与构件接触面之间垫一层橡胶垫 | |
| 3 | 设置辅助措施 | 在钢梁吊装前,预先在其两端绑扎牵引绳,以便控制钢梁在空中的水平位移。同时,在钢梁上安装安全立柱和拉设生命线等 | |

续表

| 序号 | 工艺名称 | 工艺说明 | 示意图 |
|---|---|---|---|
| 4 | 起吊 | 将钢梁吊离地面100~200 mm,观察钢梁是否有变形等异常现象。<br>在吊装过程中,工人通过控制钢梁两端的牵引绳,辅助钢梁吊装到位 | |
| 5 | 安装 | 钢梁吊装到位后,先经校正再固定于钢柱连接端,最后安装钢梁之间的系杆及部分檩条 | |

（4）檩条等次构件安装

① 檩条类型及连接方式。

檩条采用冷弯薄壁卷边 C 型钢檩条。

② 檩条的运输。

檩条的地面运输:从原材料堆放场地用卡车或平板车将檩条运输至吊机位置,然后用钢丝绳捆绑结实。

檩条的垂直运输:将捆绑结实的檩条采用现场汽车吊将檩条吊运至其安装部位。檩条吊装机械选用现场汽车吊,考虑单根檩条单独吊装费时费工,所以本工程檩条的吊装采用软吊索进行一钩多吊,整捆起吊运至屋面,并放置稳定,然后由施工人员抬到安装位置安装。

③ 檩条和檩托的安装总体顺序。

檩条和檩托的安装总体顺序由屋面板的安装顺序决定,以能尽早为屋面板安装创造工作面为原则,而檩托的安装又要尽早为檩条安装创造工作面。安装总体顺序以尽早为围护结构施工创造条件,首先是为天沟安装创造条件为原则。檩条和檩托的安装总体顺序:檩托安装→檩条安装→屋面系统的安装,见图5-73。

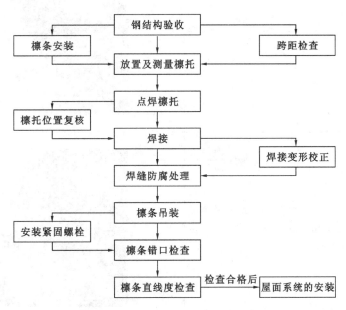

图 5-73  檩条和檩托的安装总体顺序

④ 檩托安装。

檩托安装如图 5-74 所示。檩托定位后,其与檩条的翼缘板平面的夹角要保证为 $90°±1°$,位置偏差在 5 mm 以内。在焊接过程中要采取减小变形的措施,先对称点焊,检查檩托的角度,合格后再焊接,不合格的要校正角度。点焊要牢固,焊条直径为 4 mm,焊条型号为 E43。焊接时电流要适当,焊缝成形后不能出现气孔和裂纹,也不能出现咬边和焊瘤。焊缝尺寸应达到设计要求,焊波应均匀,焊缝成形应美观。

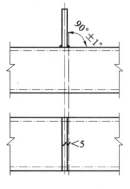

**图 5-74　檩托安装**

⑤ 檩条固定。

本工程所有檩条采用与檩托螺栓连接,当檩条抬运就位后,穿入螺栓,在螺栓紧固之前应检查正在安装的檩条顶面是否与已安装的相邻檩条顶面平齐。相邻檩条顶面高差在 2 mm 以内时方可紧固螺栓,相邻檩条顶面平齐才能保证安装好的屋面表面过渡平滑。

⑥ 防腐处理。

因檩条为镀锌构件,焊接时破坏了镀锌层,所以焊接后应对焊缝及其四周进行防腐处理。防腐材料选用防锈漆或富锌漆,要求涂刷两道。防腐前清除干净焊缝表面的药皮和污物。

### 5.2.1.3　屋面围护系统钢结构的安装

屋面围护系统主要包括屋面檩条、拉条、斜拉条、撑杆、屋面隅撑、屋面金属板或夹芯板、采光板、天沟水槽、女儿墙等构件。

天沟水槽一般有厚 3 mm 的钢板水槽和不锈钢水槽两种。钢板水槽间的连接采用手工电弧焊进行焊接,不锈钢水槽间的连接采用氩弧焊进行焊接。

（1）屋面外板垂直运输

屋面外板垂直运输采用滑升法的安装流程如表 5-25 所示。

表 5-25　　　　　　　　　　　　　　屋面外板垂直运输采用滑升法的安装流程

| 序号 | 工艺说明 | 示意图 |
|---|---|---|
| 1 | 将板材堆放在山墙附近,用柔性绳索绑扎屋面板,绑扎点之间间距控制在 3～5 m |  |
| 2 | 将绑扎好的屋面板放置在轨道绳上,轨道绳之间间距不大于 5 m,且屋面板一次滑升数量不超过 5 块板 |  |

续表

| 序号 | 工艺说明 | 示意图 |
|---|---|---|
| 3 | 工人在地面拉牵引绳,牵引绳通过屋面上的定滑轮改变力的方向将屋面板拉升至屋面 | |
| 4 | 屋面板倒运至屋面后,依次按顺序安装屋面板 | |

屋面板压型机的支撑平台高度(即车间檐口高度)约为 8.0 m。

(2) 屋面底板安装

屋面底板的安装依据主结构屋面梁间隔,通过排板设计,划分成一块块独立的施工区域进行施工。安装时,以主结构屋面梁为基准线,以确定底板的安装轴线,见图 5-75。

① 安装工艺。

屋面底板的安装流程为:安装准备→安装作业平台的设置→安装前对钢结构及建筑标高等的复测→屋面底板的运输(运至安装作业面)→放基准线→首块板的安装→复核→后续屋面底板的安装→安装完成后的自检、整修、报验。

② 脚手架的搭设流程。

为了防止门式移动脚手架在使用过程中发生倾覆的安全事故,脚手架底部必须要有可调底座或者支撑杆等安全措施。

门式钢管脚手架的搭设流程为:拉线放底座→扫地杆固定脚轮→自一端起立门架并随即安装交叉支撑(板)→装水平架→装抛撑→装剪刀撑→照上述步骤,逐层向上安装→铺脚手板→装设顶部栏杆,见图 5-76。

③ 保温棉铺设。

本工程屋面围护的玻璃保温棉均为两层。施工时为了达到更有效的保温效果,上下两层保温棉的搭接缝应错开铺设和横向通长布置。

工程现场施工时间大部分处于雨季。针对保温棉易吸水的特性,保温棉的安装应与屋面板的安装同步进行。当采取先铺设保温棉后安装屋面板时,保温棉与屋面板前后距离不宜太长,确保当天铺设的保温棉由屋面板安装覆盖。

若在铺设过程中下雨,必须用防水材料覆盖未安装屋面板的保温棉,见图 5-77。

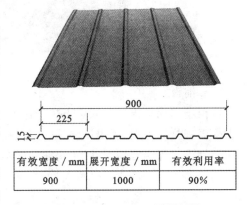

| 有效宽度 / mm | 展开宽度 / mm | 有效利用率 |
|---|---|---|
| 900 | 1000 | 90% |

图 5-75　YX15-225-900 型屋面板

可调底座

图 5-76　门式移动脚手架平台

图 5-77　保温棉铺装

a.铺设。

由于屋面板支座的固定点位于保温棉下方,而支座头部需要外露,使之与屋面板有效咬合。安装前,根据保温棉排布方向,弹出保温棉的定位线,并在屋面山墙边缘开始铺设第一块定位保温棉。

铺设时保温层应满铺,不得漏铺或不铺,且不留缝隙,见图 5-78。

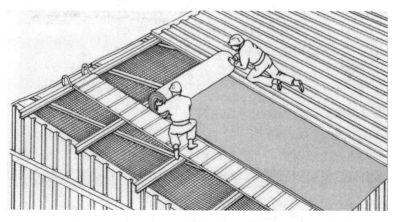

图 5-78　保温棉铺设

b. 注意事项。

保温棉铺设的注意事项见表 5-26。

表 5-26 保温棉铺设的注意事项

| 序号 | 施工时的注意事项 |
|------|------------------|
| 1 | 为保证铺设保温层时不受天气的影响,屋面板与保温、隔声材料应平行施工,施工时应避免对已安装的屋面底板造成破坏,并有防突击强风设施,采用安全网全部覆盖 |
| 2 | 浸水泡湿的保温棉不得直接使用,以确保施工质量 |
| 3 | 保温棉必须铺平,无翘边、折叠;接缝严密,上下层错缝铺设 |
| 4 | 为防止保温棉长时间暴露,施工时必须严密组织、集中施工,尽量减少保温棉暴露时间,同时准备防雨苫布,每天施工完后及时将未覆盖的保温棉临时覆盖,以防夜间被雨淋湿 |
| 5 | 保温棉端部必须固定,可用订书机搭接固定在檩条上 |

④ 保温棉防冷凝技术措施。

a. 上下两层保温棉搭接缝不应在一个相同的垂直平面内,并且纵向搭接缝不应在同一条直线上,纵向搭接缝间隙不应大于 1 cm,且可考虑使用订书机将相邻保温棉固定。

b. 先铺设屋面保温棉,再根据檩条上屋面板固定支座实际位置在保温棉上开孔,孔洞略小于固定支座截面面积。

c. 屋面保温棉均按照同长铺设。山墙位置与檐口位置保温棉下方贴面宜大于保温棉长度,方便保温棉内折,防止保温棉受潮。

(3) 屋面外板安装

① 屋面板 360°直立锁缝咬合连接过程。

HV470 屋面板 360°直立锁缝咬合连接过程见表 5-27。

表 5-27 HV470 屋面板 360°直立锁缝咬合连接过程

| 序号 | 工序 | 工艺说明 | 示意图 |
|------|------|----------|--------|
| 1 | 安装支座 | 用自攻螺钉固定于檩条上,确保每个螺钉连接的可靠性,确保横向间距的正确和纵向不同檩条间支座连接处于同一条直线上 | 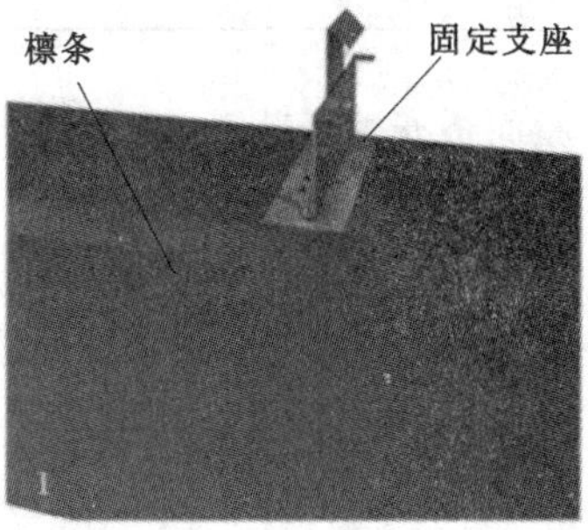 |
| 2 | 安装第一块板 | 将第一块板阳肋嵌入于固定支座中,并且360°咬合板,咬口位置不能出现变形 |  |

续表

| 序号 | 工序 | 工艺说明 | 示意图 |
|---|---|---|---|
| 3 | 安装第二块板 | 将第二块板搭在第一块板上,同时使阴肋扣在第一块板上方,应注意咬口位置不能发生变形 | |
| 4 | 锁缝 | 电机咬合行进速度应保持均匀,向一个方向行进。锁合轮锁紧力恰当,确保整条连接缝的锁紧 | |
| 5 | 挤出限位片 | 屋面板安装完成后,因受温度应力等因素影响,屋面板将会产生顺坡方向位移的趋势,最终将固定支座中的限位片挤出,解除限制 | 限位片 |

② 屋面板安装工艺。

a.堆放。

屋面板吊装至屋面后,将屋面板逐步堆放就位。堆放时为了不磨坏钢板表面,需用方形木条放在檩条中,防止檩条变形,每一堆板材堆放数量宜控制在 10～15 块,见图 5-79。

图 5-79　屋面板在屋面上堆放

b.测量放线。

屋面板的平面控制,一般通过屋面板以下的固定支座来定位完成。在屋面板固定支座安装合格后,只需设板端定位线。一般以板块伸出排水沟边沿的距离为控制线,板块伸出排水沟边沿的距离以略大于设计为宜,以便于修剪,见图5-80。

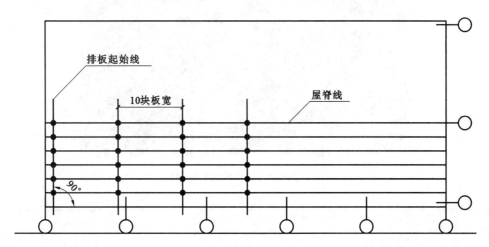

图 5-80 屋面板测量放线

c.固定支座安装。

固定支座安装时,应先安装支座下方的隔热垫。支座的安装采用对称各打两颗自攻螺钉。安装时,应先打入一颗自攻螺钉,再对支座进行一次校正,调整偏差,并注意支座端头安装方向应与屋面板铺设方向一致。校正完毕后,再打入余下自攻螺钉,将其固定。安装好后,应控制好螺钉的紧固程度,避免出现沉钉或浮钉。

在支座安装完成后进行全面检查,采用在固定座梅花头位置用拉线方式进行复查,对错位及坡度不符、与屋面板不平行的支座及时调整。

d.就位固定。

施工人员将板抬到安装位置,就位时先对准板端控制线,并且暗扣板谷峰搭接边应逆常年主导风向铺设,屋脊两边的屋面板安装应在同一方向上,见图5-81。

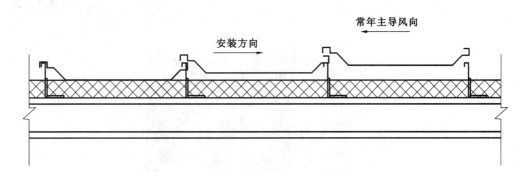

图 5-81 屋面板安装方向

然后将第一块钢板安放在已固定好的固定座上,安装时用脚用力使其与每块固定支座的中心肋和内肋的底部压实,并使它们完全啮合,见图5-82。

将第二块钢板放在第二列固定支座上后,内肋叠在第一块钢板或前一块钢板的外肋上,中心肋位于固定座的中心肋直立边上。

e.咬合。

屋面板位置调整好后,用专用电动锁缝机和手动锁缝机进行锁边咬合,本工程采用360°咬合方式,具体咬合步骤见表5-28。

图 5-82 屋面板与固定支座固定

表 5-28 咬合步骤

| 步骤 | 具体内容 |
|---|---|
| 1 | 将手动锁缝机有凹口的一侧放在板端立缝开口处,沿上坡方向移动相当于嵌口宽距离(约 100 mm),并同时将手动锁缝机手柄夹紧 |
| 2 | 移开手动锁缝机并反方向转动,使手动锁缝机平坦的一侧压在立缝的开口处,从板端开始将立缝锁紧,为使用电动锁缝机做好准备 |
| 3 | 电动锁缝机就位,三个手柄处于打开的状态,滚轴需位于立缝开口侧,锁缝机的背面需与板端成一直线。然后,将三个手柄锁住并开始锁缝,使电动锁缝机锁住完一条立缝并到达板的另一端,最后由手动锁缝机锁缝 |

手动锁缝机

电动锁缝机

屋面板现场咬合图

f. 检查。

沿着正在安装的钢板的全长走一次,将一只脚踩在紧贴重叠内肋底板处,另一只脚以规则的间距踩压联锁肋条的顶部。同样也要踩压每个夹板中心肋的顶部。为了达到完全联锁,重叠在下面的外肋的凸肩,必须压入搭接内肋的凹肩。

测量已固定好的钢板宽度,在其顶部和底部各测一次,以保证不出现移动。在某些阶段,如安装至一半时,还应测量从已固定的压型钢板顶底部至屋面的六边或完成线的距离,以保证所固定的钢板与完成线平行。若需调整,则可以在以后的安装和固定每一块板时很轻微地进行扇形调整,见图5-83。

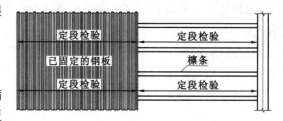

| 定段检验 | 定段检验 |
| 已固定的钢板 | 檩条 |
| 定段检验 | 定段检验 |

图 5-83　调整示意图

g. 收尾。

(a)密封。

全部固定完毕后,用擦布将板材搭接处清理干净,涂满密封膏,用密封膏枪打完一段后再用手轻擦使之均匀。泛水板等防水点处应涂满密封膏。

(b)清理检修。

当天退场前应清理废钉、杂物,以防氧化生锈。工程全部完工后应全面清理杂物,检查已做好的地方是否按要求做好,如不符合要求马上进行翻修。

### 5.2.1.4　墙面围护系统钢结构的安装

墙面围护系统主要包括墙面檩条、拉条、斜拉条、撑杆、墙面隔撑、墙面金属板或夹芯板、门窗等构件。

墙面隔撑的设置间距一般没有必要由下至上全高设置,一般在柱顶部及窗上下檩条处设置即可。

(1)墙面外板安装流程

墙面外板安装流程见图5-84。

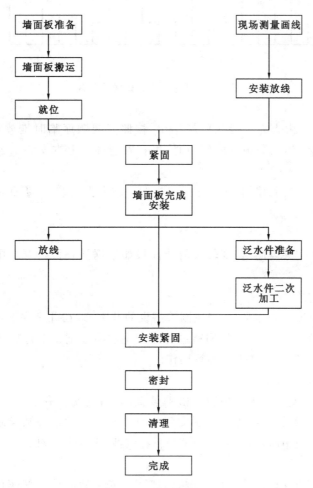

图 5-84　墙面外板安装流程

（2）墙面板安装

① 安装放线。

彩板屋面和墙面是预制装配结构。安装前的放线工作对后期安装质量起保证作用，需有效控制，不可忽视。

安装放线前应先对墙面檩条等进行测量，主要对整个墙面的平整度和墙面檩条的直线度进行检查，对达不到安装精度要求的部分进行修改。对施工偏差进行记录，并针对偏差提出相应的安装对策。

根据排板设计确定排板起始线的位置。施工中，先在墙面檩条上标定出起始点，即沿高度方向在每根墙面檩条上标出排板起始点，各个点的连线应与建筑物的纵轴线相垂直，再在板的宽度方向每隔几块板继续标注一次，以限制和检查板安装累积偏差，见图 5-85。

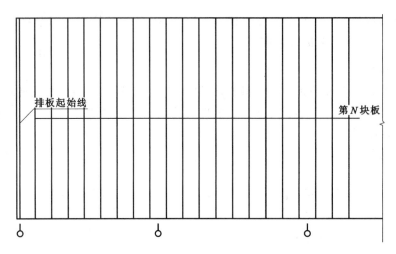

图 5-85　确定排板起始线的位置

② 墙面板的吊装。

墙面板到施工现场后，可由人力将板从堆场抬出，按照安装顺序临时堆放在安装位置。在安装部位的上方由人力直接拉动吊装，当墙面板高度较高时，可在安装部位上方安装一定滑轮，采用人力拉升进行吊装。

吊装时以单块板的形式吊装到墙面，将板在边缘提起。在向上吊装时，下面应由人力托起，避免墙板与地面产生摩擦而导致折弯。

③ 安装方向。

墙面板的安装方向为逆主导风向，长度较长的墙面板如根据深化设计要求中间搭接的情况下，墙面板的搭接长度必须大于 15 cm。

④ 安装过程及安装方法。

墙面板安装垂直施工通道与操作平台，采用圆管搭设的井字梯，在井字梯下面可安装轮子，以便井字梯水平移动。当井字梯移动到位后，应将井字梯通过麻绳或钢丝绳在钢柱上每隔 6 m 进行固定，并将井字梯的顶部与檐口位置相固定，固定后才能上人进行操作。

（3）墙面泛水板、包边配件的安装

墙面泛水板、包边配件的安装的重点是做到横平竖直，墙面板安装完毕后应对配件的安装进行二次放线，以保证檐口线、窗口、门口和转角线等的水平度和垂直度。应采用线锤从顶端向下测量，以调整包边的垂直度。在安装门窗的垂直包角时，应从上层门窗向下挂线锤，做到上下对齐。

（4）墙面檩条等构件的安装

墙面檩条等构件的安装应在柱调整定位后进行，墙面檩安装后应用拉杆螺栓调整平直度，其允许偏差应符合表 5-29 的规定。

表 5-29                                                墙面系统钢结构安装的允许偏差

| 序号 | 项目 | 允许偏差/mm |
|------|------|-------------|
| 1 | 墙柱垂直度（H 为立柱高度） | H/1000，且不应大于 10.0 |
| 2 | 立柱侧向弯曲（H 为立柱高度） | H/1000，且不应大于 15.0 |
| 3 | 桁架垂直度（H 为桁架高度） | H/250<br>15.0 |
| 4 | 墙面檩条间距 | ±5.0 |
| 5 | 檩条侧向两个方向弯曲（H 为墙面高度） | H/750<br>12.0 |

（5）紧固自攻螺丝

在紧固自攻螺丝时，应掌握紧固的程度，不可过度。过度会使密封垫圈上翻，甚至将板面压得下凹而积水；紧固不够会使密封不到位而出现漏雨。目测检查拧紧程度的方法是看垫板周围的橡胶是否被轻微挤出，如图 5-86 所示。

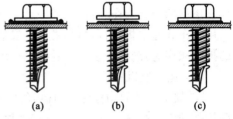

图 5-86  紧固情况
（a）紧固太紧；（b）紧固太松；（c）正确的紧固

#### 5.2.1.5  平台、钢梯及栏杆的安装

钢平台系统主要应用于轻钢门式刚架厂房内部需要改造或增设办公区、值班人员居住区或单独存放某些产品的小仓库的情况。

钢平台系统包括楼梯、扶手、安全入口，适用于厂房、库区空间的二度利用和开发。钢平台系统可自由拆装，可以根据客户的要求设计、制作，平台下面可根据实际需要用于不同的使用范围，如摆放货架、做成小房间、存放大型设备等；平台上面可用于仓储货物、设备，或安管人员居住等。

① 钢平台、钢梯、栏杆的安装应符合现行国家标准《固定式钢梯及平台安全要求  第 1 部分：钢直梯》（GB 4053.1—2009）和《固定式钢梯及平台安全要求  第 2 部分：钢斜梯》（GB 4053.2—2009）、《固定式钢梯及平台安全要求  第 3 部分：工业防护栏杆及钢平台》（GB 4053.3—2009）的规定。

② 平台钢板应铺设平整，与承台梁或框架密贴、连接牢固，表面有防滑措施。

③ 栏杆安装连接应牢固可靠，扶手转角应光滑。

④ 平台、钢梯和栏杆安装的允许偏差应符合表 5-30 的规定。

⑤ 平台、钢梯和栏杆宜与主要构件同步安装。

表 5-30                                             平台、钢梯、栏杆安装的允许偏差

| 序号 | 项目 | 允许偏差/mm |
|------|------|-------------|
| 1 | 平台标高 | ±15.0 |
| 2 | 平台支柱垂直度（H 为支柱高度） | H/1000<br>15.0 |
| 3 | 平台梁水平度（L 为梁长度） | L/1000，且不应大于 20.0 |
| 4 | 承台平台梁侧向弯曲（L 为梁长度） | L/1000，且不应大于 10.0 |
| 5 | 承台平台梁垂直度（H 为平台梁高度） | H/250<br>15.0 |
| 6 | 平台垂直度（1 m 范围内） | 6.0 |
| 7 | 直梯垂直度（H 为直梯高度） | H/1000<br>15.0 |
| 8 | 栏杆高度 | ±15.0 |
| 9 | 栏杆立柱间距 | ±15.0 |

### 5.2.2 多高层钢框架安装

本工程实例参见第4.2.2节。

#### 5.2.2.1 施工现场准备

（1）吊装机具

对于汽车式起重机，直接进场即可进行吊装作业；对于履带式起重机，需要组装好后才能进行钢构件的吊装；塔式起重机（塔吊）的安装和爬升较为复杂，要设置固定基础或行走式轨道基础。当工程需要设置几台吊装机具时，要注意机具不要相互影响。

①塔吊基础设置。

严格按照塔吊说明书，结合工程实际情况，设置塔吊基础。

②塔吊安装、爬升。

列出塔吊各主要部件的外形尺寸和重量，选择合理的机具，一般采用汽车式起重机来安装塔吊。

塔吊的安装顺序为：标准节→套架→驾驶节→塔帽→副臂→卷扬机→主臂→配重。塔吊的拆除一般也采用汽车式起重机进行，但当塔吊是安装在楼层里面时，则采用拔杆及卷扬机等工具进行塔吊拆除。塔吊的拆除顺序为：配重→主臂→卷扬机→副臂→塔帽→驾驶节→套架→标准节。

（2）运输通道和堆放场

①加工成型的钢构件，按现场的施工进度要求，分期分批配套运到现场堆放，应把柱、梁等各类构件，按照构件的安装顺序，分区、分类进行堆放。

②构件堆放场地要平整、干燥，不同型号的构件不要上下叠放。同一型号上下叠放时，上下各层垫木要在一条垂直线上，防止构件压弯变形。

③枕木长度为2 m左右。

④根据现场构件的吊装顺序，如要分层堆放时，先吊装的构件应放在上层。

⑤钢构件按分层、分段的安装顺序运进现场，先安装的先运，不是本流水段本节柱安装用的构件不能提前运进现场。

⑥在堆放的垛之间留出1 m左右的通道，满足清点、绑扎和起吊要求。

⑦钢柱、钢梁平放时应在层与层之间用枕木隔开，但堆放高度不宜大于堆垛宽度的2倍。柱、梁构件堆放与支垫见图5-87。

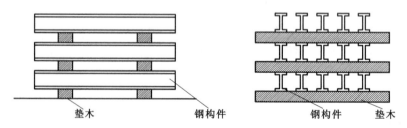

图 5-87 柱、梁构件堆放与支垫

（3）构件的质量检查、验收

①构件质量的检查要点。

a.检查构件和配套件的出厂合格证、材质证明和材料的复试报告、焊缝外观质量与无损检测报告、焊接工艺评定、施工试验报告以及同批交验的施工技术资料。

b.检查进场构件的外观质量、构件的挠曲变形、节点板表面损坏与变形、焊缝外观质量、有摩擦面抗滑移系数要求的表面喷砂质量。

c.检查构件的几何尺寸，特别是两端铣平时，要检查构件长度（应将焊接收缩值和压缩变形值计入构件的长度内）以及平面度、垂直度。检查安装焊缝坡口尺寸精度、构件连接处的截面几何尺寸、孔径大小及位置、焊钉数量及位置等。在检查构件外形尺寸、构件上的节点板、螺栓孔等时，应以构件的中心线为基准进行检查，不得以构件的棱边、侧面为基准线进行检查，否则可能导致误差。

② 各种构件加工外形尺寸的允许偏差。

各种构件加工外形尺寸的允许偏差见表 5-31～表 5-34。

表 5-31            焊接 H 型钢的允许偏差

| 项目 | | 允许偏差/mm | 图例 |
|---|---|---|---|
| 截面高度 h | $h<500$ | ±2.0 | |
| | $500\leqslant h\leqslant 1000$ | ±3.0 | |
| | $h>1000$ | ±4.0 | |
| 截面宽度 b | | ±3.0 | |
| 腹板中心偏移 | | 2.0 | |
| 翼缘板垂直度 △ | | $b/100$,且不大于 3.0 | |
| 弯曲矢高 | | $L/1000$,且不大于 10.0 | |
| 扭曲 | | $h/250$,且不大于 5.0 | |
| 腹板局部平面弯曲度($f$) | $t<14$ | 3.0 | |
| | $t\geqslant 14$ | 2.0 | |

表 5-32            多节钢柱外形尺寸的允许偏差

| 项目 | | 允许偏差/mm | 检查方法 | 图例 |
|---|---|---|---|---|
| 一节柱高度 H | | ±3.0 | 用钢尺检查 | |
| 两端最外侧安装孔距离 $l_3$ | | ±2.0 | | |
| 柱底铣平面到牛腿支承面的距离 $l_1$ | | ±2.0 | | |
| 铣平面到第一个安装孔的距离 a | | ±1.0 | | |
| 柱身弯曲矢高 f | | $H/1500$,且不大于 5.0 | 用拉线检查 | |
| 一节柱的柱身扭曲 | | $h/250$,且不大于 5.0 | 用拉线、吊线和钢尺检查 | |
| 牛腿端孔到柱轴线距离 $l_2$ | | ±3.0 | 用钢尺检查 | |
| 牛腿的翘曲 △ | $l_2\leqslant 1000$ | 2.0 | 用拉线、直角尺和钢尺检查 | |
| | $l_2>1000$ | 3.0 | | |
| 柱截面尺寸 | 连接处 | ±3.0 | 用钢尺检查 | |
| | 其他处 | ±4.0 | | |
| 柱脚底板平面度 | | 5.0 | 用直尺和塞尺检查 | |

续表

| 项目 | | 允许偏差/mm | 检查方法 | 图例 |
|---|---|---|---|---|
| 翼缘板对腹板的垂直度 | 连接处 | 1.5 | 用直角尺和钢尺检查 | |
| | 其他处 | $b/100$，且不大于 5.0 | | |
| 柱脚螺栓孔对柱轴线的距离 $a$ | | 3.0 | 用钢尺检查 | |
| 柱身板平面度 | | $h(b)/150$，且不大于 5.0 | 用直尺和塞尺检查 | |

表 5-33 　　　　　　　　　　　　　　**焊接实腹钢梁外形尺寸的允许偏差**

| 项目 | | 允许偏差/mm | 检验方法 | 图例 |
|---|---|---|---|---|
| 梁长度 $l$ | 端部有凸缘支座板 | $0$ $-5.0$ | 用钢尺检查 | |
| | 其他形式 | $\pm l/2500$ $\pm 10.0$ | | |
| 端部高度 $h$ | $H \leqslant 2000$ | $\pm 2.0$ | | |
| | $h > 2000$ | $\pm 3.0$ | | |
| 拱度 | 设计要求起拱 | $\pm l/5000$ | 用拉线和钢尺检查 | |
| | 设计未要求起拱 | $10.0$ $-5.0$ | | |
| 侧弯矢高 | | $l/2000$，且不大于 10.0 | | |
| 扭曲 | | $h/250$，且不大于 10.0 | 用拉线、吊线和钢尺检查 | |
| 腹板局部平面度 | $t \leqslant 14$ | 5.0 | 用 1 m 直尺和塞尺检查 | |
| | $t > 14$ | 4.0 | | |
| 梁端板的平面度(只允许凹进) | | $h/500$，且不大于 2.0 | 用直角尺和钢尺检查 | |
| 梁端板与腹板的垂直度 | | $h/500$，且不大于 2.0 | 用直角尺和钢尺检查 | |

表 5-34                                   端部铣平的允许偏差

| 项目 | 允许偏差/mm |
|---|---|
| 两端铣平时构件长度 | ±2.0 |
| 两端铣平时零件长度 | ±0.5 |
| 铣平面的平面度 | 0.3 |
| 铣平面对轴线的垂直度 | $l/1500$ |

### 5.2.2.2 钢结构安装

（1）钢柱安装

① 钢柱地脚螺栓的埋设。

本工程地脚螺栓的形式见图 5-88。

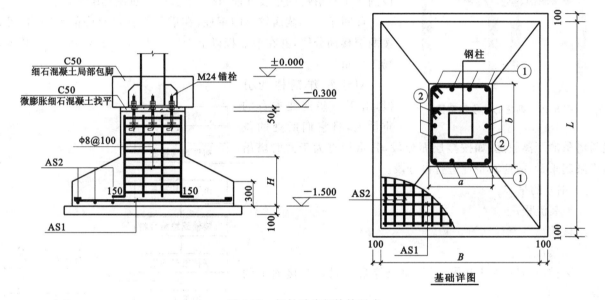

**图 5-88 钢柱地脚螺栓的形式**

钢柱地脚螺栓埋设施工具体埋设方法如下：

a. 固定板加工。

每个柱脚地脚螺栓加工一个定位钢板，钢板采用"660 mm×660 mm×8 mm"，定位钢板加工大小、开孔尺寸同柱脚板。

b. 地脚螺栓加长。

为保证地脚螺栓能有两点固定，把地脚螺栓加长至底板钢筋位置，在工厂完成。

c. 安装顺序。

地脚螺栓的安装顺序为：钢筋绑扎→上铁钢筋绑扎→地脚螺栓就位→测量调整→下部固定、箍筋固定→定位板固定→地脚螺栓再次校核就位。

d. 测量定位校正。

在钢板上作定位中线，在现场两个方向架设经纬仪对其进行校正。完成轴线上柱子的固定后，再统一进行最后校核，保证在一条轴线上。

e. 地脚螺栓最终定位。

螺栓位置确定后，再次用经纬仪找准轴线无误后，将定位钢板与底板上铁加钢筋点焊固定，混凝土浇筑前将上部螺栓丝扣保护起来。

f.混凝土浇筑。

安装完毕后,等待浇筑混凝土。在浇筑顶板混凝土前,检查锚栓的轴线和垂直度,以及固定是否牢固。严禁振捣棒接触螺栓杆,并派人负责看守。

g.上部钢板去除。

混凝土终凝后,用气焊烧掉固定用的钢筋,取出定位板,并对柱范围内混凝土进行凿毛处理。

h.找钢柱底标高。

混凝土浇筑后,在底板上弹出轴线,如发现螺栓有超过允许的偏移,按1:6坡度调直螺栓,再将设计要求的柱底标高弹在柱子钢筋上,以此作为无收缩混凝土标高。

图5-89 钢柱的分段示意图

② 钢柱的分段。

按照《钢结构设计规范》(GB 50017—2003)、《钢结构焊接规范》(GB 50661—2011)有关规定,同时考虑其长度均在运输要求之内,根据各区的楼层面分段,在梁柱节点以上1000~1300 mm处断开,以便现场施工。同时根据塔吊的工作性能,经过计算得出大部分钢柱的分段满足单机塔吊的吊装性能,钢柱的分段示意图见图5-89。

而对于一些截面较小的钢柱,在塔吊起重量允许的范围内,可以按两层楼面分段,并在节点板以上1000~1300 mm处断开,以减少现场工作量。

对于特殊钢柱的分段,由于一些钢柱本身的重量大,且它们所处的位置与塔吊的距离较远,如按楼层面分段,其重量将大于此时塔吊的极限起重量,故应对钢柱进行再分段。

③ 钢柱的吊装。

a.吊装流程。

钢柱的吊装流程见图5-90。

b.吊装准备。

吊装前应清除柱身上的油污、泥土等杂物以及连接面上的浮锈。

检查钢柱质量符合设计要求后,在柱身上测放出十字中心线,并在上下端适当部位用白色或红色油漆标出中心标记,以便就位对中和校正钢柱垂直偏差。

在构件弹线的同时,应按照施工图,核对构件上的编号标记,对不齐全、不明显的,应加以补编,不易判别方向的应在构件上加以标明,以免装错。

将吊索具、防坠器、缆风绳、爬梯、溜绳等固定在钢柱上的相应位置上,固定要牢靠。

准备好柱脚螺母的扳手(规格根据螺栓的大小确定)及加力杆、柱脚板下的调整垫铁。

c.吊点选择及起吊方式。

(a)吊点选择。

利用专用吊具与柱身上端安装耳板吊装孔连接作为四吊点。

(b)起吊方式。

通过吊索,与塔吊吊钩连接,起吊时采用单机回转法起吊。起吊前,钢柱应横放在垫木上,柱脚板位置垫好木板或木方,起吊

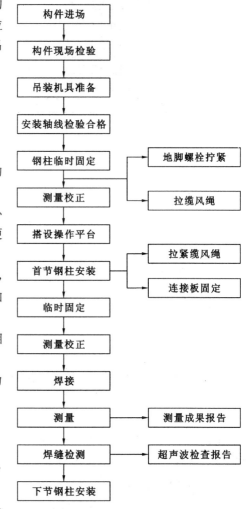

图5-90 钢柱的吊装流程

时,不得使柱的底端在地面上有拖拉现象。钢柱起吊时必须边起钩,边转臂,使钢柱垂直离地,见图5-91。

　　d.临时固定。

　　钢柱的临时固定见图5-92,柱脚固定架见图5-93。

　　当钢柱吊到就位上方200 mm时,停机稳定,对准螺栓孔和十字线后,缓慢下落,下落中应避免磕碰地脚螺栓丝扣。当柱脚板刚与基础接触后应停止下落,检查钢柱四边中心线与基础十字轴线的对准情况,四边要兼顾。如有不符,应立即进行调整。调整时,需三人操作,一人移动钢柱,一人协助稳固,另一人进行检测。经调整,钢柱的就位偏差控制在3 mm以内后,再下落钢柱,使之落实。收紧四个方向的缆风绳,拧紧临时连接板的螺栓或地脚螺栓的锁紧螺母。如受环境条件限制,不能拉设缆风绳时,可采用在相应方向上以硬支撑的方式进行临时固定和校正。

　　e.测量校正。

　　钢柱标高的调整见图5-94。

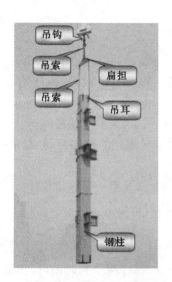

图5-91　钢柱吊装实例

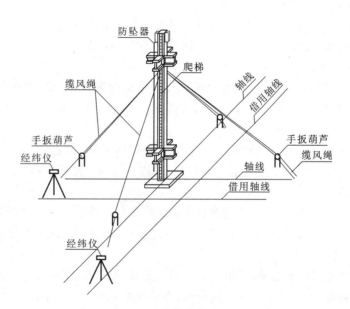

图5-92　钢柱的临时固定

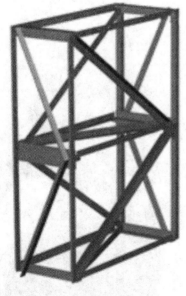

图5-93　柱脚固定架

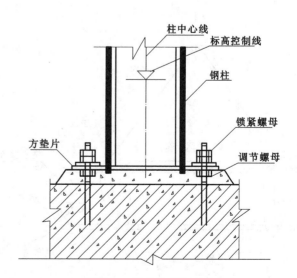

图5-94　钢柱标高的调整

　　(a)标高调整。先在柱身上标定标高基准点,然后以水准仪测定其偏差值,利用在柱脚底板下设置的调整螺母来调整柱的标高和垂直偏差。钢柱吊装前可通过水准仪先将调整螺母上表面的标高调整到与柱底板标高齐平。放上柱子后,利用底板下的螺母控制柱子的标高,柱子底板下预留的 50 mm 空隙用高一级混凝土浇灌密实,使用钢筋棍或 $\phi$30 振捣棒振实。同时为保证密实度,柱角板上开 4 个直径为 50 mm 透气孔,但整个开孔截面损失不得超过地脚板面积的 25%。

(b) 位移调整。标高调整好后,将钢柱四边中心线与基础的十字轴线对准,四边要兼顾,位移偏差要控制在 3 mm 以内。

(c) 垂直校正。先采用带磁性的双向水准的水平尺对钢柱垂直度进行初校,再利用纵横轴线上的全站仪或经纬仪,借助柱顶上缆风绳同下端各相连的手扳葫芦或硬支撑、调整螺母等将钢柱的垂直度调整到允许偏差范围后,将柱脚锁紧螺母拧紧固定。校正时应先校正偏差大的,后校正偏差小的。若两个方向偏差相近,则先校正小面,后校正大面。

(2) 钢梁安装

① 钢梁的吊装顺序。

钢梁的吊装紧随钢柱其后,当钢柱构成一个单元后,随后应将该单元的框架梁由下而上,与柱连接组成空间刚度单元,经校正紧固符合要求后,依次向四周扩展。

② 吊装前准备。

a. 吊装前,必须对钢梁定位轴线、标高,钢梁的编号、长度、截面尺寸、螺栓孔直径及位置,节点板表面质量,高强度螺栓连接处的摩擦面质量等进行全面复核,待符合设计施工图和规范规定后,才能进行附件安装。

b. 用钢丝刷清除摩擦面上的浮锈,保证连接面平整,无毛刺、飞边、油污、水、泥土等杂物。

c. 梁端节点采用栓-焊连接,应将腹板的连接板用一螺栓连接在梁的腹板相应的位置处,并与梁齐平,不能伸出梁端。

d. 节点连接用的螺栓,按所需数量装入帆布包内挂在梁端节点处,一个节点用一个帆布包。

e. 在梁上装溜绳、扶手绳,待钢梁与柱连接后,将扶手绳固定在梁两端的钢柱上。

③ 钢梁的附件安装。

a. 钢梁要用两点起吊,以吊起后钢梁不变形、平衡稳定为宜。

b. 为确保安全,钢梁在工厂制作时,在距梁端 0.2～0.3 倍梁长的地方,焊好两个临时吊耳,供装卸和吊装用。

c. 吊索角度选用 45°～60°,如图 5-95、图 5-96 所示。

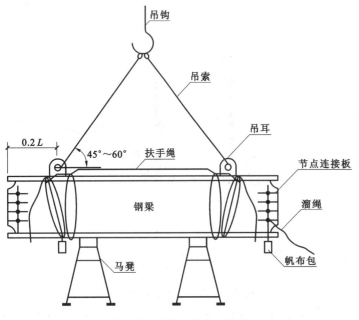

图 5-95　钢梁的绑扎与起吊

图 5-96　钢梁校正实例

④ 钢梁的起吊、就位与固定。

动臂式塔吊一钩多梁吊装见图 5-97 所示。钢梁起吊到位后,按设计施工图要求进行对位,要注意钢梁的轴线位置和正反方向。安装钢梁时应用冲钉将梁的孔打紧逼正,每个节点上用不少于两个临时螺栓连接紧固,在初拧的同时调整好钢柱的垂直偏差和梁两端焊接坡口间隙。

⑤ 第二节及以上主要构件的吊装。

安装上的构件要在当天形成稳定的空间体系。安装工作中任何时候都要考虑安装好的构件是否稳定牢固,因为随时可能由于停电、刮风、下雪而停止安装。

先直接将首层和二层钢柱安装完,然后对其实行校正。钢柱安装完毕后进行首层、二层钢梁的安装,然后进行首层顶板安装,待首层顶板施工完毕达到一定的强度后,进行三层、四层钢柱的安装,钢柱安装完毕后进行钢梁的安装,从而保证首层到四层为稳定体系,然后进行二层的顶板施工,待到三层顶板施工完毕后,再进行五至六层钢柱和钢梁安装,后续施工按此思路进行。

图 5-97 一钩多梁吊装

第二节及以上柱、梁、支撑等构件的吊装顺序,构件接头的现场焊接顺序,吊装工艺(吊装流程、吊装准备、吊点选择及起吊方式、临时固定和测量校正紧固、焊接等)与首节钢柱、梁、支撑的吊装基本相同,不同处仅有以下几点:

a. 柱-柱接头采用连接板螺栓将上下柱临时固定在一起。

b. 楼层上钢梁平面布置不同。

(3)节点安装

① 连接形式。

a. 首节钢柱。

首节钢柱是采用柱脚下的地脚螺栓连接固定,而第二节钢柱与首节钢柱接头连接是通过高强螺栓、普通六角螺栓、连接板将上下柱上的耳板临时连接固定,其连接形式如图 5-98 所示。

b. 钢柱间连接。

钢柱间的节点采用耳板连接,稳定后再实施焊接,最后把耳板割掉,如图 5-99 所示。

图 5-98 框架柱连接形式

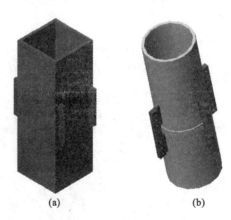

图 5-99 钢柱的临时连接
(a)箱形柱;(b)圆形柱

c. 钢柱与钢梁的连接。

楼面主梁与钢柱之间采用栓焊混合刚性连接,即腹板采用高强螺栓,上下翼缘采用现场焊接。高强螺栓配置原则为抗剪等强,采用 10.9 级。当螺栓直径小于 M24 时,采用扭转型;当螺栓直径大于 M24 时,采用大六角头。梁柱连接的节点形式有以下几种,如图 5-100、图 5-101 所示。

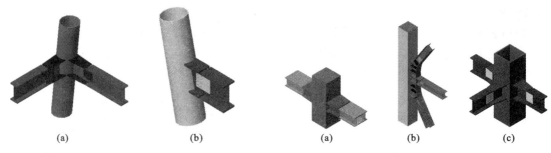

图 5-100　圆钢柱与钢梁的连接节点　　　　　图 5-101　箱形钢柱与钢梁的连接节点

（a）节点一；（b）节点二　　　　　　　　（a）节点一；（b）节点二；（c）节点二

② 施工顺序。

a.节点的位置偏差检查。

当完成了一个独立单元柱间,且所有梁的连接用高强螺栓初拧后,用水准仪和经纬仪校正柱子的水平标高和垂直度,节点吊装的位置偏差检查顺序如图 5-102 所示。

b.校正的方法。

校正前各节点的螺栓不能全部拧紧,有个别已拧紧的螺栓在校正前要略松开,以便校正工作的顺利进行。校正方法是在两柱之间安装交叉钢索和各设一个手扳葫芦,根据相垂直轴线上两经纬仪观测的偏差值拉动手扳葫芦逐渐校正其垂直度,同时校正柱网尺寸及轴线角度。经反复校正,全部达到要求后,即用测力扳手将柱脚螺栓拧紧,再逐层自下而上将梁与柱接头的螺栓拧紧。

柱子、框架梁、桁架、支撑等主要构件安装时,应在就位并临时固定后立即进行校正,并永久固定。不能使一节柱子高度范围的各个构件都临时连接,这样在其他构件安装时,稍有外力,该单元的构件都会变动,钢结构的尺寸将不易控制,也很不安全。

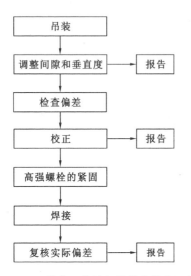

图 5-102　节点吊装的位置偏差检查顺序

### 5.2.3　平板网架安装

下面通过取某工程中的一个网架标准单元来说明网架的安装工艺。

#### 5.2.3.1　工程概况

某游泳馆屋盖网架平面尺寸为124.94 m×35.52 m,为正放四角锥单层、双层组合网架结构,靠近两侧支座的网架单元格为双层网架,其高度为2.1 m和2.4 m,中间的网架高度为2.4 m,平面网格尺寸为3.2 m,效果图如图 5-103 所示。

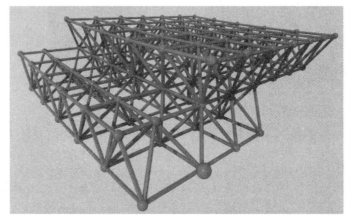

图 5-103　游泳馆屋盖网架效果图

游泳馆钢结构工程节点形式为螺栓球节点,螺栓球规格为 BS280。

### 5.2.3.2   工程典型节点

典型节点形式如图 5-104 所示。

(a)

(b)

(c)

**图 5-104   钢网架典型节点**

(a) 螺栓球节点;(b) 焊接球节点;(c) 支座节点

### 5.2.3.3   施工方案对比、选择

游泳馆主体结构为正放四角锥单层、双层组合网架结构,且整个屋盖结构东西立面为波浪形。结构宽度为 35.52 m,长度为 124.94 m。屋盖在长度方向上通过伸缩缝分成两个单元,根据其自身及下部结构特点,游泳馆可选用的方案如下。

① 高空散装法,即在网架结构下方搭设满堂脚手架,然后在原位进行拼装。

② 分块吊装法,即将网架结构划分成若干单元,网架单元进行地面拼装后,在结构单元下方设置临时支撑架,利用大型起重设备将网架单元吊装就位。

③ 外扩顶升法,即将网架单元划分成若干个区域,在结构下方设置多个顶升点。第一个结构单元拼装完成后,向上顶升一段距离,然后向外扩张拼装网架单元,再继续向上顶升、拼装,如此反复,直到结构安装完成。

④ 结构累积滑移,即在高空搭设一定宽度的拼装平台,两侧设置滑移轨道,在拼装平台上进行网架拼装,形成一个单元后,将结构单元顶推出一个单元距离,然后再拼装第二个单元,再继续向前推移,如此反复,将整个结构施工完成。

通过上述几种方法的综合比较后,本工程最终采用分块吊装法施工。

### 5.2.3.4   安装总体流程

游泳馆网架结构安装总体流程见表 5-35。

表 5-35                                     安装总体流程

| 步骤 | 实体图 | 示意图 | 说明 |
|---|---|---|---|
| 1 |  |  | 土建主体结构安装完成,大型吊机进场,网架单元地面拼装,部分临时支撑架安装到位,网架单元地面拼装 |

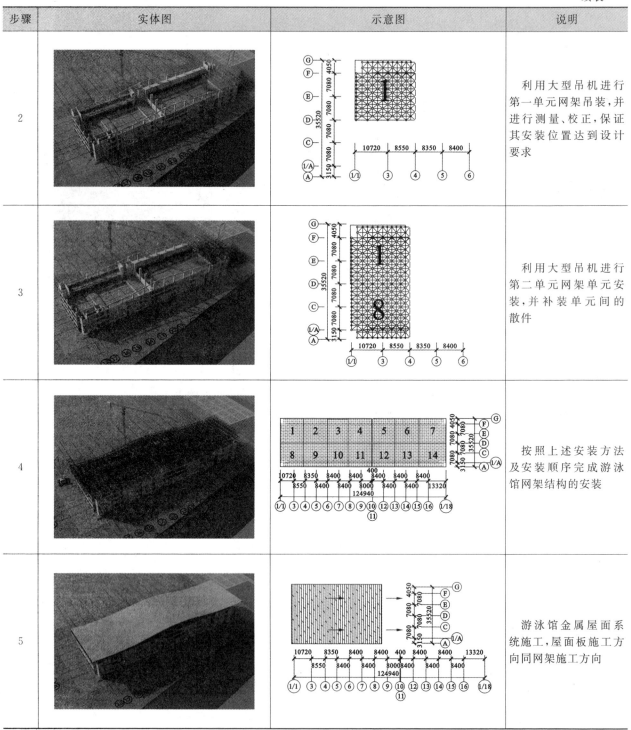

续表

| 步骤 | 实体图 | 示意图 | 说明 |
|---|---|---|---|
| 2 | | | 利用大型吊机进行第一单元网架吊装,并进行测量、校正,保证其安装位置达到设计要求 |
| 3 | | | 利用大型吊机进行第二单元网架单元安装,并补装单元间的散件 |
| 4 | | | 按照上述安装方法及安装顺序完成游泳馆网架结构的安装 |
| 5 | | | 游泳馆金属屋面系统施工,屋面板施工方向同网架施工方向 |

**5.2.3.5 网架分块吊装总体思路**

游泳馆下部主体结构有跳水池和游泳池,且两侧有看台,屋盖距离下部高度较高且下部结构不规则,通过多方案比较后,最终采用分块吊装法进行安装。分块安装法的总体思路是:将网架沿跨度方向中间位置分成两部分,每一个单元在柱距方向上按两个柱距为一个单元进行划分,整个游泳馆共分成 14 个吊装单元,吊装时由一端向另一端推进,单元中间设置临时支撑,单元间散件高空拼装,完成整个屋盖网架的安装。

**5.2.3.6 分块单元划分及质量统计**

根据游泳馆屋盖网架安装总体思路,采用 100 t 履带吊机分块吊装。将屋盖钢结构在跨度方向上分成两部分,在沿柱距方向上每两个柱距为一个吊装单元,按照此分段原则,单元的最大质量约为 18.5 t。其他分块单元划分形式及质量统计如图 5-105 所示。

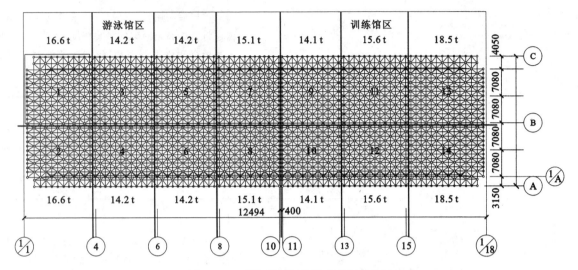

图 5-105　分块单元划分形式及质量统计

### 5.2.3.7　设备选择及工况分析

根据现场的场地情况以及结构特点,游泳馆选用分块吊装法进行安装,吊装的机型选用主臂为 45 m、型号为 SCC1000 型 100 t 履带吊机,根据单元的分块形式,100 t 履带吊机完全能满足吊装要求,如图 5-106 所示。

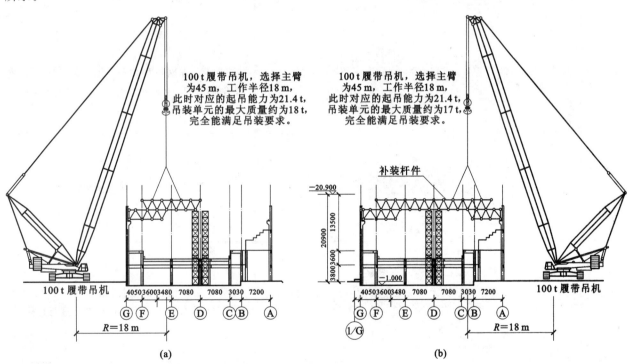

图 5-106　履带吊机吊装工况分析图

### 5.2.3.8　网架单元的拼装方案

游泳馆网架单元的拼装方案见表 5-36。

表 5-36                          网架单元的拼装

| 步骤 | 示意图 | 说明 |
|---|---|---|
| 1 | | 放样后利用托盘进行下弦球定位,网架球的定位将直接影响网架的拼装精度,球节点定位时要利用全站仪进行测量,所有球的控制点将通过 CAD 导出的坐标点控制 |
| 2 | | 连接下弦杆件,杆件连接时,要确保球节点不偏位、跑位。遇到焊接球杆件两端需要焊接时,切勿两端同时施焊 |
| 3 | | 用脚手架搭设支撑胎架,进行上弦球定位,上弦球的定位,刚度、强度都要满足设计要求 |
| 4 | | 安装第一排网格的腹杆,第三排网格的下弦杆,设置第四排网格的焊接球,并相应地设置托架 |
| 5 | | 安装第二排网格的腹杆,第一排网格的上弦杆,第四排网格的下弦杆,第三排网格的上弦球 |
| 6 | | 以此类推,各道工序间相互流水作业 |
| 7 | | 安装第四排网格的腹杆,第三排网格的上弦杆。此时,先安装好的网架可以全部进行焊接 |
| 8 | | 按照以上步骤,完成网架拼装 |

5.2.3.9　网架安装技术措施

（1）吊点的选择

在网架分块吊装过程中，如何选择吊点，保证结构吊装过程中的稳定和对位时的准确，是一个重点。网架分块吊装如图 5-107 所示。

图 5-107　网架分块吊装

（2）吊装方式的选择

由于本工程为焊接球、螺栓球网架，在吊点确定以后，不能使用常规的吊耳吊装，故选择球穿线吊装的方式进行，即钢丝绳穿过焊接球两侧进行吊装，如图 5-108 所示。

（3）支座的处理

支座球与网架结构连成整体后安装，与网架同步起吊，以减小屋盖的高空对接量，如图 5-109 所示。

图 5-108　网架吊装图

图 5-109　柱顶球形支座

（4）支架顶千斤顶对结构的调节

结构在空中姿态调节完成后，进行落位工作。此时，除部分分块在边侧位置有混凝土柱作为支撑外，其他全部支撑为胎架临时支撑，拟每个分块设置四个支撑。

根据结构特点，在宽度（跨度）方向上为主要受力。为保证结构的顺利对接，在所有的支撑架顶端全部设置千斤顶，用于调节施工过程中的垂直标高，保证后期可进行整体卸载，所有网架安装位置符合要求，如图 5-110 所示。

（5）支撑架的设置

本工程支撑架的高度不高，但为保证整体稳定性，除了常规的缆风绳外，还将部分相对较近的网架支撑连接起来，以增加整个支撑体系的侧向刚度，如图 5-111 所示。

图 5-110 千斤顶设置

图 5-111 支撑架连接示意图

## 知识归纳

本章从两个部分对钢结构安装进行了讲解,第一部分为钢结构安装的基础知识,系统地阐述了门式刚架、钢框架以及网架结构的施工准备、安装工艺和安装方法以及施工质量检验等方面的知识;第二部分为钢结构安装案例分析,以实际工程为背景,讲述三种不同类型结构的安装过程和施工技术方案。

## 独立思考

5-1 谈谈你对钢结构安装工作特点的认识。

5-2 结合你具体参与或了解的钢结构安装工程,谈谈你对影响钢结构安装质量的主要因素的看法。

5-3 钢结构安装,尤其是大跨、重型构件安装和高空作业面临较大的安装风险,请你从技术角度谈谈减少风险应注意哪些方面。

5-4 负责钢结构安装需要有较强的综合工程能力,参与安装实践有利于培养多方面能力,请谈谈你对此的认识。

5-5 你认为钢结构安装对培养实践能力有何作用?

5-6 你认为钢结构安装对培养创新能力有何作用?

## 参考文献

[1] 中华人民共和国建设部,中华人民共和国国家质量监督检验检疫总局.GB 50017—2003 钢结构设计规范[S].北京:中国计划出版社,2003.

[2] 中华人民共和国建设部.JGJ 81—2002 建筑钢结构焊接技术规程[S].北京:中国建筑工业出版社,2002.

[3] 中华人民共和国国家质量监督检验检疫总局,中华人民共和国建设部.GB 50205—2001 钢结构工程施工质量验收规范[S].北京:中国计划出版社,2001.

[4] 王新堂.钢结构设计[M].上海:同济大学出版社,2005.

[5] 沈祖炎,陈以一,陈扬冀.房屋钢结构设计[M].北京:中国建筑工业出版社,2008.

[6] 中国钢结构协会.建筑钢材手册[M].北京:人民交通出版社,2005.

[7] 李社生.钢结构工程施工[M].北京:化学工业出版社,2010.

[8] 刘声扬.钢结构[M].北京:中国建筑工业出版社,2004.

[9] 《钢结构制作安装便携手册》编委会.钢结构制作安装便携手册[M].北京:中国计划出版社,2008.

[10] 董军.钢结构基本原理[M].重庆:重庆大学出版社,2011.

[11] 戚豹.钢结构工程施工[M].重庆:重庆大学出版社,2010.

[12] 李顺秋.钢结构制造与安装[M].北京:中国建筑工业出版社,2005.

[13] 筑龙网.钢结构工程施工方案编制指导与范例精选[M].北京:机械工业出版社,2011.

# 6

# 实验室训练

## 课前导读

▽ 内容提要

　　通过钢结构课内外的实验环节，培养学生的钢结构实践能力和创新能力，是一种有效和便捷的途径。由于历史原因，我国高校开设钢结构课程实验并不普遍，近年来有所改善。本章通过典型的钢结构课程实验介绍，旨在提供一种钢结构课程实验室训练的示范。

▽ 能力要求

　　通过本章的学习，学生应掌握基本的钢结构原理，基本构件及连接的设计方法；掌握千斤顶、应变仪、位移计等常规仪器设备的使用方法，应变片粘贴技术；了解其他的常用设备；学会整理实验资料，撰写实验报告。

## 6.1 钢结构实验基本知识 >>>

钢结构的实验环节一般是针对钢结构基本原理开设的。

### 6.1.1 钢结构基本原理实验课程的目的

钢结构基本原理实验课程应该是所有学习专业基础课"钢结构基本原理"的学生的同步必修课。其目的是使学生通过实验加深对钢结构基本概念和基本理论的理解,对钢构件和钢结构连接的实验技能进行训练,同时培养学生的创新意识。

### 6.1.2 实验准备

(1) 实验设计

实验前应根据实验目的进行实验设计。实验设计一般包括下列内容:① 试件设计和制作;② 实验装置设计;③ 加载方案设计;④ 测试方案设计;⑤ 实验进度计划制订。

(2) 试件检查

试件进场前需进行检查,检查的内容包括:① 对试件进行外观检查,检查是否存在显著的焊接残余变形、板件缺口、裂纹等明显缺陷。② 测量试件的长度、截面等实际几何尺寸并进行记录,典型的记录表格如表 6-1 所示。③ 测量试件的初始挠曲并作出书面记录。

表 6-1 试件几何参数实测记录表 (单位:mm)

| 几何参数 截面 | 截面 1 | 截面 2 | 截面 3 | 截面 4 | 截面 5 | 平均值 |
|---|---|---|---|---|---|---|
| 截面高度 $h$ | | | | | | |
| 截面宽度 $b$ | | | | | | |
| 翼缘板厚度 $t_f$ | | | | | | |
| 腹板厚度 $t_w$ | | | | | | |
| 支座间距 $L$ | | | | | | |

(3) 仪器设备标定

为了确定仪器设备的灵敏度和精度,确定实验数据的误差,应该在实验前或实验后对仪器设备进行标定。仪器标定可按两种情况进行,一是对仪器进行单件标定,二是对仪器系统进行系统标定。单件标定可以确定某一件仪器的灵敏度和精度。系统标定可以确定某些仪器组成的系统的灵敏度和精度。

(4) 试件安装

试件运至实验现场后,需进行试件安装,具体工作包括:① 试件和加载设备的安装就位;② 应变片粘贴;③ 位移计架设;④ 导线连接;⑤ 安全与防护措施的设置。

(5) 材料力学性能试验

材料试件从与试件所用同批钢材中取样,并根据国家标准《金属材料 拉伸试验 第 1 部分:室温试验方法》(GB/T 228.1—2010)进行试件设计和加工。拉伸试样在万能试验机上进行单向拉伸试验,试验机的加载速率应在 3～30 MPa/s 范围内。

通过材料拉伸试验,可以测得试件的屈服强度 $f_y$、极限强度 $f_u$、伸长率 $\delta$ 和弹性模量 $E$。试验结果的记录表格如表 6-2 所示。

表 6-2                                    试验结果

| 试件编号 | $f_y$/MPa | $f_u$/MPa | $\delta$/% | $E$/MPa |
|---|---|---|---|---|
| 1 | | | | |
| 2 | | | | |
| 3 | | | | |

### 6.1.3 实验报告

每位学生完成实验后,应对实验资料、实验过程、实验结果进行整理与分析,并独立撰写实验报告。实验报告是实验的总结,应当包括下列内容。

① 实验名称、实验组号、实验日期、实验报告撰写人姓名。

② 实验设计资料的整理与描述,包括:a.实验目的;b.实验原理;c.试件几何参数,包括名义几何参数和实测几何参数;d.材料的力学性能试验结果;e.实验装置、加载方式、测点布置概述;f.实验预分析过程和结果。计算中所用到的公式均需明确列出,并注明公式中各种符号所代表的意义。

③ 实验现象的描述,包括:a.实验过程和试件的变形形态描述;b.试件的最终破坏模式识别。

④ 数据处理和实验曲线绘制。

对测试数据应进行必要的运算或换算,统一计量单位,然后绘制能够反映试件受力特点、变形特征和失稳特性的典型实验曲线。这些实验曲线包括:荷载-位移曲线、荷载-应变曲线等。

需要说明的是,实验曲线的坐标轴应有明确的标识,并应说明其意义,单位一律采用国际单位制。实验的数据点应当用记号标出。当连接曲线时,不要用直线逐点连成折线,应当根据多数点的所在位置,描绘成光滑的曲线。

⑤ 实验结果的分析,包括:a.实验现象及破坏模式与实验曲线的相互解读;b.给出试件稳定承载力理论值的计算公式和计算过程,将该理论计算值与实测值进行比较,分析两者存在的差异及其可能原因。

⑥ 实验结论。

## 6.2 轴心受压杆件稳定实验 >>>

钢结构的轴心受压杆件,其稳定知识是理解其他构件稳定问题的基础,而且其失稳形式与构件的截面形状有重要关系,有利于开展系列实验。同济大学多年来一直以该系列实验作为培养学生钢结构实践能力的重要手段,现摘录其双轴对称的工字钢轴压杆件稳定实验,以作示范。

### 6.2.1 实验目的

① 了解工字形截面轴心受压钢构件的整体稳定实验方法,包括试件设计、实验装置设计、测点布置、加载方式、试验结果整理与分析等。

② 观察工字形截面轴心受压柱的失稳过程和失稳模式,加深对其整体稳定概念的理解。

③ 将柱子理论承载力和实测承载力进行比较,加深对工字形截面轴心受压构件整体稳定系数及其计算公式的理解。

### 6.2.2 实验原理

主要介绍轴心受压构件整体稳定的基本概念、失稳临界力理论计算公式。详细内容略。

### 6.2.3  实验设计

（1）试件设计

根据实验室反力架的尺寸以及千斤顶的最大行程与加载能力，如图 6-1 所示，本实验设计的试件主要参数如下。

① 试件截面：$h$、$b$、$t_w$、$t_f$ 为 100 mm、50 mm、3.2 mm、4.5 mm。

② 试件长度：$L$ 为 928 mm、1128 mm、1328 mm、1528 mm、1728 mm、1928 mm。

③ 钢材牌号：Q235B。

（2）实验装置设计

图 6-2 所示为工字形截面轴心受压构件整体稳定实验采用的实验装置，加载设备为千斤顶。构件竖向放置，千斤顶于构件上端施加压力，荷载值由液压传感器测得。

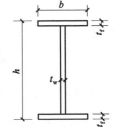

**图 6-1  工字形柱试件截面**

为了准确实现构件两端铰接的边界条件，设计了单刀口固定铰支座。单刀口支座具有良好的转动性能，实验中应注意刀口的摆放方向。由于工字形截面轴心受压构件主要发生绕弱轴的弯曲失稳，因此刀口可设置为与试件腹板平行。支座详图如图 6-3 所示。从图 6-3 可以看出，单刀口支座槽口板底面到转动中心（即刀口板到刀尖）的距离是 36 mm。

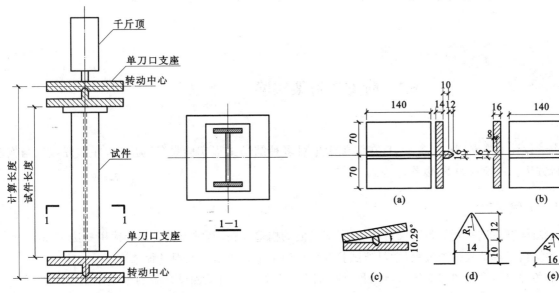

**图 6-2  工字形截面轴心受压构件整体稳定实验装置图**

**图 6-3  工字形截面轴心受压试件支座详图**
(a) 刀口板；(b) 槽口板；(c) 转动能力分析；
(d) 刀口详图；(e) 槽口详图

（3）加载方式

工字形截面轴心受压构件整体稳定实验采用单调加载，并采用分级加载和连续加载相结合的加载制度。在加载初期，当荷载小于理论承载力的 80% 时，采用分级加载制度，每次加载时间间隔为 2 min；当荷载接近理论承载力时，改用连续加载的方式，但加载速率应控制在合理的范围之内。在正式加载前，为检查仪器仪表工作状况和压紧试件，需进行预加载，预加载所用的荷载可取为分级荷载的前 3 级。

具体加载步骤如下：① 当荷载小于理论承载力的 60% 时，采用分级加载，每级荷载增量不宜大于理论承载力计算值的 20%；② 当荷载小于理论承载力的 80% 时，仍采用分级加载，每级荷载增量不宜大于理论承载力计算值的 5%；③ 当荷载超过理论承载力的 80% 以后，改用连续加载，加载速率一般控制在每分钟荷载增量不宜大于理论承载力计算值的 5%；④ 当构件达到极限承载力时，停止加载，但保持千斤顶回油阀为关闭状态，持续3 min 左右。由于构件达到了失稳状态，因此即使关闭回油阀，荷载仍然会下降，而试件的变形将继续发展；⑤ 最后缓慢平稳地打开千斤顶回油阀，将荷载逐渐卸载至 0。

（4）测点布置

实验中量测项目包括施加荷载、柱子中央的出平面侧移、应变变化情况等。图6-4给出了工字形截面轴心受压试件的应变片和位移计布置情况。在试件的中央布置了3个水平位移计，其中1个位移计平行于腹板放置，另外2个位移计平行于翼缘板放置，分别记为$D_1$、$D_2$、$D_3$；应变片共4片，布置在中央截面的翼缘外侧，分别记为$S_1$、$S_2$、$S_3$、$S_4$。

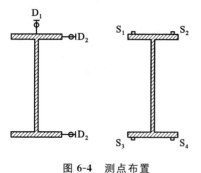

图6-4　测点布置

（5）实验预分析

实验前需要对试件失稳荷载的大致范围作出估算。

① 临界压力估算。

可按照两端简支的工字形截面理想轴心受压构件的临界压力公式计算。

② 极限承载力估算。

极限承载力估算根据《钢结构设计规范》(GB 50017—2003)的规定进行，即：

$$N_u = \varphi A f_y$$

需要指出的是，在计算极限承载力时采用的强度指标应是钢材屈服强度实测值$f_y$，而非强度设计值$f$。

（6）实验结果整理与分析

实验结束后，应及时对实验原始资料进行整理，同时做好实验数据的分析工作。详细要求可参考"实验报告"。

## 6.3　简支钢桁架实验　>>>

华侨大学设计了简支钢桁架实验，旨在锻炼学生对多种结构工程实验设备的应用，并掌握理论与实验的对比分析方法。现摘录如下，以作示范。

### 6.3.1　实验目的

① 认识结构静载试验用的各种仪器设备，了解它们的构造性能，并学习其安装和使用方法。

② 熟悉结构静载试验的全过程，学习其试验方法和试验结果的分析整理过程。

③ 了解各种仪器设备的主要技术指标及荷载-转角、荷载-位移自动测试系统的组成和使用方法。

### 6.3.2　实验内容

通过观察使用，认识下列各种仪器设备的外形，了解它们的构造、系统，并结合钢桁架的试验过程熟悉其工作原理、使用方法与注意事项。

Ⅰ.同步液压千斤顶油路系统及加载装置；

Ⅱ.静态电阻应变仪及动态电阻应变仪；

Ⅲ.电测位移传感器和机电百分表的使用方法；

Ⅳ.水准式倾角仪。

① 利用非破坏静力加载方法对6 m跨钢桁架进行试验。测定桁架各杆件内力、桁架挠度及上弦杆$O_1$的角变位，并验证理论计算的正确性。

② 了解静态应变自动测试的全过程，即：由电测位移计与电子倾角仪分别将参数信号输入动态电阻应变仪，经放大后输入到$X$-$Y$函数记录仪，记录下荷载-挠度、荷载-转角曲线。了解静态应变测量自动测试系统的配套方法。

### 6.3.3 试验荷载图式与测点布置

① 两个荷载 $P$ 分别作用于上弦节点 $A$、$C$ 处。利用同步液压千斤顶施加荷载,利用荷重传感器配套称重荷载显示仪控制荷载数值。

② 桁架下弦各节点安装机电百分表测量各级荷载下各节点挠度值,同时在两端支座处也安装机电百分表测量其支座沉降值,并据此修正,求得桁架受载后的下弦各节点的实际挠度值,最后绘制桁架实际弹性挠度曲线。

③ 利用水准式倾角仪测量上弦杆 $O_1$ 的转角(角变位)。

④ 利用电阻应变片测量桁架各杆件内力(通过电阻应变仪直接读数)。电阻应变片均需布置在每一杆件的中间截面重心上。具体测点布置详见图 6-5 及图 6-6。

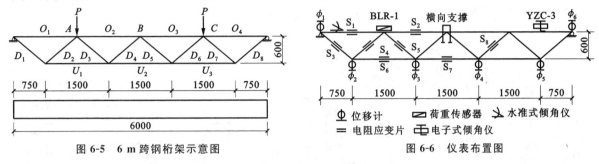

图 6-5  6 m 跨钢桁架示意图　　　　图 6-6  仪表布置图

### 6.3.4 实验步骤

① 桁架就位于固定的刚性台座上,其一端为固定铰支座,另一端为活动铰支座,并在上弦中间节点 B 处安装横向支撑,防止试验中桁架移出平面丧失整体或局部稳定。

② 按仪表布置图(图 6-6)在各测点上安装各种仪器仪表。

③ 对桁架进行预载试验,加载 6 kN。练习各种仪器仪表的测读方法并检查各种仪表工作是否正常,然后卸去荷载。

④ 在预载试验中,如发现试验装置及仪表安装有问题,必须及时加以调整。

⑤ 熟悉各类仪表的记录表格与记录方法,并将所有仪表的初读数记录于表格中,随后开始正式试验。

⑥ 利用同步液压千斤顶油路系统加载。每个加载点的最大荷载为 30 kN,每级荷载 6 kN,分五级进行,加至满载。每级荷载下持续 2 min 后同时进行全部仪表读数(达到满载阶段持续 3 min 后读数)。读完读数后即可施加下一级荷载。

⑦ 满载读数完毕后一次卸载,并记录读数(空载阶段持续 3 min 后读数)。

⑧ 试验数据处理与分析。理论计算桁架下弦节点的挠度、上弦杆 $O_1$ 的倾角、桁架杆件的应变;整理试验数据,舍弃不合理值,考虑支座沉陷修正桁架实际挠度值;比较理论结果与试验结果,分析差距产生的原因。

## 6.4  高强度螺栓连接抗剪实验  >>>

连接构造及其原理,是钢结构课程的一个重点内容,也是其区别于其他结构课程的特色内容。因此,开展各类连接实验教学很有价值。现摘录同济大学的高强度螺栓连接抗剪实验,以作示范。

### 6.4.1  实验目的

① 了解高强度螺栓连接抗剪实验方法,包括试件设计、实验装置设计、测点布置、加载方式、实验结果整理与分析等。

② 观察高强度螺栓连接在剪力作用下的破坏过程、破坏现象和破坏模式,加深对高强度螺栓连接承载机理和破坏模式的理解。

③ 将高强度螺栓按摩擦型和承压型计算得到的抗剪承载力与实测承载力进行比较,加深对高强度螺栓抗剪承载力计算公式的理解。

### 6.4.2 实验原理

主要介绍高强度螺栓的承载机理、抗剪承载力计算方法,详细内容可参考钢结构原理相关书籍,此处略。

### 6.4.3 实验设计

(1) 试件设计

高强度螺栓抗剪连接试件详图如图 6-7 所示。

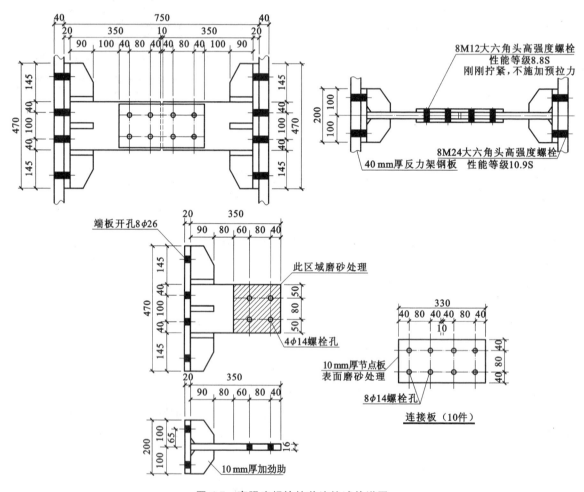

图 6-7 高强度螺栓抗剪连接试件详图

(采用 8.8 级高强度螺栓,螺栓 M12)

(2) 加载装置设计

加载装置图如图 6-8 所示。

(3) 测点布置

测点布置图如图 6-9 所示。

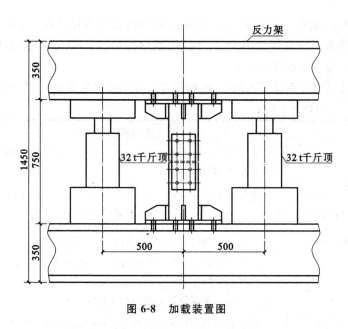

图 6-8 加载装置图

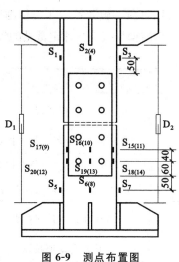

图 6-9 测点布置图

（$D_1$ 为位移计，$S_1$ 为应变片）

## 6.5 焊接工艺评定实验 &gt;&gt;&gt;

焊接质量对于钢结构的整体质量和安全至关重要，而焊接工艺评定是控制钢结构焊接质量最重要和最有效的方法和程序之一。建筑行业标准《建筑钢结构焊接技术规程》(JGJ 81—2002)对建筑钢结构施工中的焊接工艺评定工作作了诸多强制性规定。评定合格的焊接工艺方可在钢结构的焊接施工中使用。

### 6.5.1 实验目的

① 了解建筑钢结构施工中常见的焊接方法以及焊接工艺评定的一般性要求和程序。

② 掌握焊接工艺评定中试板取样的要求以及拉伸、弯曲、冲击等常规力学性能试验方法，并对试验结果进行分析评价。

③ 了解焊接接头的宏观金相检查的方法，区分并观察焊接接头上的焊缝、热影响区及母材三个不同区域，并掌握评价标准。

### 6.5.2 实验原理

(1) 建筑钢结构焊接工艺评定的一般性规定

建筑行业标准《建筑钢结构焊接技术规程》(JGJ 81—2002)规定，凡符合以下情况之一者，必须在钢结构构件制作及安装施工之前进行焊接工艺评定。

① 国内首次应用于钢结构工程的钢材（包括钢材牌号与标准相符但微合金强化元素的类别和供货状态不同，或国外钢号国内生产）。

② 国内首次应用于钢结构工程的焊接材料。

③ 设计规定的钢材类别、焊接材料、焊接方法、接头形式、焊接位置、焊后热处理制度以及施工单位所采用的焊接工艺参数、预热后热措施等各种参数的组合条件为施工单位首次采用。

焊接工艺评定应由结构制作、安装单位根据所承担钢结构的设计节点形式、钢材类型、规格、采用的焊接方法、焊接位置等，制定焊接工艺评定方案，拟订相应的焊接工艺评定指导书，按《建筑钢结构焊接技术规程》(JGJ 81—2002)的要求由熟练的焊接人员施焊试件，并由检测单位切取试样进行试验。对于实际施工中涉及的焊接工艺评定试验，规程要求必须在国家技术质量监督部门认证的检测单位进行检测试验。

  焊接工艺评定的施焊参数主要包括热输入、预热、后热制度等,应根据被焊材料的焊接性制定,所用设备、仪表的性能应与实际工程施工焊接相一致并处于正常工作状态,所用的钢材、焊钉、焊接材料必须与实际工程所用材料一致并符合相应标准要求,具有质量证明文件。

  建筑钢结构焊接工艺评定常见的焊接方法、钢材、焊接接头形式、施焊位置的分类分别见表6-3～表6-6。

表 6-3              **焊接方法分类**

| 类别号 | 焊接方法 | 代号 | 适用范围 |
|---|---|---|---|
| 1 | 手工电弧焊 | SMAW | 厚度 2 mm 以上的各种金属及形状结构的焊接,尤其适用于形状复杂、焊缝短的结构 |
| 2-1 | 半自动实芯焊丝气体保护焊 | GMAW | 不能实现全自动化焊接时,厚度 3 mm 以上的碳素结构钢和低合金钢的焊接,常用于钢桁架(网架)结构的焊接 |
| 2-2 | 半自动药芯焊丝气体保护焊 | FCAW-G | |
| 3 | 半自动药芯焊丝自保护焊 | FCAW-SS | 一般用于厚板的焊接,尤其适用于室外施工 |
| 4 | 非熔化极气体保护焊 | GTAW | 适用于薄板,尤其是不锈钢或有色金属的焊接,也可用于一般钢材的打底焊 |
| 5-1 | 单丝自动埋弧焊 | SAW | 适用于处于平焊位置的中厚度钢材的焊接 |
| 5-2 | 多丝自动埋弧焊 | SAW-D | 适用于处于平焊位置的大厚度钢材的焊接,效率较高 |
| 6-1 | 熔嘴电渣焊 | ESW-MN | 厚度 16～100 mm 的钢结构垂直焊缝的高效焊接,如钢结构箱形梁隔板的焊接等 |
| 6-2 | 丝极电渣焊 | ESW-WE | |
| 6-3 | 板极电渣焊 | ESW-BE | |
| 7-1 | 单丝气电立焊 | EGW | 焊接方法与电渣焊类似,但能量密度比电渣焊高且更加集中,主要用于垂直焊缝的焊接 |
| 7-2 | 多丝气电立焊 | EGW-D | |
| 8-1 | 自动实芯焊丝气体保护焊 | GMAW-A | 厚度 3 mm 以上的碳素结构钢和低合金钢的全自动化焊接,常用于钢桁架(网架)结构的焊接 |
| 8-2 | 自动药芯焊丝气体保护焊 | FCAW-GA | |
| 8-3 | 自动药芯焊丝自保护焊 | FCAW-SA | 常用于可实现自动化的厚板焊接,尤其适用于室外施工 |
| 9-1 | 穿透栓钉焊 | SW-P | 主要用于钢结构中的组合楼盖的剪力连接件的焊接;其中穿透栓钉焊要求钢板厚度不超过 1.6 mm,栓钉直径不大于 16 mm |
| 9-2 | 非穿透栓钉焊 | SW | |

表 6-4           **常用钢材分类**

| 类别号 | 钢材强度级别 |
|---|---|
| Ⅰ | Q215、Q235 |
| Ⅱ | Q295、Q345 |
| Ⅲ | Q390、Q420 |
| Ⅳ | Q460 |

注:国内新材料和国外钢材按其化学成分、力学性能和焊接性能归入相应级别。

表 6-5          **焊接接头形式分类**

| 接头形式 | 代号 |
|---|---|
| 对接接头 | B |
| T 形接头 | T |
| 十字接头 | X |

表 6-6　　　　　　　　　　　　　　　　施焊位置分类

| 焊接位置 | | 代号 | 焊接位置 | 代号 |
|---|---|---|---|---|
| 板材 | 平 | F | 水平转动平焊 | 1G |
| | 横 | H | 竖立固定横焊 | 2G |
| | 立 | V | 水平固定全位置焊 | 5G |
| | 仰 | O | 倾斜固定全位置焊 | 6G |
| | | | 倾斜固定加挡板全位置焊 | 6GR |

建筑钢结构焊接工艺评定常见的焊接施焊位置如图 6-10～图 6-13 所示。

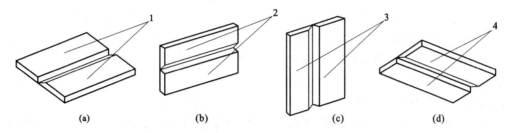

**图 6-10　板材对接接头焊接位置示意**

(a) 平焊位置 F;(b) 横焊位置 H;(c) 立焊位置 V;(d) 仰焊位置 O

1—板平放,焊缝轴水平;2—板横立,焊缝轴水平;3—板竖立,焊缝轴垂直;4—板平放,焊缝轴水平

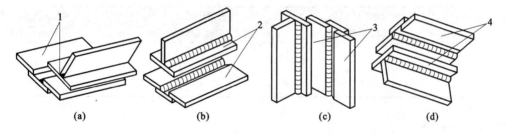

**图 6-11　板材角接接头焊接位置示意**

(a) 平焊位置 F;(b) 横焊位置 H;(c) 立焊位置 V;(d) 仰焊位置 O

1—板 45°放置,焊缝轴水平;2—板平放,焊缝轴水平;3—板竖立,焊缝轴垂直;4—板平放,焊缝轴水平

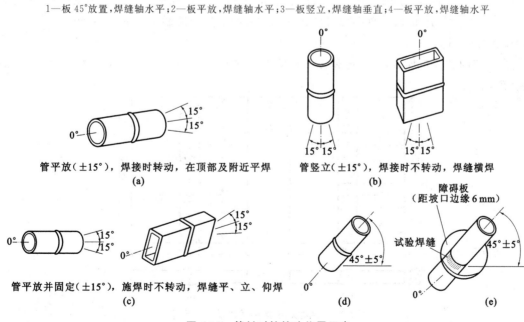

管平放(±15°),焊接时转动,在顶部及附近平焊
(a)

管竖立(±15°),焊接时不转动,焊缝横焊
(b)

管平放并固定(±15°),施焊时不转动,焊缝平、立、仰焊
(c)

(d)

障碍板(距坡口边缘 6 mm)
试验焊缝
(e)

**图 6-12　管材对接接头位置示意**

(a) 焊接位置 1G;(b) 焊接位置 2G;(c) 焊接位置 5G;(d) 焊接位置 6G;(e) 焊接位置 6GR(T、K 或 Y 形连接)

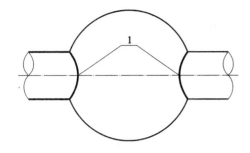

**图 6-13　管-球接头试样示意**

1—焊接位置分类按管材对接接头

（2）焊接工艺评定的一般程序

焊接工艺评定的一般程序通常为：

① 根据实际结构所用的材料、焊接接头形式、焊接方法、母材厚度范围等提出焊接工艺认可项目并编写焊接工艺计划书（PWPS）。焊接工艺计划书（PWPS）是指导完成焊接工艺认可试验的技术文件，应包括焊接工艺规程中所有的技术参数。在认可试验中，可根据试验的结果对相关的技术参数进行修改和完善。

② 按焊接工艺计划书及相关规程的要求加工试板。

③ 对焊好的试板进行焊缝外观检验。

④ 对外形检查合格的焊接试板进行无损探伤检验，若检验不合格，则应查找原因并重新焊接试板。

⑤ 在无损探伤检验合格的试板上按规程要求取样，并加工成标准试样后进行力学性能试验。

⑥ 各项检验和力学性能试验合格后，编写焊接工艺试验报告（WPQR），该焊接工艺试验报告经校对、审核后，根据此报告编写正式的焊接工艺规程（WPS）用于指导焊接施工。

（3）试件的外观检验

试件的外观检验应符合下列要求：

① 用不小于 5 倍放大镜检查试件表面，不得有裂纹、未焊透、未熔合、焊斑、气孔、夹渣等缺陷；

② 焊缝咬边总长度不得超过焊缝两侧长度的 15%，咬边深度不得超过 0.5 mm；

③ 焊缝外形尺寸应符合表 6-7 的要求。

表 6-7　　　　　　　　　　　　　对接接头焊缝外形尺寸允许偏差　　　　　　　　　　　　（单位：mm）

| 焊缝余高偏差<br>（焊缝宽度为 B） | 焊缝宽度比<br>坡口每侧增宽 | 焊缝表面凹凸高低差<br>（在 25 mm 焊缝长度内） | 焊缝表面宽度差<br>（在 150 mm 焊缝长度内） |
|---|---|---|---|
| $B < 15$ 时为 0～3，<br>$15 \leqslant B \leqslant 25$ 时为 0～4，<br>$25 < B$ 时为 0～5 | 1～3 | ≤2.5 | ≤5 |

（4）试件的无损检测

试件的无损检测可用射线或超声波方法进行。射线探伤应符合现行国家标准《金属熔化焊焊接接头射线照相》（GB/T 3323—2005）的规定，焊缝质量不低于 Ⅱ 级；超声波探伤应符合现行国家标准《焊缝无损检测　超声检测　技术、检测等级和评定》（GB/T 11345—2013）的规定，焊缝质量不低于 BI 级。

（5）检验试样的制备

焊接工艺评定的试件施焊后，经外观和无损检测合格则可取样进行力学性能试验，具体试样的取样位置如图 6-14 所示。

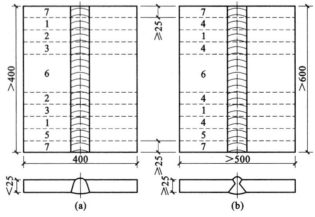

**图 6-14　板材对接接头试件及试样示意**

（a）不取侧弯试样时；（b）取侧弯试样时

1—拉伸试件；2—背弯试件；3—面弯试件；4—侧弯试件；5—冲击试件；6—备用；7—舍弃

钢板对接焊接头的取样种类和数量分别为:拉伸试件2件、弯曲试件4件(当母材厚度小于14 mm时取面弯、背弯各2件,当母材厚度大于14 mm时取4件侧弯试样)、冲击试验6件(焊缝中心、热影响区各3件)。

对接焊接头检验试样在加工时应符合下列规定:

拉伸试样的加工应符合现行国家标准《焊接接头拉伸试验方法》(GB/T 2651—2008)的规定。对接接头拉伸试样(焊缝横向拉伸试样)的形状和尺寸如图6-15所示。焊缝上下表面的应锉平、磨光或机械加工至与母材表面齐平。

弯曲试样的加工应符合现行国家标准《焊接接头弯曲试验方法》(GB/T 2653—2008)的规定。加工时应用机械方法去除焊缝加强高或垫板至与母材齐平,试样受拉面应保留母材原轧制表面。对接焊缝横向正反弯曲试样的形状和尺寸应如图6-16所示,试样的受拉表面两边应加工成半径为 $r$ 的圆角, $r \leqslant 2t$ ,最大不超过3 mm;试样长度 $L_t$ 应大于弯曲支辊间距与2倍的弯曲压头之和;试样宽度应不小于试样厚度的1.5倍,最小为20 mm。

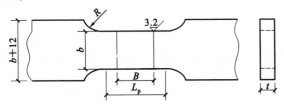 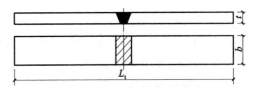

图6-15　对接接头拉伸试样的形状和尺寸　　　　　图6-16　对接接头弯曲试样的形状和尺寸

$B$ —焊缝宽度,mm; $t$ —试样厚度,mm; $b$ —板试样平行段宽度,取25 mm( $t > 2$ mm)或12 mm( $t \leqslant 2$ mm); $L_p$ —试样平行段长度, $L_p \geqslant B + 60$ mm; $R$ —过渡圆弧半径, $R \geqslant 25$ mm。

当采用侧弯试样时,试样的宽度等于原来母材的厚度,试样厚度为(10±0.5) mm,其他与正反弯曲试样类似。

冲击试样的加工应符合现行国家标准《焊接接头冲击试验方法》(GB/T 2650—2008)的规定。其取样位置应位于焊缝正面并尽量接近母材原表面;冲击试样采用夏比V形缺口或夏比U形缺口试样,如图6-17所示。推荐使用夏比V形缺口试样,其长度 $L$ 为55 mm,厚度 $t$ 为10 mm,缺口角度 $Q$ 为45°,缺口深度为2 mm,缺口以下厚度 $T$ 为8 mm,缺口位置居中,缺口根部半径 $r$ 为0.25 mm。冲击试样的缺口必须分别位于焊接接头的焊缝、热影响区,冲击试样在试板上的取样位置如图6-18所示。

图6-17　冲击试样外形图

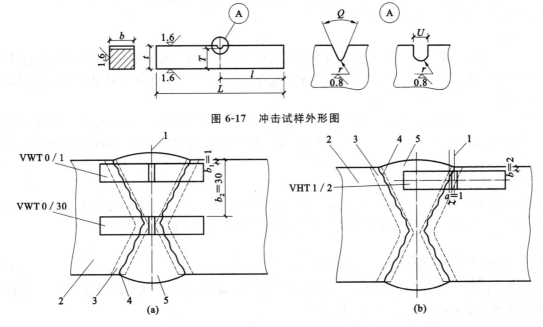

图6-18　焊接接头的焊缝、热影响区、母材分界以及冲击试样取样位置示意

(a)冲击试样缺口位于焊缝中心;(b)冲击试样缺口位于热影响区

1—缺口轴线;2—母材;3—热影响区;4—熔合线;5—焊缝金属

### 6.5.3　实验步骤与方法

（1）实验步骤

① 外观检验。对焊接好的钢板,对接焊试板的焊缝及周边区域进行各项外观检查并记录数据。

② 无损检测。此项内容根据学校的情况取舍,有条件的学校可采用磁粉、超声波或 X 光等手段对试板的焊缝进行探伤并记录检测结果,特别是发现的各类缺陷,并按规定对试板的焊接质量进行评级。

③ 试件准备。按要求设计拉伸、弯曲、冲击等各类试验所需试样的外形和尺寸,并指明在试板上的取样位置,画出相关图纸后委托加工;然后对待试验的试样进行编号、表面处理和尺寸测量等。

④ 实验。按照要求对各类试样进行实验和数据采集记录,对破坏性实验的试样应进行断口观察和比较。试验前应熟悉相关试验设备的使用方法,如万能试验机、摆锤式冲击试验机等。

⑤ 实验结束。实验结束后,应关闭所有的实验设备,清理废样。

（2）实验方法

① 拉伸试验方法

对接焊接头的拉伸试验根据现行国家标准《焊接接头拉伸试验方法》(GB/T 2651—2008)的规定进行试验,并记录试样的断口位置。

② 弯曲试验方法

对接焊接头的弯曲试验根据现行国家标准《焊接接头弯曲试验方法》(GB/T 2653—2008)的规定进行试验。弯芯直径和冷弯角度应符合母材标准对冷弯的要求。进行面弯、背弯时,试样厚度应为试件全厚度;侧弯时试样厚度应为 10 mm,试样宽度应为试件的全厚度,试件厚度超过 38 mm 时应按 20~38 mm 分层取样。

③ 冲击试验方法

冲击试验应根据现行国家标准《焊接接头冲击试验方法》(GB/T 2650—2008)的规定进行试验,冲击试验温度按设计选用钢材质量等级的要求进行。

### 6.5.4　实验结果的评价指标

焊接试板的外观检验和无损探伤检测的评价指标见本节"实验原理"中"焊接工艺评定的一般程序"的相关内容,其他试样检验应符合下列要求。

（1）拉伸试验

对接接头母材为同钢号时,每个试样的抗拉强度值应不小于该母材标准中相应规格规定的下限值。对接接头母材为两种钢号组合时,每个试样的抗拉强度应不小于两种母材标准相应规定下限值的较低者。

（2）弯曲试验

试样弯至180°后,各试样任何方向裂纹及其他缺陷单个长度不大于 3 mm;各试样任何方向不大于 3 mm 的裂纹及其他缺陷的总长不大于 7 mm;四个试样各种缺陷总长不大于 24 mm(边角处非熔渣引起的裂纹不计)。

（3）冲击试验

将焊缝中心及热影响区各三个试样编为一组,每组的冲击功平均值应分别达到母材标准规定或设计要求的最低值,其中每组允许一个试样低于以上规定值,但不得低于规定值的 70%。

### 6.5.5　实验数据的处理

焊接工艺评定所有相关的试验完成后,应根据试验结果的评价指标对试验结果进行评定,试验数据记录与结果处理可参考表 6-8。

表 6-8 焊接工艺评定试验结果及评价

| 试验项目 | 试样编号 | 合格标准 | 试验结果 | 评定结果 | 备注 |
|---|---|---|---|---|---|
| 外观 | — | | | | |
| 无损探伤 | — | | | | |
| 拉伸试验 | | | 抗拉强度： | | 断口位置： |
| | | | 抗拉强度： | | 断口位置： |
| 弯曲试验 | | | | | 弯心直径：<br>弯曲角度： |
| 冲击试验 | | | | | 缺口类型：<br>缺口位置：<br>试验温度： |
| | | | | | 缺口类型：<br>缺口位置：<br>试验温度： |

## 知识归纳

本章重点介绍了钢结构实验的基本知识及一般流程，并从国内高校中遴选了部分钢结构实验作为示范。这些实验包括轴心受压构件稳定实验、简支钢桁架实验、高强度螺栓连接抗剪实验、焊接工艺评定实验。

## 独立思考

6-1 你认为通过模型实验来直观地反映钢结构原理有何重要作用？

6-2 你参加了哪些钢结构实验？在这些实验中锻炼了哪些能力？

6-3 你能否用日常生活中容易实现的方式简便地实施概念性实验以说明结构原理？（如用不锈钢尺受压弯曲说明失稳与强度破坏的不同。）

6-4 你能否设计一个硬纸板模型实验，反映梁的整体失稳特征？

6-5 你能否设计一个薄铝板或硬纸板模型实验，反映局部屈曲的特征？

6-6 受弯构件的稳定是钢结构原理中的重要内容，请模仿第6.2节内容设计一个教学实验。

6-7 残余应力是钢结构课程较难理解的部分，能否设计一个模型实验反映其基本特征？

6-8 请谈谈你认为参与实验除了能显著提高实践能力，还有哪些方面可以培养创新能力？

## 参考文献

［1］ 王伟,赵宪忠,郭小农,等.钢结构多功能教学实验平台的研制与实践［J］.高等建筑教育,2009,18(2):102-104.

［2］ 李雪华,杨湘东,朱光.土建类专业人才实践能力培养模式研究［J］.高等建筑教育,2009,18(3):35-38.

［3］ 唐柏鉴,马珺,沈超明,等.预应力钢结构微尺模型实验技术［J］.实验室研究与探索,2012,31(3):4-8.

［4］ 陈新,李德建,冯吉利.钢结构系列课程教学内容改革思考［J］.高等建筑教育,2010,19(4):63-67.

［5］ 邵建华,唐柏鉴,王治均.立体钢桁架非损伤实验教学改革与实践［J］.价值工程,2012,31(26):267-268.

# 7

# 创新能力训练

## 课前导读

### ▽ 内容提要

　　钢结构具有轻质高强、连接灵活等突出优点，具备创新的巨大潜力，土木工程新结构中，钢结构是最主要的形式之一。我国已成为世界上钢结构规模最大、新结构形式应用最多的国家，但非常遗憾的是，这些新的工程中概念、设计方案多数是外国人提出的。这从一个侧面说明了在钢结构教学中加强创新能力训练的必要性和紧迫性。本章通过预应力钢结构、自适应结构、高层消能隔震结构等非传统结构原理及构成的介绍，提供钢结构课程创新能力培养示范。

### ▽ 能力要求

　　通过本章的学习，学生应具备土木工程专业的较宽泛知识，并能够跟踪了解最新技术；掌握基本的钢结构原理知识，基本构件及连接的设计方法，具备类似于模型制作、基本实验仪器操作、计算机应用等各种实践技能。

# 7.1 全局布索预应力钢框架 >>>

### 7.1.1 问题提出及创新过程演示

钢框架应用非常广泛,其中单层钢框架(含刚架)可应用于各类厂房、展览馆、车库、超市等。

单层钢框架主要承受竖向荷载(恒荷载及活荷载)与风荷载。

单层钢框架在竖向荷载作用下的反应如图 7-1 所示。

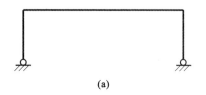 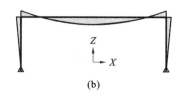 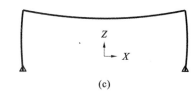

**图 7-1 单层钢框架在竖向荷载下的反应图**

(a) 单层钢框架;(b) 竖向荷载下的弯矩图;(c) 竖向荷载下的变形图

图 7-1 中,水平梁跨中弯矩 $M_{中}=\alpha \cdot ql^2$,相应的最大截面应力 $\sigma_{中}=\alpha \cdot ql^2/W$,跨中挠度 $w_{中}=\beta \cdot ql^4/(EI)$。可见,水平梁弯矩随跨度的平方增长,其挠度随跨度的四次方增长。

因此,随着框架跨度的增大,将产生如下两个技术难题。

① 钢梁的弯矩分布越不均匀,其经济指标越下降。

② 钢梁挠度增长快速,很快就会成为控制性因素,且解决的难度越来越大。

**思考 1:**如何有效解决上述技术难题?

梁下设置预应力拉索支承系统,如图 7-2 所示,其中 $S_1$ 表示预应力柔性拉索,$C_1$ 表示刚性撑杆。同时给出拉索预应力作用下钢框架的反应。

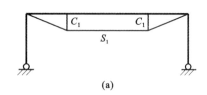 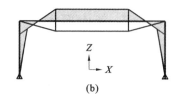 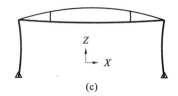

**图 7-2 钢框架在索支预应力下的反应图**

(a) 索支钢框架;(b) 预应力下的弯矩图;(c) 预应力下的变形图

叠加图 7-1(b)、图 7-2(b),可得竖向荷载下索支钢框架结构的弯矩图;叠加图 7-1(c)、图 7-2(c),可得竖向荷载下索支钢框架结构的变形图(图 7-3)。

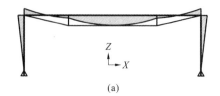 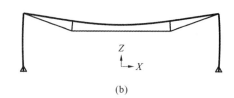

**图 7-3 索支钢框架在竖向荷载下的反应图**

(a) 竖向荷载下的弯矩图;(b) 竖向荷载下的变形图

可见,在梁下设置索支系统,相当于为水平梁设置了弹簧支座,有效缩短了水平梁自由跨度,从而大幅降低了其弯矩和挠度。

如上所说,单层钢框架不仅承受竖向荷载,还承受风荷载。需要特别注意,单层建筑(屋盖倾斜角不大于 60°)其屋盖承受的是风吸力,即风荷载方向垂直于屋盖表面并向上。

**思考 2:**风吸力下,索支钢框架会产生什么新的问题呢?

风吸力下,单层钢框架的弯矩图及位移图如图 7-4 所示。

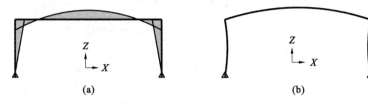

**图 7-4 单层钢框架在风吸力下的反应图**
(a) 风吸力下的弯矩图;(b) 风吸力下的变形图

叠加图 7-4(a)、图 7-2(b),可得风吸力下索支钢框架结构的弯矩图;叠加图 7-4(b)、图 7-2(c),可得风吸力下索支钢框架结构的变形图(图 7-5)。

**思考 3:**上述叠加的前提条件是什么? 与前文的竖向荷载叠加有何区别?

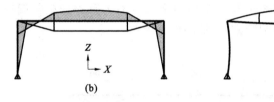

**图 7-5 索支钢框架在风吸力下的反应图**
(a) 风吸力下的弯矩图;(b) 风吸力下的变形图

从图 7-5 中易见,索支系统恶化了风吸力下钢框架的受力性能。一般工程情况是这样,竖向荷载(恒载与活载)要大于甚至远大于风吸力,竖向荷载效应起控制作用。因此,对于跨度较大的单层钢框架,设置索支系统可大幅降低竖向荷载下的结构反应,但同时会恶化风吸力下的结构反应。此消彼长,到一定跨度时,竖向荷载及风吸力都会起控制作用,甚至风吸力效应突出。

为了抵抗风吸力作用,在索支框架的基础上设置预应力隔撑,形成全局布索预应力钢框架,如图 7-6 所示,其中 $S_2$ 表示预应力柔性隔撑,$C_2$ 表示刚性撑杆。无疑,预应力隔撑还可以提高钢框架的抗侧刚度,共同抵抗水平风荷载。

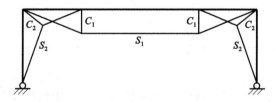

**图 7-6 全局布索预应力钢框架**

在隔撑预应力作用下,结构反应如图 7-7 所示。

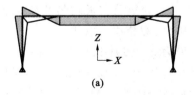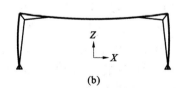

**图 7-7 钢框架在隔撑预应力下的反应图**
(a) 隔撑预应力下的弯矩图;(b) 隔撑预应力下的变形图

同样,叠加图 7-5(a)、图 7-7(a),可得到全局布索预应力钢框架在风吸力下的弯矩图[图 7-8(a)];叠加图 7-5(b)、图 7-7(b),可得到其变形图[图 7-8(b)]。由此可见,预应力隔撑有效抵抗了风吸力。

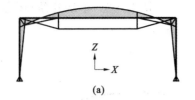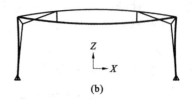

**图 7-8    全局布索预应力钢框架在风吸力下的反应图**

（a）风吸力下的弯矩图；（b）风吸力下的变形图

上述过程表明，创新源于需求，源于问题。因此，创新首先需要发现问题，继而根据专业知识及技术，寻求解决问题的思路和方法。在这个解决问题的过程中，只要不限于已有技术、不限于权威，敢于突破常规，必然会出现创新。有了新的思路和方法后，最后进行理论和试验验证，最高层次的验证自然是推向实践。经过实践检验的创新，就是名副其实的创新了。可见，爱因斯坦所说的"发现问题比解决问题更重要"是很有道理的。

### 7.1.2    数值试验可行性分析

数值试验，即借助软件对模型进行各种分析。结构力学求解器求解各种结构的内力和变形，就是数值分析。完成本数值试验分析，需要学会 SAP2000 软件的简单操作。

数值试验分析，如图 7-9 及表 7-1 所示。

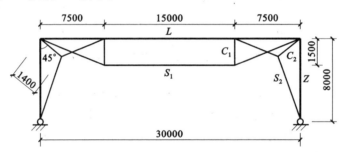

**图 7-9    数值试验模型图**

表 7-1                                数值模型构件规格

| 编号<br>规格、材料 | $Z$ | $L$ | $S_1$、$S_2$ | $C_1$、$C_2$ |
|---|---|---|---|---|
| 规格/mm | H500×350×8×12 | H800×300×8×12 | $\phi 20$ | $\phi 89/6.0$ |
| 材料 | Q345 | Q345 | TB-fpk1470 | Q345 |

荷载：恒载为 0.3 kN/m²，活载为 0.7 kN/m²，基本风压为 0.7 kN/m²。框架间距取 9 m。

拉索和撑杆都按铰接处理。不考虑材料的屈服强度，即始终认为结构处于弹性状态。

按如下步骤进行数值试验可行性分析：

（1）数值试验步骤 1

仅考虑竖向荷载（因此可去除预应力隅撑系统，即 $S_2$ 和 $C_2$），以弯矩分布最均匀及横梁挠度最小为目标，采用结构力学求解器求解 $S_1$ 合理的预拉力。索支系统（$S_1$ 和 $C_1$）以集中力取代。

如图 7-10、图 7-11 所示，在结构承载范围内，对结构施加预应力 $S_1=601$ kN，$C_1=118$ kN 时，结构弯矩分布最均匀，梁跨中位移最小，结构内力由不施加预应力时的跨中弯矩 $M=545.61$ kN·m，梁柱连接处弯矩 $M=466.89$ kN·m，跨中位移 $U=0.14878$ m，变为施加预应力后的跨中弯矩 $M=114.27$ kN·m，梁柱连接处弯矩 $M=13.22$ kN·m，跨中位移 $U=0.00727$ m。

（2）数值试验步骤 2

在步骤 1 求到的索支系统预拉力基础上，仅考虑风吸力（即删除竖向荷载），以弯矩分布最均匀及横梁挠度最小为目标，采用结构力学求解器求解 $S_2$ 合理的预拉力。索支系统及隅撑系统的预拉力都以集中力取代。

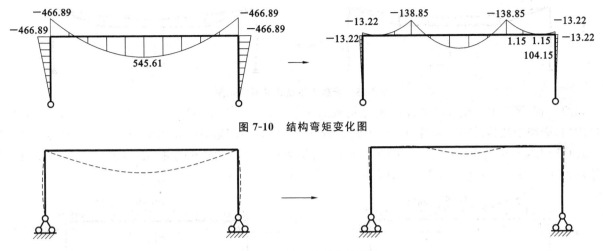

图 7-10 结构弯矩变化图

图 7-11 结构位移变化图

如图 7-12、图 7-13 所示,在结构承载范围内,对结构施加预应力 $S_2 = 450$ kN,$C_2 = 539$ kN 时,结构弯矩分布最均匀,梁跨中位移最小,结构内力由不施加预应力时的跨中弯矩 $M = 660.48$ kN·m,梁柱连接处弯矩 $M = 649.77$ kN·m,跨中位移 $U = 0.20401$ m,变为施加预应力后的跨中弯矩 $M = 140.18$ kN·m,梁柱连接处弯矩 $M = 642.10$ kN·m,跨中位移 $U = 0.0165$ m。

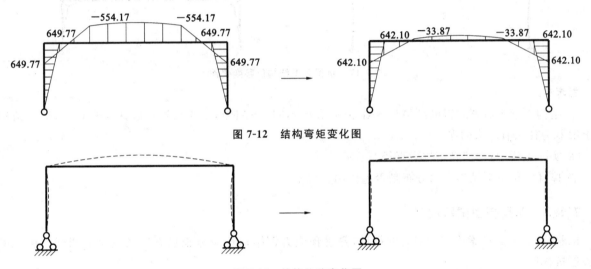

图 7-12 结构弯矩变化图

图 7-13 结构位移变化图

(3) 数值试验步骤 3

采用 SAP2000 软件,拉索以考虑拉压限值的杆单元模拟(即不再以集中力取代拉索),重新分析步骤 1 和步骤 2,求取合理的预拉力。

如图 7-14、图 7-15 所示,步骤 1 下,对结构施加预应力 $C_1 = 50.37$ kN,$S_1 = 256.86$ kN 时,结构弯矩分布最均匀,梁跨中位移最小。结构内力由不施加预应力下的跨中弯矩 $M = 459.07$ kN·m,梁柱连接处弯矩 $M = 557.69$ kN·m,跨中位移 $U = 0.150515$ m,变为施加预应力后的跨中弯矩 $M = 261.83$ kN·m,梁柱连接处弯矩 $M = 377.14$ kN·m,跨中位移 $U = 0.091$ m。

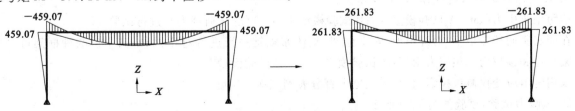

图 7-14 步骤 1 下结构弯矩变化图

图 7-15  步骤 1 下结构变形变化图

如图 7-16、图 7-17 所示,步骤 2 下,对结构施加预应力 $C_2=376.63$ kN,$S_2=314.17$ kN 时,结构弯矩分布最均匀,梁跨中位移最小。结构内力由不施加预应力下的跨中弯矩 $M=329.98$ kN·m,梁柱连接处弯矩 $M=319.79$ kN·m,跨中位移 $U=0.099648$ m,变为施加预应力后的跨中弯矩 $M=167.16$ kN·m,梁柱连接处弯矩 $M=148.96$ kN·m,跨中位移 $U=0.045837$ m。

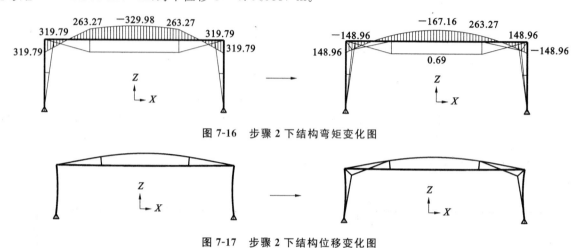

图 7-16  步骤 2 下结构弯矩变化图

图 7-17  步骤 2 下结构位移变化图

**思考 4:**

① 结构力学求解器求得的结果与 SAP2000 有何不同? SAP2000 的结果可以认为是真解,那么结构力学求解器为什么有较大的误差?

② 实际工程中,如何确定拉索直径?

③ 撑杆的位置对结构内力分布是否起作用?

### 7.1.3  缩尺模型试验验证

试验目的:理解拉索施加预应力的机理,熟悉预应力钢结构预应力施加方法及其反应测试方法。了解相关连接构造。

(1)缩尺模型

结合江苏科技大学结构实验室加载系统,设计、制作了如下两种缩尺模型(图 7-18)。

A 试验模型拉索为圆钢,可更换不同规格的圆钢。采用旋转撑杆对圆钢横向张拉,从而施加预应力;采用粘贴应变片的方法测试圆钢内力。

B 试验模型拉索为钢丝束,可更换不同规格的钢丝束。采用旋转撑杆对钢丝束横向张拉,从而施加预应力;采用传感器测试钢丝束内力。

(2)试验

① 竖向荷载试验,试验如图 7-19 所示。

梁跨中集中力限值:A 试验模型 6 t;B 试验模型 15 t。可变化荷载大小进行试验。

在固定竖向荷载值下,对纯框架、索支框架、整体布索钢框架进行对比试验,其中后两种框架可分别变换拉索直径和预拉力。预拉力限值:A 试验模型 1.2 t;B 试验模型 5 t。

采用电阻应变仪测试拉索内力,采用电子百分表测试横梁挠度。

② 风吸力试验,试验如图 7-20 所示。

梁跨中向上的集中力限值:A、B 试验模型 12 t。可变化荷载大小进行试验。

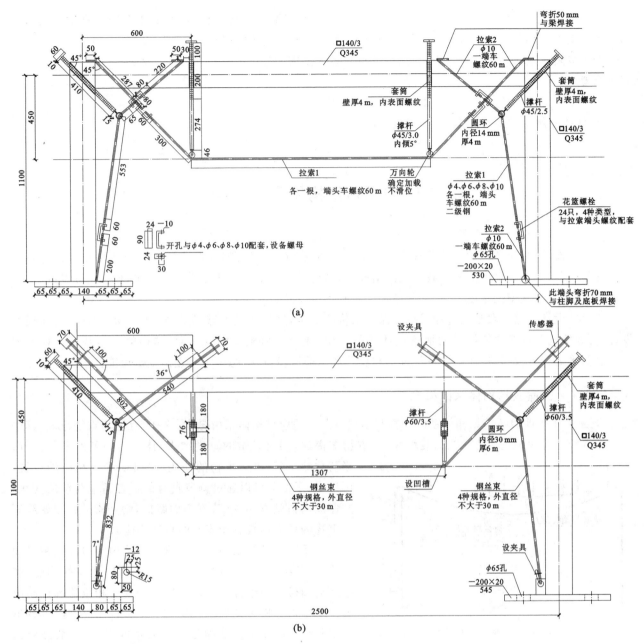

图 7-18 全局布索预应力钢框架缩尺模型

(a) A 试验模型;(b) B 试验模型

图 7-19 竖向荷载试验示意图

图 7-20 风吸力试验示意图

在固定竖向荷载值下,对纯框架、索支框架、全局布索钢框架进行对比试验,其中全局布索钢框架可分别变换拉索直径和预拉力。预拉力限值:A 试验模型 1.2 t,B 试验模型 5 t。

采用电阻应变仪测试拉索内力,采用电子百分表测试横梁挠度。

**思考 5:**

① 实际工程中,对拉索张拉时如何掌握张拉力的大小?

② 你还能想出撑杆与拉索的其他节点构造吗?

# 7.2  自适应结构体系 >>>

在结构设计中,所考虑的活荷载常常包括某些只在短期内出现,甚至在结构的整个使用年限内也不一定出现的荷载,例如特别大的雪荷载。在此情况下,结构的承载能力在大部分时间内得不到充分发挥,甚至永远被"埋没";而从安全角度考虑,这种储备又是必不可少的。

传统的设计思路一般是通过加强抗力保证结构的安全,这显然是不够经济合理的。那么是否可能通过设计,使建筑物和构筑物能够自动地适应环境的变化,或当外荷载发生变化时,结构的内力基本保持不变呢?这似乎是天方夜谭,然而随着科学技术和设计理念的进步,这一愿望正在逐渐变成可能。

## 7.2.1  自适应结构体系的概念

以图 7-21 说明自适应结构体系的一些基本概念。自适应结构体系由悬索、立柱、滑轮和重物组成,其中悬索一端经过滑轮吊住重物。当荷载增大时,重物被提起,同时悬索的垂度增大,体系达到新的平衡位置;

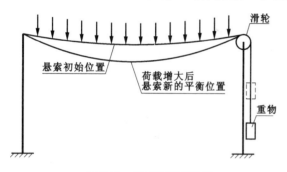

图 7-21  自适应结构体系

当荷载减小时,由于重物的作用,悬索回升到相应的位置。可见,悬索部分可以通过调节自身的形态适应荷载的变化,并保证内力基本不变(若不考虑摩擦,则悬索的张力始终等于重物的重力),具有相当好的自适应能力。

自适应结构体系的本质是通过在结构中引入一种可动装置,当荷载发生变化时,由该装置发挥自适应的功能,属于结构和机构的组合体。体系发生的变形和位移远远超出了传统结构分析中的"大位移"和"大变形"的范畴,表现出高度非线性的特征。从能量守恒的角度来讲,外荷载所做的功主要由自适应装置吸收并储存起来(如转变为重物的势能),从而保持主体结构构件能量变化较小。

## 7.2.2  工程实例

英国学者 Clive Melboume 在 20 世纪 80 年代初曾基于上述理念设计了一个垃圾处理站,见图 7-22。

该构筑物的"屋盖"是一个网眼尺寸为 50 mm×50 mm、覆盖面积为 36 m×36 m 的尼龙网,悬挂在 6 条相互平行的悬索上,每条悬索支承在一对 15 m 高的立柱上。在遭遇冰雪天气时,屋盖可以缓慢地下降,甚至会接触地面暂时退出工作。而此时,由于天气过于恶劣,垃圾的运转工作通常也已经停顿。这种设计对于只要求满足防止垃圾飞扬和海鸟啄食而言,无疑既满足使用要求,又十分经济合理,堪称自适应结构体系应用于实际工程的一个典范。

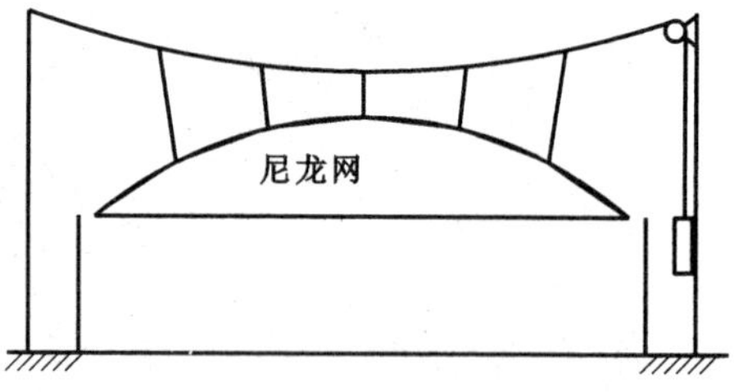

图 7-22  垃圾处理站

图 7-21 所示自适应结构体系在温度作用下还表现出"变形自适应"的特性:当温度升高时,悬索伸长并松弛,但只要荷载不变,在重力的作用下,重物将下降,释放伸长的

部分;温度下降时情况正好相反,即无论温度如何变化,只要外荷载不变,悬索的形状都不会改变。

广州 2010 年亚运会网球中心采用的可"呼吸"罩棚(图 7-23)就利用了上述特性,属于一种广义的自适应结构体系。我们知道,人体的呼吸系统可以通过胸部与腹部的自由伸缩,使人体结构在一呼一吸中始终保持着动态的平衡。类似的,此处所说的结构的"呼吸"是指在温度变化时,结构也可以在一定程度上自由变形,减小甚至全部释放内部的温度应力。

这种对温度应力自动调节的功能主要是通过图 7-24 所示的可"呼吸"节点实现的。具体做法是将环梁节点用摩擦型高强度螺栓并配以长螺栓孔连接。该节点不但可以传递竖向荷载,而且可以通过控制高强螺栓的压力,控制节点钢板之间的摩擦力,使得该节点能够承担在正常的恒载、活载和风荷载组合下杆件的轴力。当产生温度变形时,由于钢板间的摩擦力被克服,节点可以沿长螺栓孔产生相对的滑动,释放温度产生的轴力,但承受其他正常荷载的摩擦力始终保持不变。

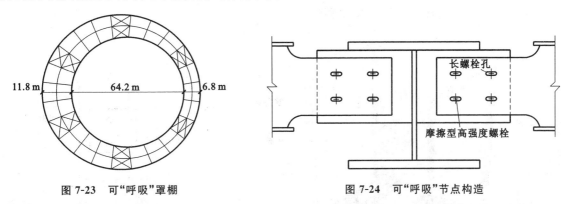

图 7-23 可"呼吸"罩棚

图 7-24 可"呼吸"节点构造

### 7.2.3 自适应结构体系的形式

自适应结构体系从诞生以来就与张力结构紧密结合在一起。张力结构中索的特性为自适应结构的运行提供了基础。最先提出的也是最为典型的就是图 7-21 所示的模型,现在研究的结构形式大多是在此基础上发展而来的。

图 7-25 所示为单层索系自适应结构体系,通过在索系的端部施加重物达到自适应的目的。图 7-26 所示为双层索系自适应结构体系,它由一系列下凹的承重索和上凸的稳定索构成,上层索系连接阻力重物 1,下层索系连接阻力重物 2,使结构具有两套应力调节系统。

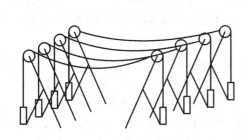

图 7-25 单层索系自适应结构体系

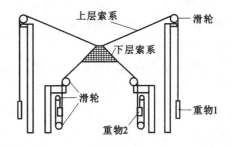

图 7-26 双层索系自适应结构体系

此类结构体系也可以引进弹簧代替原有的重物,在阻力的形式上加以改进,如图 7-27 所示。该体系在两侧设置了弹簧单元,当荷载增加的时候,两侧的索长度变短,弹簧受压,外荷载所做的功以弹簧的势能形式储存起来,使索中内力保持不变或变化不大。荷载减小时,弹簧的弹性势能释放使机构恢复到原来的状态,从而实现了自适应的功能。

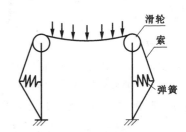

图 7-27 弹簧取代重物的单层索系自适应结构体系

### 7.2.4 自适应结构体系实验验证

依托南京工业大学卓越工程师导论实验项目,自行设计、制作了自适应结构体系实验装置,旨在帮助学生进一步加深对该体系的理解,体会其区别于传统结构的特点,培养学生的创新意识和创新能力。

为有序执行实验,编制了配套的实验指导书。

(1)实验目的

① 观察体系的形态变化,熟悉其一般特征。

② 理解可动装置的作用,掌握体系的基本原理。

(2)实验装置

如图 7-28 所示,实验装置包括实验框架、外框、内框、绳索、滑轮、固定销、铁块(质量相同)、索力计、卷尺等。用内框模拟一个屋盖,通过在内框内放置铁块实现加载,系在屋盖上的 4 条绳索模拟实际结构中的拉索,放在外框内的铁块作为配重。每根斜向拉索上设置一只索力计,外框的四角各设一只固定销。图 7-28 中的索力计和固定销分别只标出一只作为示意图。

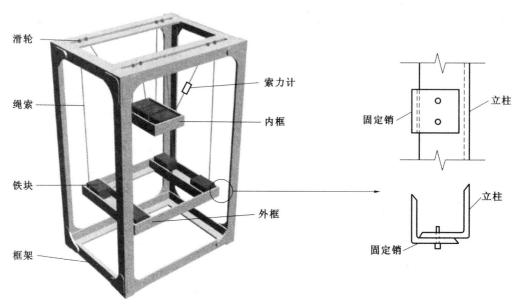

图 7-28 自适应结构体系实验装置示意图

(3)实验原理及方法

自适应结构体系是一种能够实现自我调节,从而实现自我保护的结构体系。其要点是在结构中加入一种可动装置,当荷载增大时,结构的形状允许发生很大的改变而内力却基本维持不变,图 7-28 所示实验装置可以很好地揭示这一力学原理。

当作用于屋盖上的荷载增加时,屋盖会自动下降一定高度,通过改变自身的形态(拉索与铅垂线的夹角)在新的位置达到平衡,并保证其张力基本不变(始终等于配重铁块的重力),达到自适应的目的。

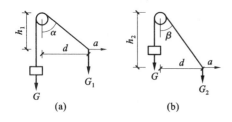

图 7-29 计算简图

(a)夹角为 $\alpha$ 时;(b)夹角为 $\beta$ 时

图 7-29(a)、(b)分别对应着两种平衡状态,其中绳端 $a$ 为屋盖上的某一吊点,它到滑轮轴线的水平距离 $d$ 为定值。当 $a$ 端的荷载由 $G_1$ 增大到 $G_2$ 时,它到滑轮的竖向距离从 $h_1$ 随之增加到 $h_2$。

绳索与铅垂线的夹角为:

$$\alpha = \arctan \frac{d}{h_1}, \quad \beta = \arctan \frac{d}{h_2}$$

(4)实验内容及步骤

在进行实验前应认真阅读本实验指导书,了解各种测试设备的性能、原理、操作方法及使用时的注意事项。实验按以下步骤进行。

① 检查绳索是否在滑轮中间,外框和内框是否保持水平;测量吊点至滑轮的水平距离 $d$ 并填入表 7-2。

② 用固定销固定外框四角;取 1 块铁块放置在内框中间,记录此时吊点至滑轮的垂直高度 $h$ 及各索力计的数值 $T_i(i=1,2,3,4)$,将数据填入表 7-2。

③ 重复步骤②,完成内框铁块分别为 2、3、4、5 块时的实验。

④ 取出 4 块铁块分别放置在外框四角,解除固定销。

⑤ 用手掌托在内框底面,取 1 块铁块放置在内框中间;手掌缓缓下移,保持内框平稳下降直至达到平衡;记录此时吊点至滑轮的垂直高度 $h$ 及各索力计的数值 $T_i(i=1,2,3,4)$,将数据填入表 7-2;取出内框铁块。

⑥ 重复步骤⑤,完成内框铁块分别为 2、3 块时的实验。

⑦ 取出 6 块铁块平均放置在外框两侧,检查固定销应处于解除状态。

⑧ 重复步骤⑤,完成内框铁块分别为 1、2、3、4、5 块时的实验。

⑨ 卸载,实验完毕。

**注意**:对主要状态可采用相机拍照,作为实验资料。

(5)实验报告

根据记录的相关数据计算出绳索与铅垂线的夹角 $\theta$,将表 7-2 补充完整。

表 7-2 实验记录表

| 外框状态 | 铁块数量/块 | | $d$/cm | $h$/cm | $\theta$/(°) | $T_i$/N | | | |
|---|---|---|---|---|---|---|---|---|---|
| | 外框 | 内框 | | | | $i=1$ | $i=2$ | $i=3$ | $i=4$ |
| 固定 | 0 | 1 | | | | | | | |
| | | 2 | | | | | | | |
| | | 3 | | | | | | | |
| | | 4 | | | | | | | |
| | | 5 | | | | | | | |
| 自由 | 4 | 1 | | | | | | | |
| | | 2 | | | | | | | |
| | | 3 | | | | | | | |
| | 6 | 1 | | | | | | | |
| | | 2 | | | | | | | |
| | | 3 | | | | | | | |
| | | 4 | | | | | | | |
| | | 5 | | | | | | | |

通过表中数据分析外框能自由移动时与外框固定时索力的不同,说明自适应结构对减小结构关键部位效应的主要作用。最后总结分析,得出结论。

### 7.2.5 应用前景

在机械学中,传动装置和机构形式比较丰富,如螺旋式压榨机构(图 7-30)、四连杆机构(图 7-31)和剪式铰机构(图 7-32)等,都可以应用于结构中实现结构的自适应功能。图 7-33 所示为螺旋式压榨机构应用到自适应装置中的一种形式。从原理上判断,自适应结构在土木工程结构中有良好的应用前景。

如何将现有的装置进行改良和创新,形成新的高效自适应结构体系,有兴趣的读者可以进一步探索研究。

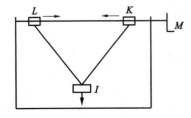

图 7-30 螺旋式压榨机构

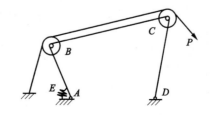

图 7-31 四连杆机构

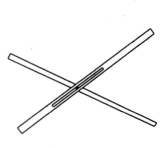

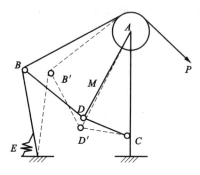

图 7-32    剪式铰机构                图 7-33    螺旋式压榨机构的应用

# 7.3    高层消能隔震结构    》》》

### 7.3.1    问题提出及创新简介

全世界很多国家和地区,都常年遭遇地震,其中著名的受震国家,如日本、智利、新西兰,其灾害很惨重。我国也是世界上地震多发的国家之一,同时也是地震灾害最严重的国家。20 世纪,全球大陆 35% 的 7.0 级以上的地震发生在我国;全球死于地震的人数 120 万,其中我国有 59 万人。发生两次超过 20 万人死亡的特大地震也都在我国,即 1920 年的宁夏海原地震和 1976 年的河北唐山地震,死亡人数分别超过 23 万和 24 万。2008 年四川汶川 8.0 级大地震,再次造成重大灾害和人员伤亡。

建于地震区的建筑必须能够抵抗地震作用。截至 20 世纪 70 年代,人们只会采取增强结构的方法抵抗地震作用,即增加构件截面,提高结构抗侧刚度。

尽管各国使用的地震反应谱不尽相同,但基本形状是一致的。我国的地震加速度反应谱如图 7-34 所示。

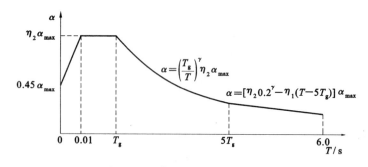

图 7-34    地震加速度反应谱图

图 7-34 中,$\gamma$ 为曲线下降段的衰减指数。$\eta_1$ 为直线下降段的下降斜率调整系数,小于 0 时取 0。$\eta_2$ 为阻尼调整系数,当小于 0.55 时,应取 0.55。$\alpha$ 为地震影响系数。$\alpha_{max}$ 为地震影响系数最大值。$T$ 为结构自振周期。$T_g$ 为结构特征周期。

$$\gamma = 0.9 + \frac{0.05 - \zeta}{0.3 + 6\zeta} \tag{7-1}$$

$$\eta_1 = \frac{0.02 + 0.05 - \zeta}{4 + 32\zeta} \tag{7-2}$$

$$\eta_2 = 1 + \frac{0.05 - \zeta}{0.08 + 1.6\zeta} \tag{7-3}$$

式中    $\zeta$——结构阻尼比。

增大构件截面以增加结构刚度,在同样的侧向力作用下,结构侧移减小。但增加结构刚度,相当于减小了结构周期,由图 7-34 可知,周期越小,结构加速度反应越大,平台部分则最大,这意味着增加结构刚度的同时,实际也增加了地震作用。因此,通过增加构件截面以抵抗地震的最终效果,就看外力与抗力两者的增加量。

**思考 6**:根据图 7-34,想一想有哪些途径可以降低地震反应?

图 7-35 所示为地震动作用下的位移反应谱和加速度反应谱。可见,通过延长结构周期、增加结构阻尼比,可以有效降低结构的加速度反应,降低了加速度,就降低了结构承受的惯性力,从而降低了内力和变形。延长结构周期,形成了隔震结构;附加结构阻尼,形成了消能结构。

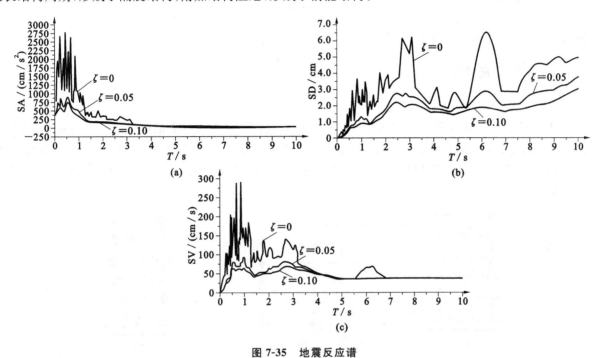

**图 7-35 地震反应谱**

(a) 加速度谱;(b) 位移谱;(c) 速度谱

此外,越来越多的学者、工程师从能量角度探讨结构抗震。图 7-36 是某建筑结构抵抗地震能量的示意图,其中结构总耗能与地震输入结构的总地震能量相等。

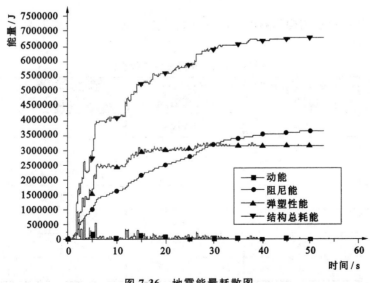

**图 7-36 地震能量耗散图**

图 7-36 一般还可以用式(7-4)表达:

$$E_k + E_{d1} + E_y = E_i \tag{7-4}$$

式中　$E_k$——结构动能；

$E_{d1}$——结构自身阻尼耗能；

$E_y$——结构自身弹塑性变形能；

$E_i$——地震动总输入能。

两种思路。一种是降低 $E_i$，如上所说增加结构周期可以有效降低 $E_i$，即隔震；另一种则是附加阻尼，即消能，形成式(7-5)。

$$E_k + E_{d1} + E_{d2} + E_y = E_i \tag{7-5}$$

其中，$E_{d2}$ 为附加阻尼耗能，若大幅提高 $E_{d2}$，则将有效降低结构自身的耗能，从而保护建筑免受地震灾害。

隔震技术与消能技术可以同时使用。

### 7.3.2　高层隔震结构

#### 7.3.2.1　数值试验可行性分析

数值试验，即借助于电算程序对模型进行各种分析的过程。要完成本数值试验可行性分析，需要让学生学会一种算法语言，具备操作电算程序进行分析的能力。图 7-37 表示 5 层框架结构数值试验模型，其中图 7-37(a)表示传统抗震结构振动模型；图 7-37(b)表示传统抗震结构质点系剪切振动模型；图 7-37(c)表示隔震结构振动模型。

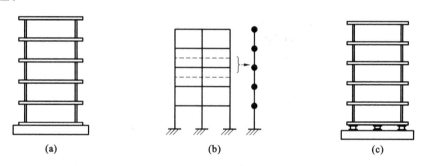

**图 7-37　5 层框架结构数值试验模型**

(a) 传统抗震结构振动模型；(b) 传统抗震结构质点系剪切振动模型；(c) 隔震结构振动模型

其具体的数值试验分析步骤如下：

(1) 步骤 1

给出如表 7-3 所示传统抗震结构和隔震结构的参数。传统抗震结构的周期为 0.72 s，其隔震结构的周期为 4.78 s。

表 7-3　　　　　　　　　　　传统抗震结构和隔震结构的参数

| 层 | 质量/（×10⁷ kg） | 传统结构刚度/（×10¹⁰ kg/m） | 传统结构屈服位移/m | 隔震结构刚度/（×10⁸ kg/m） | 隔震结构屈服位移/m |
|---|---|---|---|---|---|
| 6 | 2.0 | 1.2 | 0.015 | 1.2 | 0.015 |
| 5 | 2.0 | 1.5 | 0.014 | 1.5 | 0.014 |
| 4 | 2.0 | 1.8 | 0.013 | 1.8 | 0.013 |
| 3 | 2.0 | 2.1 | 0.012 | 2.1 | 0.012 |
| 2 | 2.0 | 2.1 | 0.015 | 2.1 | 0.015 |
| 1 | 0 | 0 | 0 | 2.1 | 0.015 |
| 0 | 0 | 0 | 0 | 0 | 0 |

注：在传统抗震结构中，层栏中"0"和"1"表示首层的地面；在隔震结构中，"0"表示隔震层底部，"1"表示隔震层上部，即结构首层地面，"6"表示第 5 层屋面。

（2）步骤 2

多质点体系振动微分方程为：

$$[m]\{\ddot{X}\}+[c]\{\dot{X}\}+[K]\{x\}=-[m]\{1\}\ddot{X}_g \tag{7-6}$$

利用电算程序 NRES（Wilson $\theta$ 法）进行数值分析。本训练采用 EL CENTRO 地震动，其时间间隔为 0.01 s，加速度峰值为 500 cm/s²。

（3）步骤 3

对地震反应弹塑性分析结果进行讨论。图 7-38（a）表示传统抗震结构和隔震结构的位移反应值，图 7-38（b）表示加速度反应值。从图中可以看出，隔震结构的绝对位移大于传统抗震结构的绝对位移，可是其层相对位移小于传统抗震结构；隔震结构的加速度小于传统抗震结构的加速度，说明承受的地震作用远比传统抗震结构小，有利于抗震。

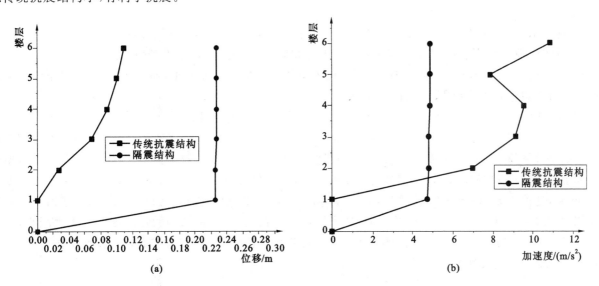

图 7-38　传统抗震结构和隔震结构的位移和加速度分布图（一）

（a）位移；（b）加速度

#### 7.3.2.2　缩尺模型试验验证

（1）步骤 1

自制如图 7-39 所示隔震结构振动模型。

（2）步骤 2

购买小型振动台（图 7-40）和数据分析设备，包括加速度传感器、电荷放大器（传感器电缆接入电荷放大器电荷 $Q$ 输入端）、AZ108 或 AZ116R 数据采集箱、计算机以及对应的软件。

图 7-39　隔震结构振动模型

图 7-40　小型振动台

（3）步骤 3

按如图 7-41 所示振动分析实验框图连接分析设备，调节仪器面板。

① 电荷放大器设置：打开电荷放大器电源，灵敏度指示灯亮；调节电荷放大器的增益开关（输出 mV/Unit）取一合适倍数；将 HPF 开关扳至加速度挡（m/s²），设定 1 Hz。

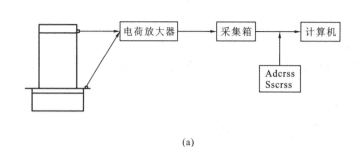 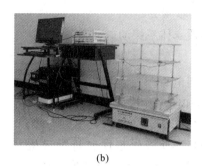

(a)　　　　　　　　　　　　　　　　　(b)

**图 7-41　振动分析实验框图**

② 参数设置：进入数据分析系统，建立作业。选择通道数为单通道，采样频率为 512 Hz，工作单位为 m/s$^{-2}$。

③ 进入示波方式（鼠标点击"实时示波"按钮），轻推结构，以检查仪器是否工作正常。

④ 设定激励频率，安装位移传感器于隔震层上部和振动台台面上，测试振动位移曲线。

⑤ 对结构施加一个横向荷载，鼠标点击"数据采集"按钮，同时松开所加荷载，测试一次激励下结构振动曲线。文件存盘后将子系统固定，测试振动位移曲线。

⑥ 对比隔震层上部和振动台台面上的振动位移曲线，计算减振效果。

图 7-42 所示图像中，经过 Ch1 通道表示的是振动台台面上的加速度、速度和位移的图像，经过 Ch2 通道表示的是隔震层上部的加速度、速度和位移的图像，采集数据时其振动频率为 180 Hz。从图中可知，振动台台面上的加速度为 337.79 m/s$^2$，速度为 14108.69 mm/s，位移为 622898.21 μm；隔震层上部的加速度为 4.07 m/s$^2$，速度为 86.62 mm/s，位移为 2175.82 μm。由此看出，地震作用经过隔震层后，传递给上部结构的作用力明显减小，隔震层延长结构的周期，适当增加了结构的阻尼，使结构的加速度反应大大减小，同时使结构的位移集中于隔震层，上部结构像刚体一样，自身相对位移很小，结构基本处于弹性工作状态，大大提高了建筑结构的抗震性能。

### 7.3.3　高层消能结构

#### 7.3.3.1　数值试验可行性分析

其具体的数值试验分析步骤如下：

（1）步骤 1

对应于图 7-43，给出如表 7-4 所示传统抗震结构和减震结构的参数，传统抗震结构的周期为 0.72 s，减震结构的周期为 0.38 s。

表 7-4　　　　　　　　　　　**传统抗震结构和减震结构的参数**

| 层 | 质量/<br>（×10$^7$ kg） | 传统结构刚度/<br>（×10$^{10}$ kg/m） | 传统结构<br>屈服位移/m | 附加阻尼器刚度/<br>（×10$^{10}$ kg/m） | 附加阻尼器<br>屈服位移/m |
|---|---|---|---|---|---|
| 6 | 2.0 | 1.2 | 0.015 | 4.0 | 0.003 |
| 5 | 2.0 | 1.5 | 0.014 | 4.0 | 0.003 |
| 4 | 2.0 | 1.8 | 0.013 | 4.0 | 0.003 |
| 3 | 2.0 | 2.1 | 0.012 | 5.0 | 0.003 |
| 2 | 2.0 | 2.1 | 0.015 | 5.0 | 0.003 |
| 1 | 0 | 0 | 0 | 0 | 0 |

注：层栏中"1"表示基础，"6"表示第 5 层屋面。

（2）步骤 2

多质点体系振动微分方程为：

$$[m]\{\ddot{X}\}+[c]\{\dot{X}\}+[K_{\mathrm{f}}+K_{\mathrm{d}}]\{X\}=-[m]\{1\}\ddot{X}_{\mathrm{g}} \tag{7-7}$$

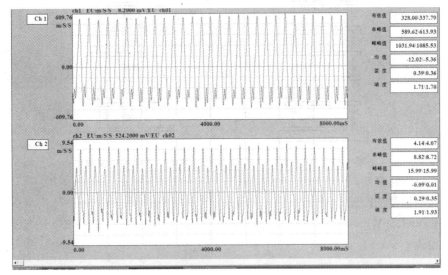

(a)

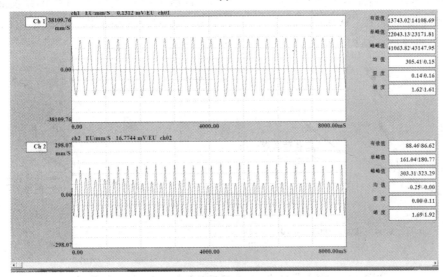

(b)

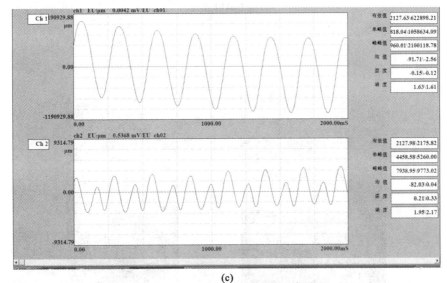

(c)

**图 7-42 地震反应图**

（a）加速度；（b）速度；（c）位移

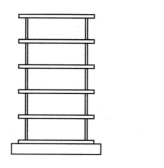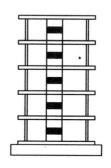

**图 7-43　传统抗震结构和减震结构的数值试验振动模型**

式中　$K_f$——传统结构的刚度；

　　　$K_d$——附加阻尼器的刚度。

利用电算程序 NRES(Wilson $\theta$ 法)进行数值分析。本训练采用 EL CENTRO 地震动，其时间间隔为 0.01 s，加速度峰值为 500 cm/s²。

（3）步骤 3

对地震反应弹塑性分析结果进行讨论。图 7-44(a)表示传统抗震结构和减震结构的位移反应值，图 7-44(b)表示加速度反应值。从图中可以看出，减震结构的绝对位移小于传统抗震结构的绝对位移；减震结构的加速度小于传统抗震结构的加速度，说明就有利于抗震。

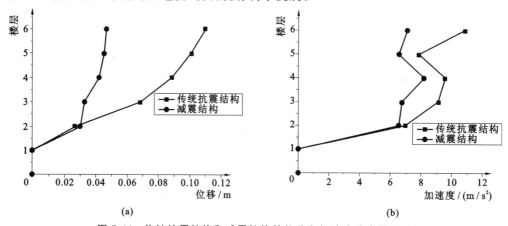

**图 7-44　传统抗震结构和减震结构的位移和加速度分布图(二)**

（a）位移；（b）加速度

#### 7.3.3.2　缩尺模型试验验证

（1）步骤 1

自制如图 7-45 所示消能结构振动模型。

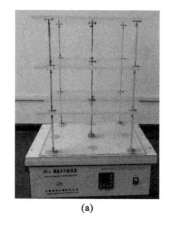

**图 7-45　消能结构振动模型**

（a）正面图；（b）侧面图

（2）步骤 2

购买小型振动台和数据分析设备,包括加速度传感器、电荷放大器(传感器电缆接入电荷放大器电荷 $Q$ 输入端)、AZ108 或 AZ116R 数据采集箱、计算机以及对应的软件。

（3）步骤 3

按如图 7-46 所示振动分析实验框图连接分析设备,调节仪器面板。

(a)        (b)

**图 7-46　振动分析实验框图**

① 电荷放大器设置:打开电荷放大器电源,灵敏度指示灯亮;调节电荷放大器的增益开关(输出 mV/Unit)取一合适倍数;将 HPF 开关扳至加速度挡($m/s^2$),设定 1 Hz。

② 参数设置:进入数据分析系统,建立作业。选择通道数为单通道,采样频率 512 Hz,工作单位 $m/s^{-2}$。

③ 进入示波方式(鼠标点击"实时示波"按钮),轻推结构,以检查仪器是否工作正常。

④ 设定激励频率,安装位移传感器于附加阻尼器之前的结构(传统抗震结构)和附加阻尼器之后的结构(减震结构)上,测试振动位移曲线。

⑤ 对结构施加一个横向荷载,鼠标点击"数据采集"按钮,同时松开所加荷载,测试一次激励下结构振动曲线。文件存盘后将子系统固定,测试振动位移曲线。

⑥ 对比附加阻尼器之前的结构(传统的抗震结构)和附加阻尼器之后的结构(减震结构)上的振动位移曲线,计算减振效果。

图 7-47 图像中,经过 Ch1 通道表示的是减震结构模型底层的加速度图像,经过 Ch2 通道表示的是减震结构模型第二层的加速度图像,采集数据时其振动频率为 170 Hz。由图中可以看出,传统抗震结构底层的层间加速度有效值为 146292.13 $mm/s^2$,第二层的层间加速度有效值为 277020.70 $mm/s^2$。减震结构底层的层间加速度有效值为 150434.87 $mm/s^2$,第二层的层间加速度有效值为 237567.67 $mm/s^2$。两种结构底层的层间加速度有效值几乎相同(误差可能由仪器、采集等原因造成)。但是,在加上阻尼器的减震结构模型第二层层间加速度明显减小了约 40 $m/s^2$,说明阻尼器起到了消能的效果。

如图 7-48 所示,经过 Ch1 通道表示的是减震结构模型底层的速度图像,经过 Ch2 通道表示的是减震结构模型的第二层的速度图像,采集数据时其振动频率为 170 Hz。由图中可以看出,传统抗震结构底层的速度有效值为 7275.46 mm/s,第二层的速度有效值为 14810.68 mm/s。减震结构底层的速度有效值为 7394.11 mm/s,第二层的速度有效值为 12377.04 mm/s。两种结构底层的速度有效值几乎相同(误差可能由于仪器、采集等原因造成)。但是,在加上阻尼器的减震结构模型第二层速度明显地减小了约 2 m/s,说明阻尼器起到了消能的效果(速度变化曲线是由加速度变化曲线积分而来,与它的真实曲线有所差距)。

如图 7-49 所示,经过 Ch1 通道表示的是减震结构模型底层的位移图像,经过 Ch2 通道表示的是减震结构模型第二层的位移图像,采集数据时其振动频率为 170 Hz。由图中可以看出,传统抗震结构底层的位移有效值为 398187.21 $\mu m$,第二层的位移有效值为 821257.63 $\mu m$,其层间位移为 423070 $\mu m$。减震结构底层的位移有效值为 407654.56 $\mu m$,第二层的位移有效值为 689571.66 $\mu m$,其层间位移为 281917 $\mu m$。加上阻尼器的减震结构模型第二层层间位移明显地减小了约 141153 $\mu m$,说明阻尼器起到了消能的效果。

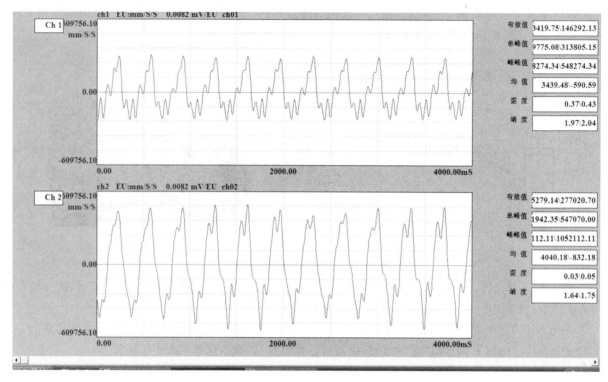

(a)

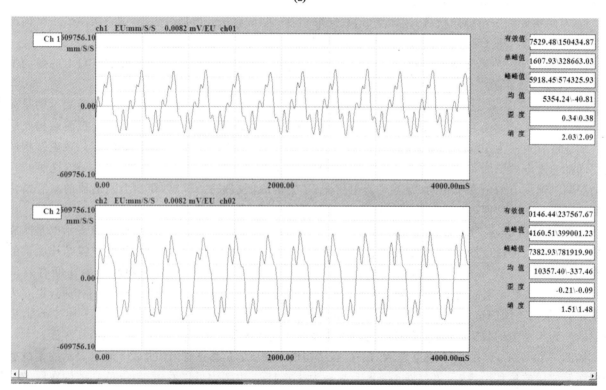

(b)

**图 7-47  加速度变化曲线**

（a）附加阻尼器前加速度；（b）附加阻尼器后加速度

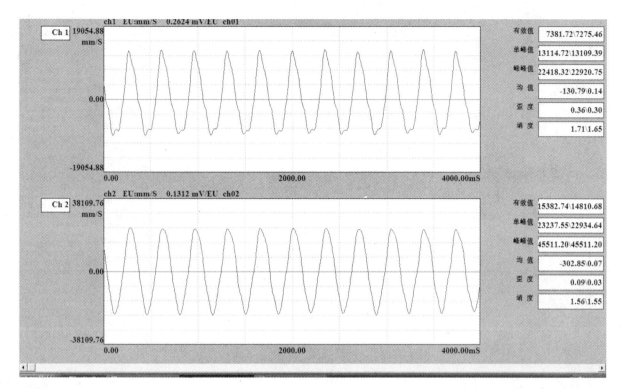

(a)

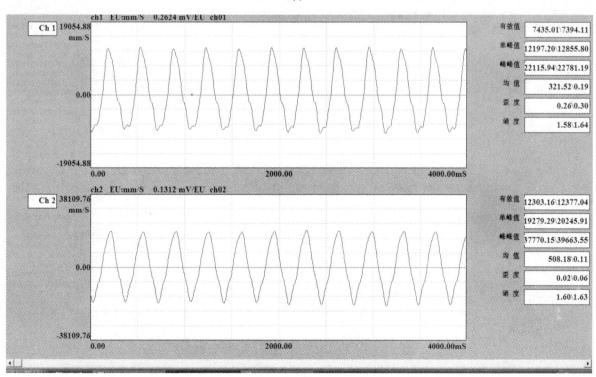

(b)

**图 7-48 速度变化曲线**

（a）附加阻尼器前速度；（b）附加阻尼器后速度

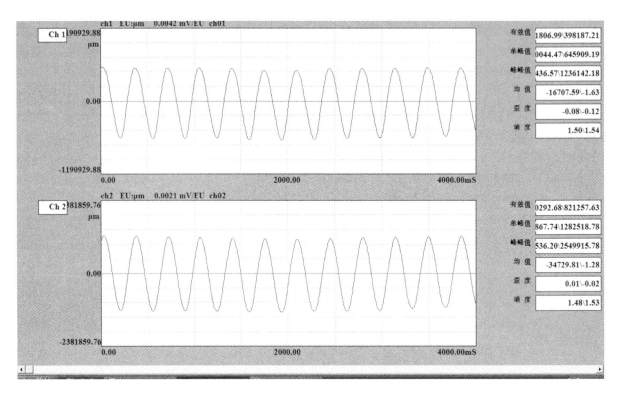

**图 7-49 位移变化曲线**

（a）附加阻尼器前位移；（b）附加阻尼器后位移

## 7.4 攀 达 拱 ⟫⟫⟫

### 7.4.1 攀达穹顶的概念

攀达穹顶是由日本川口卫教授针对大跨穹顶结构提出的一种施工技术,或者说是采用该施工技术形成的穹顶结构。

川口卫教授把穹顶结构的环向作用和径向作用分解开,撤去部分环向构件,使其成为仅有一维自由度的结构,从而可以将结构整体折叠,在接近地面的高度进行拼装,然后把折叠的穹顶顶升到预定高度,再撤去杆件,穹顶即告完成。

攀达穹顶结构可在接近地面的高度安装,灯光、音响、通风管道等设施均可在接近地面的高度安装,避免高空作业,提高了施工安全性,便于监理检查,可较好地保证安装精度。另外,体系仅有竖向自由度,在施工过程中可以抵抗风力及地震力的作用,大大提高了施工速度,降低了工程造价。

世界著名的攀达穹顶有西班牙的巴塞罗那奥运会主场馆、日本的浪速穹顶体育运动中心、我国的福建体育馆等。

攀达穹顶原理示意图如图 7-50 所示。

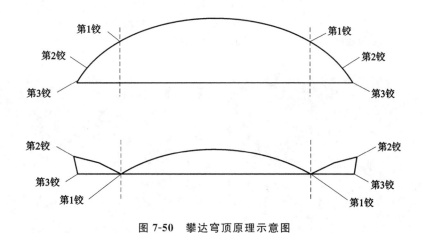

图 7-50 攀达穹顶原理示意图

### 7.4.2 模型仿制

模型仿制步骤如下。

① 充分理解穹顶的基本知识、攀达穹顶的原理。

② 构思仿制模型的设定方案,包括总体外形、基本尺寸、单元分割等。

如图 7-51 所示,将模型分成三个单元,分别为模块一、模块二、模块三。各模块的基本尺寸如下。

模块一:正八边形,边长为 150 mm。

模块二:八块等腰梯形,上底为 150 mm,下底为 293.5 mm,腰长为 212.5 mm。

模块三:八块等腰梯形,上底为 212.5 mm,下底为 389.3 mm,腰长为 186.3 mm。

③ 制作之前的准备工作。选择合适的材料,充分了解所使用材料的特性、加工方法,甚至外饰方法。准备好相应的工具和加工设备。

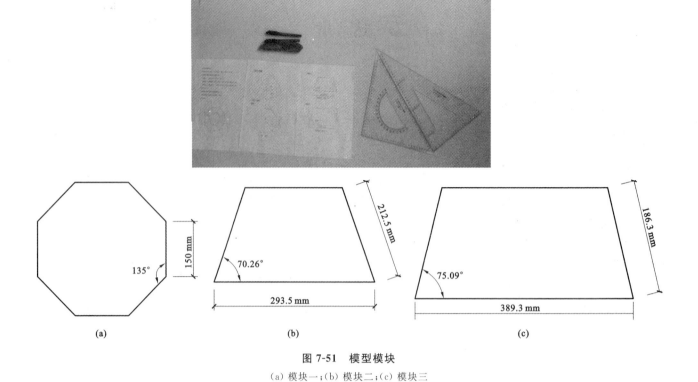

**图 7-51  模型模块**

(a) 模块一;(b) 模块二;(c) 模块三

选择塑料泡沫板,在泡沫板上按照图纸 1∶1 放样,如图 7-52 所示。

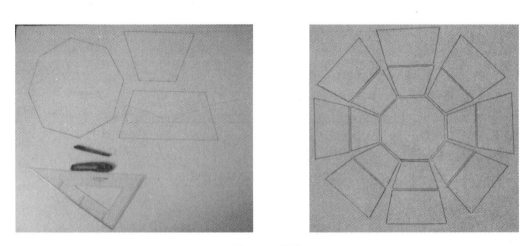

**图 7-52  放样**

④ 模型制作。拟订完善的制作流程,其核心在于模拟复制穹顶结构的施工过程。分单元制作,再行组装,然后顶升,最终固定,形成穹顶结构,如图 7-53 所示。

⑤ 表面处理,如图 7-54 所示。

⑥ 技术资料整理。

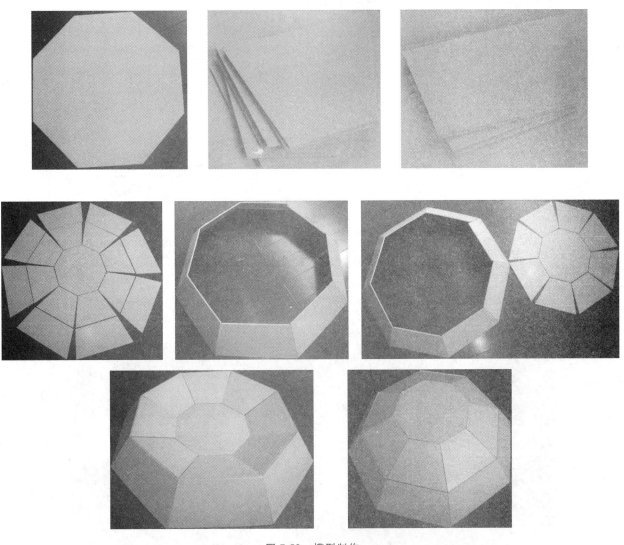

图 7-53  模型制作

图 7-54  表面处理

### 7.4.3  结构创新

通过上述模型仿制训练,学生对攀达穹顶的原理、妙处有了非常深刻的体会。在此基础上,提出创新结构的设计制作任务。

任务:利用攀达穹顶原理,设计制作新的结构形式。

学生易于从一维拱入手,分成 5 段,形成 6 个铰,形成攀达拱。

问题在于:六铰拱顶升到设计位置后,如何固定拱结构?

**思考 7:** 攀达穹顶结构,顶升至设计位置,是如何固定的?

围绕这个问题的解决,形成了形形色色的固定方案,其中方案之一如图 7-55 所示,并制作成模型如图 7-56所示。

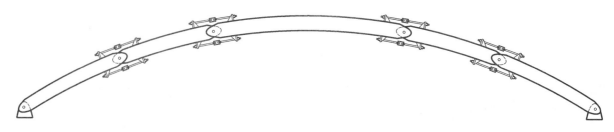

图 7-55 新型攀达拱

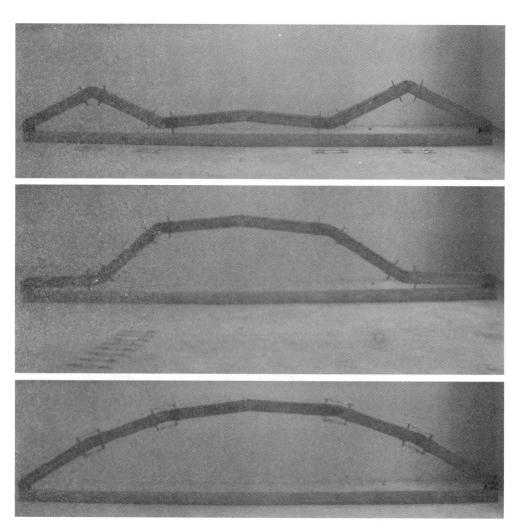

图 7-56 攀达拱模型

## 7.5  最小重强比加载模型  >>>

下面以 2012 年江苏省大学生结构设计竞赛为例,具体说明加载结构模型的设计、制作过程。

2012 年江苏省大学生结构设计竞赛加载单元的比赛题目为"空间桁架梁结构",要求用木质材料制作,结构为单跨。

### 7.5.1  审题

审题做到细致准确、有的放矢。由于受比赛时间、材料等条件限制,大学生结构设计竞赛往往突出"结构概念设计"的要求。参赛选手一般只需在符合题目要求的前提下,从满足结构承载能力的角度进行构思和设计即可。

比赛章程是对比赛相关事宜的详细阐述。除了要准确了解比赛内容、比赛进程等规定外,更应对命题要求、理论设计、加载方式、破坏指标、评分标准等核心内容做细致分析。

(1)模型尺寸

在比赛章程中,一般会给出模型尺寸的限值。当未直接给出限值时,可通过加载条件间接加以确定。模型的尺寸应保持在一定范围内,通过理论分析和模型试验取得各方面的平衡。

2012 年江苏省大学生结构设计竞赛对模型尺寸的要求为:① 空间桁架梁要求净跨度 $L=1000$ mm,梁两端各有 100 mm 的搭接长度,桁架梁总跨度为 $L'=1200$ mm;② 空间桁架梁任一横截面最大高度 $h$、最大宽度 $b$ 均不得超过 200 mm,且均不得小于 40 mm。横截面尺寸限制如图 7-57 所示。构造形式方面无其他限制。

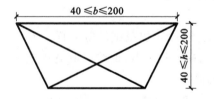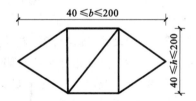

**图 7-57  空间桁架梁结构横截面尺寸限制示意图(单位:mm)**

(2)支承形式

支承形式对结构设计的影响很大,直接关系到模型的结构形式和理论分析。为此,我们需要关注"加载平台是否提供有效的约束"。一般的竞赛只提供竖向支承,而水平约束则较弱,甚至不提供。因此,对于悬索或需水平推力结构,往往受该条件限制,此时应考虑采取其他方式实现水平约束,如采用系杆等。

2012 年江苏省大学生结构设计竞赛规定的竖向支承形式为梁两端各有 100 mm 的搭接长度搁置于加载台上,也就是简支。水平方向上没有给出支承。

(3)几何净空

几何净空在实际工程中极为重要。对于模型设计,一般也会限定其净空要求,但往往被很多参赛者忽略。例如,桥梁模型的净空大小直接关系到模型是否能够顺利加载。

2012 年江苏省大学生结构设计竞赛限制了横截面的最大尺寸,实际上也就间接给出了几何净空的要求。

(4)模型制作材料

对于现场制作模型的比赛,为公平起见,一般都会统一提供模型制作材料和制作工具。注意,模型和工具都是定量配给供应,意味着设计模型所需的材料数量不能超过比赛所给的材料数量且有一定余量,尽量不要因制作失误而造成材料浪费,否则模型可能无法完成。

2012 年江苏省大学生结构设计竞赛为各参赛队提供如下材料及工具用于模型制作。

① 木材:边长为 5 mm 的正方形截面木杆,单根 1.2 m,每队共计 10 根。

② 胶水:使用数量无限制。

③ 钉子:小钢钉,每队共计 20 枚。

④ 制作工具:每队配给 5 根锯条、2 把美工刀、1 把尖嘴钳、1 把锤子、1 把量尺、砂纸若干。

(5)加载方式

加载方式包括载荷形式、布载方式、加载流程、最大荷载等。静载试验一般用砝码或者其他代替的重物(沙包、铁块等)进行加载;对于动载试验,常见有用一定重量的牵引式可移动小车模拟移动车辆荷载,或采用振动台由结构底部输入位移。

2012 年江苏省大学生结构设计竞赛采用在空间桁架梁跨中悬挂配重集中力的方式考核模型的承载力。在空间桁架梁下弦跨中悬吊两根细钢丝加载索,加载索下方悬挂一加载桶,通过在桶内加沙子的方式对空间桁架梁跨中施加集中力。当结构发生破坏时,测出加载桶与其内的沙子总质量,记为 $M$,单位 g,作为结构的承载能力。加载方式示意图如图 7-58 所示。为了供加载时悬挂加载桶之用,空间桁架梁跨中区域底面需要至少有两根平行弦。

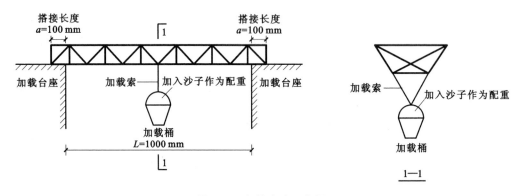

**图 7-58 加载方式示意图**

(6)评分标准

评分标准一般分为造型设计、理论计算、制作工艺、现场答辩、加载试验等方面。其中加载试验是比重最大的指标,通常占一半左右,其他指标则各有侧重。从比赛经验来看,最终影响竞赛成绩也大多是加载试验指标。因此,参赛者务必在加载环节上进行足够仔细的研究。

2012 年江苏省大学生结构设计竞赛给出的评分标准为加载前测出各参赛队结构模型总质量,记为 $W$,单位 g。各队模型的得分按下式计算:$P=M/W$,精确到小数点后两位。得分高者优胜。对于结构破坏的判定标准为"当发生以下任意一条现象时即认为空间桁架梁结构破坏,立即停止加载:① 组成空间桁架的任意一根骨架杆件发生断裂或压屈;② 任意一节点破坏或杆件间连接发生脱离;③ 空间桁架梁结构发生整体垮塌。"

### 7.5.2 结构选型

结构选型应做到结构概念清晰,结构形式力求创新。选择正确的结构形式,是取得优异成绩的前提和关键步骤。一个好的结构形式,不仅体现了选手清晰明确的力学概念,还可以很好地表达作者的设计构思,也必然体现作者的创新思维。如果从一开始选型时方向就错了,将导致以后做许多无用功,即使模型制作得再精致,也不能取得理想成绩。

结构选型一般先从命题要求出发,根据比赛要求充分考虑各种因素,如材料、尺寸的限制,加载方式,制作方法等,再结合结构专业知识,通过比较、分析、计算、试验等,确定模型的结构形式。为此,参赛者应在设计之前,通过查阅资料,了解、补充和学习相关知识。

另外,结构形式力求简化,复杂的模型不但增加结构自重,而且不易制作,即使有好的设计思想也不一定能实现。

在结构选型时,我们更应该充分结合比赛实际,发散思维,大胆创新,这也是大赛培养大学生的创新意识和提高大学生的创新设计能力的要求。在创新过程中一定要有质疑精神,对未知的事物,不要简单否定,一定先去了解、分析,再作判断,切不可受到已有结构形式的束缚,更不能拘泥于教科书。第一届全国大学生结构设计竞赛中,东南大学的参赛作品《白月光》就巧妙利用了硫酸纸制外墙的蒙皮效应(图7-59),这是纸质模型制作上的大胆尝试。

在选型环节,要注意以下两个问题。

(1) 遵循力学原理,正确运用结构概念

首先,明确荷载传递路径。这个概念在结构设计竞赛中十分重要。所谓荷载传递路径,是指结构所受外力荷载,从作用点开始依次经过结构各部分的相互作用,最后传递到支座的整条传递路线。荷载在结构内部以弯矩、剪力、轴力的形式传递,各种内力在传递时引起的变形类型也是不同的。

图7-59　东南大学参赛作品《白月光》

结构设计的目标,归根结底是将结构所承受的荷载以最合理的变形类型,最清晰、最短的传递路线传递到支座上。这就要求荷载传递路线必须是连续的,不可间断。尤其是桁架结构设计时,借助荷载路径分析可有效帮助我们找到合理的结构形式。

结构设计比赛的荷载一般都规定好加载方式,模型的受荷方式不同于实际建筑。因此,考虑结构的时候一定要注意加载方式。

除此之外,还有很多的力学原理和结构概念合理运用的例子。比如,平面布置应该尽量对称,尽量做到平面的重心与刚度中心重合,这样能够避免结构在水平作用下产生扭转。模型制作时竖向荷载不通过模型重心,会产生倾覆力矩,并导致进一步偏心,甚至结构破坏。对于高而窄的结构模型,要特别注意模型的变形和侧向位移的控制,保证结构具有一定刚度,防止二阶效应增大内力,导致结构破坏。另外,桁架中斜腹杆应尽量布置成拉杆而非压杆,因为压杆的稳定性较差。

(2) 加强结构形式对比

结构设计竞赛倡导的是"百花齐放、百家争鸣",满足命题要求的结构形式应该且必然是多样的。即使对于规定结构形式的比赛命题来说,符合要求的实际模型也可以是多种多样的。参赛者应在选型时,根据命题要求多提出几种结构形式,借助所学知识和计算机软件加强对各结构形式的对比分析,找出各种形式的优劣,从而寻求最合理的结构形式。

2012年江苏省大学生结构设计竞赛已限定梁的结构形式采用空间桁架结构,但是空间桁架从外形上也分为三角形桁架、平行弦桁架、双斜弦桁架和多边形桁架几种,需进一步确定。根据加载方式和支承条件,可以画出梁的弯矩图为三角形。平行弦桁架和多边形桁架皆不合理。三角形桁架其外形最贴合弯矩图形状,但其在支承处上下弦杆的轴力大于其他地方,即轴力分布不太均匀,因此采用梯形双斜弦桁架,既符合弯矩分布的要求,其各根杆件的轴力又相差不大,使材料得以充分利用。

接下来是截面形式的选择。可选择的截面形式有三角形、矩形、梯形和多边形等。这里要注意两点:一是加载要求跨中至少有两根平行下弦杆,否则无法加载;二是根据受力分析下弦杆受拉,而上弦杆受压,一般杆件的受拉性能好于受压性能,因此,上弦杆的截面面积应不小于下弦杆才合理。基于以上两点分析,选择矩形截面。另外,从加载方式考虑,跨中两集中力之间成一定夹角,按理说,采用倒梯形截面使外力尽量平行于上下弦杆及腹杆组成的平面,更能发挥梁的空间受力性能,但是由此带来的制作难度大大增加,不易实现,所以放弃倒梯形,而采用上下等宽的矩形截面。这样实际最后确定的空间桁架形式是由两个平面梯形桁架拼接而成的等宽桁架。

斜腹杆的布置也很有讲究。由于稳定性的问题,一般杆件的受拉性能好于受压性能,因此,在荷载已确定的情况下,应注意斜腹杆的倾斜方向,将其布置成拉杆而非压杆。就这里的模型而言,加载点在跨中,斜腹杆应对称布置,左半边的向左倾斜,右半边的向右倾斜。

最终选定的结构形式如图7-60所示。

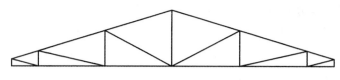

图 7-60　双斜弦桁架梁结构示意图

### 7.5.3　模型设计

在准确审读竞赛要求、基本确定结构形式之后,接下来一个核心环节就是结构设计。参赛者主要依据结构设计基本原理,针对竞赛要求和限制,进行合理的结构设计。

结构设计是一个循序渐进的过程。它不是一蹴而就的,也不是一成不变的,而是需要在整个竞赛准备过程中不断进行优化和改进的。同时,参赛者应熟练掌握不同材料的不同力学性能,做到因材施用和物尽其用。

所谓"循序渐进",即"由果及因、由体及面、由整体及局部"的设计思路。以承受荷载的桁架梁桥模型为例,首先确定荷载。当荷载作用于跨中时,一般简支梁承受最不利荷载,此时弯矩图呈倒三角形的形式。显然跨中截面最可能发生破坏,由此最直接的结论是"加大跨中截面的竖向抗弯刚度"。接着,为了能最大限度地减轻结构自重,初步设计时应着重考虑的问题是如何使结构的竖向抗弯能力与其最不利弯矩相适应。从这个角度出发,再结合结构抗弯刚度的概念,即可设计出沿桥长变高度的各种桥梁形式。最后是构件设计问题。一方面,我们应根据不同的受力特点,确定不同构件的截面形式与连接设计,从而尽可能降低自重;另一方面,又要考虑模型制作的可操作性、材料性能的不确定性等。

做到"因材施用",就要求设计者在命题要求的基础上,根据不同的材料性能和受力特性,设计不同的构件截面。如纸质主桁架上弦杆主要受压,并承受局部集中荷载,显然不能采用硫酸纸,而必须采用白卡纸杆件,同时由于构件抗弯的需要,可将受弯杆件截面设计成抗弯惯性矩较大的矩形、圆形、T 形等形状;对于受拉下弦,则可充分利用硫酸纸或白卡纸的抗拉强度,采用单层或多层叠合纸带,从而减轻下弦自重。

截面尺寸选择是一个十分重要的问题。在自重约束的条件下,参赛者需要根据设计计算结果,探究各种截面的性能优劣。一般需综合考虑以下几个方面的问题。

① 受力性能。

如压弯杆件,考虑抗弯刚度的大小,宜采用箱形截面,获得大的惯性矩及抗弯截面系数;受压杆件,考虑受压稳定性、长细比等。

② 节省材料。

模型要做到重量轻,必须采用经济的截面形式。例如,考虑对于抗弯模量相同的截面来说,圆形截面和矩形截面杆件哪种更轻一些,杆截面的尺寸和长度之间的关系如何;在强度及稳定性足够保证的前提下,T 形截面或者十字形截面是否可以使结构自重更轻等问题。

③ 拼接工艺。

好的设计并不一定能实现,必须考虑制作工艺。一般来说,方杆的拼接形式最为灵活,节点美观性也较好;而圆杆则较复杂。

2012 年江苏省大学生结构设计竞赛题目中已限制了模型的净跨为 1000 mm,两端支撑各 100 mm,即梁总长定为 1200 mm。再来看截面尺寸的选择。根据材料力学知识,截面高度和宽度取得越大,截面的抗弯刚度和抗弯系数也就越大,相应弦杆中的轴力就越小。竞赛题目限制任一截面最大高度不得大于 200 mm,宽度不大于 40 mm,因此,整个双斜弦桁架梁中面积最大的跨中截面就取比赛允许的最大截面尺寸。上弦的倾斜坡度初步确定时可在钢结构设计书中推荐的经济尺寸范围内选取一个较大值,这样做贴近弯矩图形状,比较节省材料。接下来是节距的初步选择。节距的大小一方面关系到斜腹杆的倾斜角度从而影响腹杆的轴力,另一方面关系到所需腹杆数量及长度从而影响结构自重。节距太大,所需腹杆数少,能节省材料,但斜腹杆与上下弦之间的夹角太小不利于抗剪;节距太小,抗剪能力提高了,但是所需腹杆数量及斜腹杆长度大大增加。综合这两方面的考虑,再根据抗剪性能与抗弯性能匹配的原则进行试算,发现抗剪需要远小于抗弯需要,故确定把整个桁架梁分为六节,节距均初步设为 100 mm(两端)和 500 mm(中间)。最后杆件截面初步选择采用竞赛组织方给定的木条截面规格,即 5 mm 方形截面,需根据计算结果进行进一步调整。

模型初步尺寸确定后,就要开始对模型进行理论分析与计算。实际制作的模型在材料性能、支座条件、节点力学性质等方面具有局限性,因此,我们需要对计算模型进行简化和假定,如荷载简化、材料模型简化、节点简化等。

简化和假定必然会带来计算误差。但从理论指导实践这个角度上说,这种简化计算又是合理的,误差也是可以接受的。

理论计算一般又分为手算和电算两个方面。手算一般根据材料力学或结构力学等力学中的基本原理进行简单的受力分析,如荷载简化、拉压杆件概念分析等,主要用于初步设计;电算则是运用计算机软件进行详细的结构分析,并对设计的结构进行优化。常用的电脑分析工具有以下两类。

(1) 力学问题求解器

① 材料力学问题求解器。

清华大学编制的材料力学问题求解器较为适用,在比赛中主要用于截面设计相应计算。

② 结构力学求解器。

清华大学推出的结构力学求解器,其求解内容主要包括二维平面结构(体系)的几何组成、静定、超静定、位移、内力、影响线、包络图、自由振动、弹性稳定、极限荷载等经典结构力学课程中所涉及的一系列问题,采用的算法精确,能给出较精确解答。

(2) 有限元分析软件 SAP2000

SAP2000 是集成化的通用结构分析与设计软件,提供了多种建模、分析和设计选项,且完全在一个集成的图形界面内实现。SAP2000 在结构模型设计比赛中主要用于结构建模和结构内力分析。

以 2012 年江苏省大学生结构设计竞赛题目为例,空间桁架梁模型尺寸初步确定后,首先用结构力学求解器建立一个简化的平面桁架梁模型进行初步分析(图 7-61),看在跨中集中荷载作用下梁中杆件的轴力分布是否均匀,如果不均匀,需调整尺寸进行优化,尽量使轴力分布均匀,主要调整上弦坡度、节距。

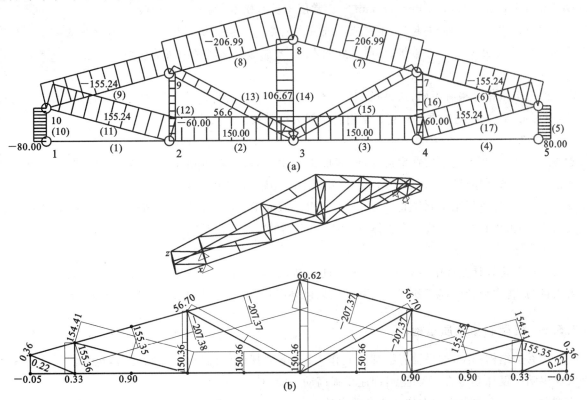

**图 7-61 简化的平面桁架梁轴力图**

(a) 结构力学求解器计算结果;(b) SAP2000 计算结果

为了解桁架梁的空间受力行为,得到更加精确的计算结果以及进一步优化,接着采用 SAP2000 软件进行建模分析,根据计算结果对结构设计进行进一步调整,主要调整各杆截面尺寸,进一步减少结构自重。

最后进行节点的构造设计。结构设计知识告诉我们破坏经常发生在节点,因此节点的强度是需要考虑的重要因素。但由于在计算软件建模时往往对节点进行了简化,节点强度大小不能通过计算获得,需要通过一些节点试验来保证。

设计的一个重要环节是作图。图是体现设计思想的工具,必须做到全面、准确、清晰,可借助 AutoCAD 等电脑绘图软件完成。

需要强调的是,设计过程到此基本结束,但并没有完全结束,在模型制作过程中,仍需进行理论分析与计算,不断进行模型设计优化并修改模型图。结构优化设计是理论分析与模型试验相辅相成的过程。一方面,需经过理论计算与分析,探求合理的受力结构,优化荷载传递路径;另一方面,不能盲目相信计算结果。通过加载试验,验证理论与计算分析的结论,还可以发现模型的薄弱部位及破坏形式,并使其得到改进或加强,以形成更优的结构模型。不断改进优化模型的过程是模型制作的一个必须进行的重要过程,需要花费大量时间和精力。

### 7.5.4 模型制作材料

材料本身的强度对结构的承载力影响很大,可以说材料的强度直接决定了模型的承载力。要做出好的模型,必须对比赛所用到的材料有充分的认识,尽可能地搜集材料的一些相关信息,也可通过简单的材料试验来了解材料的各项性能。

近几届全国各级加载结构模型设计比赛中比较常见的指定材料有白卡纸、竹材、木材、塑料和有机玻璃等。

(1) 木材

结构模型中常用的木材形式有木板和木条。常见木板厚 1 mm 左右;木条的规格有 2 mm×2 mm、2 mm×4 mm,2 mm×6 mm,2 mm×8 mm 等。常用木种有松木、桐木、桦木等。

在结构设计比赛中,为公平起见,木材或许统一由大赛组委会提供,但并不意味着材料无差别。材料的选择尤为重要,比赛中只有选择重量轻、质量好的木材,才能做出又轻又结实的模型。

(2) 白卡纸

常见的白卡纸密度稍有不同,从每张 210 克至 250 克不等,结构设计大赛中比较常用的为 230 克/张的白卡纸,即每张 A0 幅面的纸重 230 克。常用黏结剂为白乳胶。

(3) 硫酸纸

硫酸纸较薄,一般不能卷成管型构件,但其抗拉强度很高,一般可用于制作纯受拉构件,如桁架下弦杆等。窄条状的硫酸纸还可以代替蜡线用于节点绑扎,既牢固,又较为美观。

此外,硫酸纸还可以用于制作非受力构件,如用作屋面板、建筑外墙等非结构件。此时,硫酸纸不仅满足美观需要,还可以将结构连成一个整体,产生意想不到的"蒙皮效应"。

(4) 白乳胶

白乳胶是结构设计竞赛中最为常见的水溶性黏结剂,无毒无害。使用时,主要注意的问题是乳胶的浓度。若太稀,则含水分较多,凝固时间长,黏结效果也受影响;若太稠,则黏结不牢,对自重的影响也较大。

### 7.5.5 模型制作及质量检验

一个优秀的结构模型,如果没有精细的制作工艺,不管其设计再怎么合理、完善,也无法呈现出来。这也是大学生结构设计竞赛的一大特点,即注重提高动手能力。

模型制作水平在很大程度上依赖于参赛者的手工技巧。虽然并不是每个参赛者都有精巧的手工,但正所谓"熟能生巧",只要多进行尝试,不断总结经验,就能不断提高制作水平。制作的工艺水平对模型的承载力有较大的影响。同一个结构,不同的制作人用相同的工具和材料制作出的模型不会相同,甚至是同一个人制作的两个模型也会有差别,制作者的制作水平会随着制作者对模型的熟悉程度和使用工具的熟练程度的提高而提高。

（1）木质模型制作工艺

① 木材处理。

a.增大截面。一般提供的木材杆件较细,如果设计中选用截面较大的杆件,一般可将多根杆件叠合黏结。在黏结时,务必保证黏结平面的平整,使二者黏结牢固,增加杆件的整体性。

b.减小截面。可先用美工刀适当劈削后,再进行打磨处理。

c.弯曲。一般将木材先在清水中浸泡,使其充分吸水,增加其柔韧性,再进行弯曲。弯曲过程务必缓慢,待其基本成形后再将两端固定,并自然晾干。需注意,木材浸水后力学性能很可能发生改变,需通过试验确定。

② 木材黏结。

一般使用较为浓稠的白乳胶或502胶,且涂抹厚度应较纸质模型大。黏结过程及注意事项如下。

a.清洁黏合面,去除杂质。

b.适当打磨黏合面。

c.不要用手去碰黏合面,避免黏合面沾上汗液。

d.均匀涂上薄薄的一层胶水。

e.不要弄脏刚上了胶的黏合面。

f.用工具夹或其他夹子夹住黏好的木条,保持一段时间直到连接点变得足够牢固(可以用纸片等垫在夹持处以不损伤木条)。

g.可以用低强度的砂纸简单处理一下,去掉溢出的胶水。

③ T形或工字形截面杆件。

这两种截面的杆件制作简单,用几根2 mm×4 mm或2 mm×6 mm规格的木条黏结即可。黏结时注意先将要黏结部分打磨光滑,这样有利于木条之间的黏结。T形截面杆件因其只有单对称轴,抗压弯性能不好。工字形截面杆件抗弯能力好,适合做梁。

④ 方形或梯形截面的箱形杆件。

它们的制作工艺比以上两种截面杆件要复杂得多。为了节省材料用量和增加柱子抗弯抗扭能力,一般用四片1 mm的木板切成细长木条再黏结起来。为了增强杆件的整体性能,还要在中空的杆件中加入隔片,使杆件的局部稳定性提高,使其整体承载能力也大大提高。梯形截面的箱形杆件其制作工艺要比方形截面的更复杂,该杆件适用于做沿高度截面渐收的柱子,能够增加与横梁或斜撑杆的接触面积,无须再在节点处增加黏结加强构件,使结构整体看起来简洁,力的直接传递更明确。但在制作过程中要注意组成柱的木片之间并不垂直,需对木板进行不垂直的切割。切割倾斜角度必须精确,才能保证组装好的柱的截面形状符合设计要求并获得尽可能大的粘贴接触面积。木片之间拼接成杆件时需要固定,保证粘贴的效果。杆件做好后表面粗糙不平,需再用砂纸细细打磨,最终成型。

（2）节点设计与制作

节点处的受力较为复杂,是结构中的薄弱环节。实际工程中,一般要求框架结构节点强度大于梁柱强度,模型制作也不例外,尤其是受拉节点。节点设计的基本原则是:主要受力构件在节点处保持连续不截断,次要构件与重要构件保证可靠连接。

① 受拉节点。

受拉节点即该节点处至少有一根以上的杆件承受拉应力。受拉节点是模型试验中破坏最为常见的部位,应引起参赛者的足够重视。在设计时,对于一般的受拉节点可采用以下方法。

a."整体弯折法":即将受拉的杆件在连接处整体弯折而不截断,或者仅在预留出足够黏结接触表面后截断。

b."构件连接器法":即在连接处内衬一根小直径短杆或外套一根大直径短杆,形成构件连接器;对于木材模型,可以使用钉子或节点板(图7-62)。

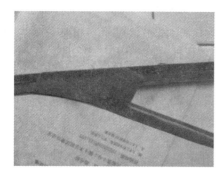

图 7-62　木结构模型节点

② 受压节点。

结构构件一般具有足够的强度,在保证稳定性的前提下,其受压性能一般完全能满足受力需要。受压节点较受拉节点来说,抵抗破坏的能力也较好。在制作时,受压节点基本要领是:保证节点处各杆件轴线处于同一平面内,且受压接触面务必充分接触。

③ 交叉节点。

交叉节点在立体结构中较为常见,如高层建筑模型等。在制作时,需要制作者进行不断尝试,寻求较合适的连接方法。以矩形截面为例,一般在接触点分别开出槽口,然后将二者充分咬合连接(图7-63)。而槽口的开挖方法却有多种形式,需根据实际选用。

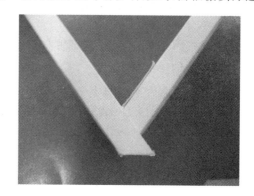

图 7-63　纸质交叉节点开槽

结构组装完成后需要进行处理,首先要将构件多余部分切除并打磨切口,使结构的实际尺寸与设计尺寸一致,然后用电吹风吹干结构,观察各节点是否黏结牢固,弱的地方及时补胶。如果杆件是箱形截面,还要仔细检查接缝处,不要在任何接缝处留有缝隙,因为缝隙的存在会使模型的抗弯能力降低,很多模型破坏就是由于这样的制作缺陷造成的。

模型制作完成之后,为了检验模型制作的质量,要进行加载试验对其强度、刚度、稳定性进行检验。加载的方式通常可分为静载荷试验和动载荷试验。加载完成后计算荷重比。模型的荷重比是指模型所能承受的最大荷载或作用与模型的质量之比。模型的荷重比越高,说明材料的利用率越高。因此,荷重比是反映检验模型好坏的一个重要指标,也是在加载结构模型设计竞赛中取胜的关键。2012年江苏省大学生结构设计竞赛加载组比赛中江苏科技大学参赛队做的空间桁架梁模型(图7-64)其荷重比达到了二百多,获得了一等奖。

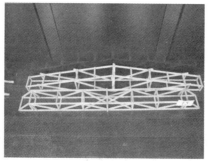

图 7-64　江苏科技大学参赛队做的空间桁架梁模型

# 7.6 建筑信息模型化(BIM) >>>

### 7.6.1 BIM 的基本概念

随着近年来建筑工程的技术含量越来越大,附加于工程项目的信息量越来越大,如何管理好项目信息已经成为项目实施过程中必须认真处理的重要问题。利用和处理好项目信息可以提高设计质量,节省工程开支,缩短工期,惠及使用中的运营和维护工作。要在建筑工程全生命周期中实现对信息的全面管理,其中的关键就是建立起信息化的建筑模型,并利用模型展开项目的各项工作。

2002 年"建筑信息模型"(Building Information Modeling,BIM)的概念被美国首次提出。

BIM 是以三维数字技术为基础,集成了建筑工程项目各种相关信息的工程数据模型。BIM 是对工程项目设施实体与功能特性的数字化表达。一个完善的信息模型,能够连接建筑项目生命期不同阶段的数据、过程和资源,是对工程对象的完整描述,可被建设项目各参与方普遍使用。

因此,BIM 的含义应当包括三个方面。

① BIM 是建筑项目所有信息的数字化表达,是一个可以作为建筑项目虚拟替代物的信息化电子模型,是在开发标准和互操作性基础上建立的,是共享信息的资源。

② BIM 是建立、完善建筑项目信息化模型的行为,项目的各个参与方可以根据各自职责对模型信息插入、提取、更新和修改,以支持建筑项目的各种需要。

③ BIM 是一个透明的、可复制的、可核查的、可持续的协同工作环境。在这个环境中,各参与方在建筑项目全生命周期中都可以及时沟通,共享项目信息,并通过分析信息,做好决策和改善建筑工程项目的交付过程,使项目得到有效的管理。

这三个方面中最为核心的一点就是"信息"。

从上述含义可以看出,BIM 具有以下特征。

① 模型信息的完备性。除了对工程对象进行 3D 几何信息和拓扑关系的描述,还包括完整的工程信息描述,如对象名称、结构类型、建筑材料、工程性能等设计信息;施工工序、进度、成本、质量以及人力、机械、材料资源等施工信息;工程安全性能、材料耐久性能等维护信息;对象之间的工程逻辑关系等。

② 模型信息的关联性。信息模型中的对象是可识别且相互关联的,系统能够对模型的信息进行统计和分析,并生成相应的图形和文档。如果模型中的某个对象发生变化,与之关联的所有对象都会随之更新,以保持模型的完整性。

③ 模型信息的一致性。在建筑生命期的不同阶段模型信息是一致的,同一信息无须重复输入,而且信息模型能够自动演化,模型对象在不同阶段可以简单地进行修改和扩展而无须重新创建,避免了信息不一致。

### 7.6.2 BIM 的特点

建筑信息模型是以建筑工程项目的各项相关信息数据作为模型的基础,进行建筑模型的建立,通过数字信息仿真模拟建筑物所具有的真实信息。它具有可视化、协调性、模拟性、优化性和可出图性五大特点。

(1) 可视化

可视化即"所见所得"的形式。目前,建筑施工图纸,只是各个构件的信息在图纸上的线条绘制表达,而其真正的构造形式需要参与人员去自行想象。对于简单建筑来说,这种想象未尝不可,但是近几年建筑形式各异,复杂造型不断推出,那么这种光靠人脑去想象的东西就未免不现实了。因此,BIM 提供了可视化的思路,让人们将以往的线条式的构件形成一种三维的立体实物图形展示在人们的面前。BIM 与目前的设计效果图也有本质区别。效果图是由专业制作团队根据设计图的线条式信息制作出来的,并不是通过构件的信息自动生成的,缺少了同构件之间的互动性和反馈性;而 BIM 提供的可视化是一种能够同构件之间形成互动性和反馈性的可视。在 BIM 建筑信息模型中,整个过程都是可视化的,项目设计、建造、运营过程中的沟通、讨论、决策都在可视化的状态下进行。

（2）协调性

协调工作是建筑业中的重点内容,不管是施工单位还是业主及设计单位,无不在做着协调及相配合的工作。一旦项目的实施过程中遇到了问题,就要将各有关人士组织起来开协调会,找各施工问题发生的原因及解决办法,然后作出变更,采取相应补救措施等。在设计时,往往由于各专业设计师之间的沟通不到位,而出现各种专业之间的碰撞问题,例如暖通等专业中的管道在进行布置时,由于施工图纸是各自绘制在各自的施工图纸上的,真正施工过程中,可能在布置管线时正好在此处有结构设计的梁等构件在此妨碍着管线的布置。目前,像这样的碰撞问题的协调解决经常只能在问题出现之后再进行解决。BIM 的协调性服务就可以帮助处理这种问题。也就是说,BIM 建筑信息模型可在建筑物建造前期对各专业的碰撞问题进行协调,生成协调数据,提供出来。当然 BIM 的协调作用也并不是只能解决各专业间的碰撞问题,它还可以解决其他问题,如电梯井布置与其他设计布置及净空要求之协调,防火分区与其他设计布置之协调,地下排水布置与其他设计布置之协调等。

（3）模拟性

模拟性并不是只能模拟设计出的建筑物模型,还可以模拟不能够在真实世界中进行操作的事物。在设计阶段,可进行节能模拟、紧急疏散模拟、日照模拟、热能传导模拟等;在招投标和施工阶段,可以进行 4D 模拟（三维模型加项目的发展时间）,也就是根据施工的组织设计模拟实际施工,从而来确定合理的施工方案指导施工,同时还可以进行 5D 模拟（基于 3D 模型的造价控制）,从而来实现成本控制;后期运营阶段可以模拟日常紧急情况的处理方式,如地震人员逃生模拟及消防人员疏散模拟等。

（4）优化性

事实上,整个设计、施工、运营的过程就是一个不断优化的过程,利用 BIM 可以做更好的优化三种因素。优化受三种因素制约:信息、复杂程度和时间。没有准确的信息做不出合理的优化结果,BIM 模型提供了建筑物的实际存在的信息,包括几何信息、物理信息、规则信息,还提供了建筑物变化以后的实际存在。当复杂程度达到一定程度,参与人员本身的能力无法掌握所有的信息,必须借助一定的科学技术和设备的帮助。现代建筑物的复杂程度大多超过参与人员本身的能力极限,BIM 及与其配套的各种优化工具提供了对复杂项目进行优化的可能。

（5）可出图性

BIM 并不是为了作出大家日常多见的建筑设计院所出的建筑设计图纸及一些构件加工图纸。而是通过对建筑物进行了可视化展示、协调、模拟、优化以后,可以帮助业主作出如下图纸。

① 综合管线图（经过碰撞检查和设计修改,消除了相应错误以后）。

② 综合结构留洞图（预埋套管图）。

③ 碰撞检查侦查报告和建议改进方案。

### 7.6.3 BIM 应用

在建筑工程领域,如果将 CAD 技术的应用视为建筑工程设计的第一次变革,BIM 的出现将引发整个 A/E/C（Architecture/Engineering/Construction）领域的第二次革命。BIM 研究的目的是从根本上解决项目规划、设计、施工、维护管理各阶段及应用系统之间的信息断层,实现全过程的工程信息管理乃至建筑生命周期管理。

中华人民共和国住房和城乡建设部在《2011—2015 年建筑业信息化发展纲要》中提出了"十二五"期间"加快建筑信息模型（BIM）、基于网络的协同工作等新技术在工程中应用"的新要求,把 BIM 提到了一个新高度。

BIM 技术应用流程如图 7-65 所示。

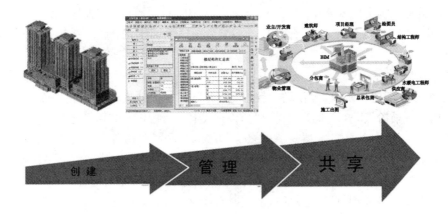

图 7-65 BIM 技术应用流程简图

BIM 提供虚拟建筑模型,不仅可以实现设计阶段的协同设计,施工阶段的建造全过程一体化和运营阶段对建筑物的智能化维护和设施管理,同时打破从业主到设计、施工、运营之间的隔阂和界限,实现对建筑全生命周期管理,可以使建筑工程在其整个进程中显著提高效率、大量减少工程风险及浪费。从设计团队传递到城建的营造方再到业主,可以在各个阶段添加各自专业的信息,更新、追踪变更,维护共同、单一的模型。

BIM 对建筑本身的影响体现在:

在设计阶段,应用 BIM 技术,可以通过对建筑物不同方案的性能作出分析、模拟、比较,从而得到高性能的建筑方案;加强 BIM 协同设计,可以改变设计沟通方式,减少"错、漏、碰、缺"等错误的发生,提高设计产品质量;同时 BIM 三维数字设计可以提高参数化、可视化和性能化设计能力,为设计施工一体化提供技术支撑。

在施工阶段,BIM 技术的研究与应用,可以推进 BIM 技术从设计阶段向施工阶段的应用延伸,降低信息传递过程中的衰减。通过 BIM 技术配合施工,可提前发现管线、设备、结构、建筑之间的冲突情况,并及时解决,从而减少施工错误、节约施工工期、提高施工效率。基于 BIM 技术的 4D 项目信息系统在大型工程施工过程中的应用,可以实现对建筑工程有效的可视化管理。

在运营阶段,通过 BIM 模型和计算流体动力学模拟仿真技术,可以预测各类能量负荷变化,制定相应的能源方案,降低建筑的能源消耗,提高能源的利用效率。

同时,各种专业信息的积累还可以为建设项目的改建、扩建、交易、拆除、使用及政府行为管理等服务。

其实,BIM 远不止对建筑本身产生影响,对产业转型、城市精细化管理、建设节能型社会等都具有重要作用。

美国斯坦福大学集成设施中心 2007 年对 32 个 BIM 项目进行调查研究。研究显示:使用 BIM 技术有以下优势。

① 消除 40% 预算外的更改。

② 造价估算耗费的时间缩短 80%。

③ 造价估算控制在 3% 精度范围内。

④ 通过发现和解决冲突,将合同价降低 10%。

⑤ 项目时限缩短 7%,及早实现投资回报。

而增加经济效益的重要原因就在于应用 BIM 后在工程中减少了各种设计错误。

BIM 是靠 BIM 软件来实现的,它不同于 CAD。若要充分发挥 BIM 的价值,需要一系列的软件来进行支撑。BIM 设计软件应用极广,一切可用于工程需要的软件都可以算为 BIM 技术,不但有 AutodeskRevit、CAD、3Dmax、SketchUp、PKPM、MAYA 等工程与 3D 软件,连 Excel 等办公类软件都可以运用到 BIM 技术中。相关设计软件众多,平台不一是 BIM 技术的一个特点。

(1)国外主流 BIM 软件

民用建筑用 AutodeskRevit,工厂设计和基础设施用 Bentley,双平台的 MagiCAD。

Xsteel 是目前最有影响力的基于 BIM 技术的钢结构深化设计软件。该软件可以使用 BIM 核心建模软件的数据,对钢结构进行面向加工、安装的详细设计,生成钢结构施工图(加工图、深化图、详图)、材料表、数控机床加工代码等。

(2) 国内主流 BIM 软件

鲁班 BIM 系统专注于建造阶段,擅长成本管控,是由鲁班软件开发的本土化 BIM 解决方案,全部基于互联网数据库应用。目前阶段,鲁班 BIM 系统在国内建造阶段的 BIM 应用处于领先水平,系统成熟度、应用的案例数遥遥领先其他同行;并且支持与 AutodeskRevit、Xsteel 等国外知名 BIM 软件实现无缝对接。

目前对于我国来说,培养 BIM 设计及应用人才势在必行,应用设计软件不但是设计师的工作,更要应用在建造商及施工人员的工作里。国内学习 BIM 相关知识的途径较少,主要是私立学习班,并且费用和教学质量参差不齐。教育事业者应引起重视,开办正规全面的工程信息化专业,并列入理工科的教学范围内。在美国建筑业约有半数的机构在应用 BIM 技术,而在中国 BIM 技术尚处于起步阶段。

### 7.6.4 鲁班 BIM

鲁班钢构(预算版)是国内第一家基于 AutoCAD 图形平台的三维钢结构算量软件。它利用 AutoCAD 强大的图形功能,可以方便地建立各种复杂钢结构的三维模型,节点生动形象,便于理解,同时整体考虑构件之间的扣减关系,内置多种标准图集,可以根据实际情况修改计算规则,自动生成工程量。其特点如下。

(1) 基于 AutoCAD 平台,支持 AutoCAD 2006 平台

基于 AutoCAD 图形平台,直接形象地在三维空间建模,业界首创的产品设计,智能化交互及界面设计,建模方式智能化,更少操作实现更多功能;产品简单、易用,用户无须花费太多时间即可学会软件操作。AutoCAD 绘图界面如图 7-66 所示。

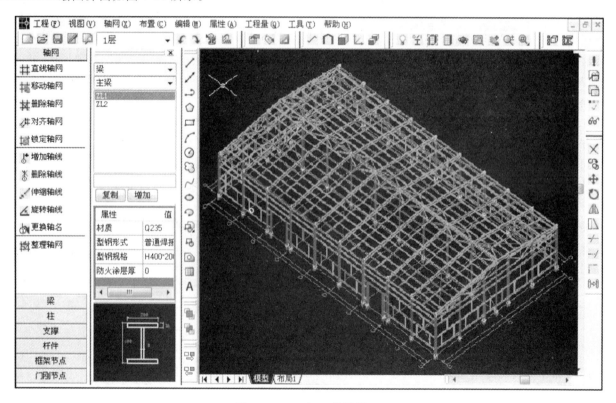

图 7-66 AutoCAD 绘图界面

(2) 建模功能强大

任何复杂模型、三维任意空间建模。所见即所得;平面、三维多视角查看和编辑构件。图 7-67 所示为上海某项目双曲悬索桥的部分三维模型和定位线。

图 7-68 所示为刚刚完工的某钢结构操作平台。

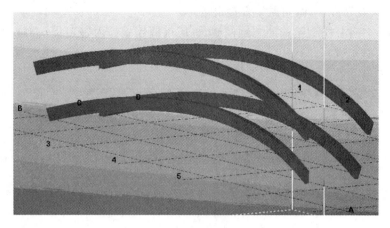

图 7-67　上海某项目双曲悬索桥的部分三维模型和定位线

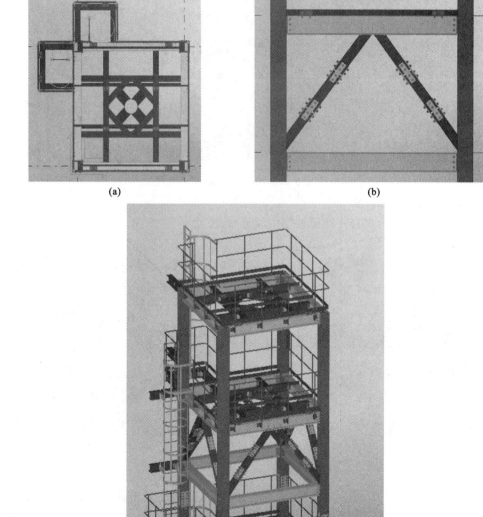

图 7-68　某钢结构操作平台

（a）平面图；（b）部分立面图；（c）局部三维图

（3）图形法、构件法双管齐下，调用图集直接出量

可以用图形法建立各种复杂钢结构的三维模型，也可以调用软件内置图集，直接出量，还可以使用构件法进行补充，多种形式，自由选择，如图 7-69 所示。

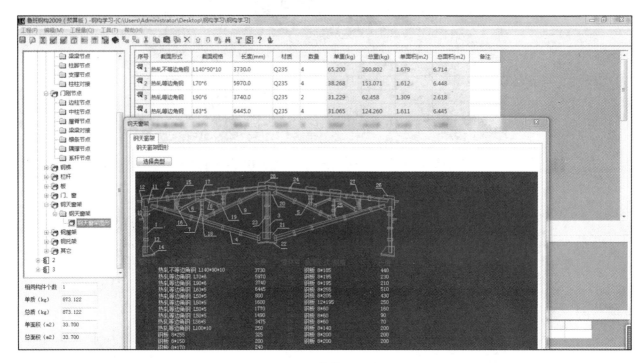

图 7-69 构件工程量

（4）节点布置方便快捷，自动形成

软件自带节点种类丰富，点击"构件"即能智能生成节点，生动形象，如图 7-70 所示。

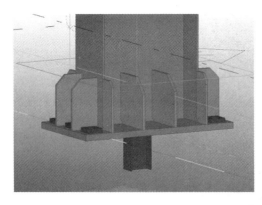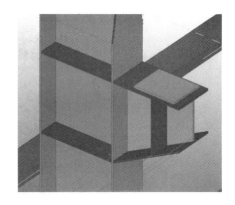

图 7-70 自动生成节点

（5）型钢截面库种类齐全

上百种规格的型钢供用户选择，实现模拟输入法，可准确、快捷地输入型钢。用户还可以根据草图自定义型钢规格，如图 7-71 所示。

（6）报表功能强大

计算结果可以采用图形和表格两种方式输出，既可以分门别类地输出与施工图相同的工程量标注图，用于核对工程量、指导生产和绘制竣工图，又可以输出实物量表，材料汇总表等，如图 7-72 所示。

（7）数据结果开放

计算结果可输出到 Excel 文件格式，对所有造价软件开放接口，实现数据共享。

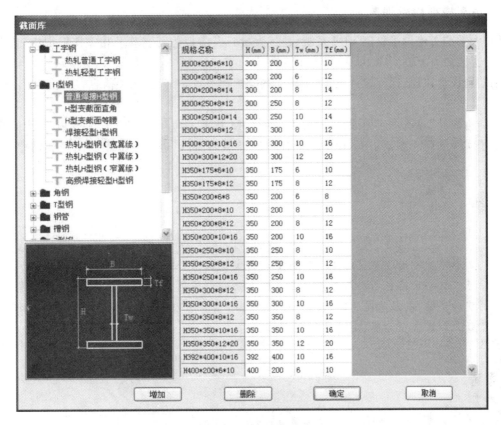

图 7-71 定义截面规格

| 序号 | 项目名称 | 计算式 | 单位 | 工程量 |
|---|---|---|---|---|
| 1.1.1 | 钢柱 | | | |
| 项目一 | 重量 | | kg | 2185.44 |
| 项目二 | 外表面积 | | m2 | 39.064 |
| 1.2 | 梁 | | | |
| 1.2.1 | 主梁 | | | |
| 项目一 | 重量 | | kg | 75330.413 |
| 项目二 | 外表面积 | | m2 | 1659.75 |
| 1.3 | 支撑 | | | |
| 1.3.1 | 支撑 | | | |
| 项目一 | 重量 | | kg | 11775.968 |
| 项目二 | 外表面积 | | m2 | 372.94 |
| 1.4 | 杆件 | | | |
| 1.4.1 | 檩条 | | | |
| 项目一 | 重量 | | kg | 3697.524 |
| 项目二 | 外表面积 | | m2 | 442.952 |
| 1.4.2 | 拉条 | | | |
| 项目一 | 重量 | | kg | 142.333 |
| 项目二 | 外表面积 | | m2 | 6.045 |
| 1.4.3 | 撑杆 | | | |

图 7-72 材料汇总表

### 7.6.5 仿真模型构建训练

江苏科技大学购买建设了鲁班 BIM 系统,通过大量开设虚拟仿真实验及相关实践训练,旨在提升土建类专业学生的实践能力及创新能力。

结合"钢结构设计原理"课程,可以让学生构建各类连接节点,并附加相关信息,从而训练学生的 BIM 建模能力。

针对"钢结构设计"等技术应用课程,则可以基于 BIM 技术,大幅度地训练仿真建模。比如,在门式刚架章节,布置基于实际的门式刚架工程,让学生构建仿真模型,还可以进一步提出施工安装模拟、造价管理等训练环节。

## 知识归纳

> 本章重点通过新型结构或新型技术的实践训练,给出钢结构课程创新能力的示范。这些示范包括全局布索预应力钢框架的数值训练和实验分析、自适应结构的实验训练、高层消能隔震结构的数值训练和实验分析、攀达拱的模型制作、最小重强比加载模型竞赛、BIM 虚拟模型的构建。

## 独立思考

7-1 通过学习本章几类新结构,谈谈你对结构创新的认识。

7-2 拉索预应力结构中预应力拉索的主要作用是什么?

7-3 观察分析日常生活中可见的一些可变构造,是否可改造用于结构?

7-4 你能否根据日常生活中碰到的荷载可在较大范围内变化的情况设计自适应结构方案,并用模型加以验证。

7-5 雨伞可看成一种折叠预应力结构,试分析其成型和工作原理。

7-6 辐条式自行车钢圈系统是一种典型的预应力结构,试分析其工作原理。

7-7 试分析总结参与相关活动后在创新思维、能力、素质方面有何提高。

7-8 拓展学习及实验训练调谐质量阻尼器(Tuned Mass Damper,TMD)。

(1) TMD 工作原理

设定 $M$ 和 $K$ 为主结构的质量和刚度,$m$ 和 $k$ 为子结构的质量和刚度。体系的振动方程为:

$$my_2'' = k(\Delta y_1 - \Delta y_2)$$
$$My_1'' = F_0\sin(\omega t) - k_2(\Delta y_1 - \Delta y_2) - K\Delta y_1$$

其中,$\Delta y_1$、$\Delta y_2$ 分别为主结构和子结构的位移量。通过推导和整理可知,当子结构的固有频率 $\omega_2$ 和对主结构的外部激励频率 $\omega$ 相等时主结构不振动,这就是 TMD 工作原理。

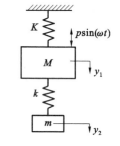

图 7-73 TMD 工作原理图

(2) 实验仪器设备

① 结构模型。

② 振动台。

③ 测力计、电子天平、秒表。

④ 数据分析设备:加速度传感器、电荷放大器(传感器电缆接入电荷放大器电荷 $Q$ 输入端)、AZ108 或 AZ116R 数据采集箱、计算机。

（3）实验步骤

① 检查测力计是否准确，如不准确需要调整，使指针归零。

② 固定装置，使结构模型稳稳固定在振动台上。

③ 推动主结构，用码表测出其 20 个全震动所用时间（反复测量多次），处理数据，由 $f=1/T$，算出主体结构固有频率，从而计算出使主结构产生共振时的外激励频率。

④ 测出弹簧的原长 $X$，用钢尺测出在施力后，弹簧的长度 $X_2$，并且读出测力计的读数 $F_1$，由此来计算结构钢度 $k$。

⑤ 固定子结构，连接电源，调节转数使子结构振幅明显，从而计算出使主体结构减震时的子结构质量。在子结构上加相应的质量，观察实验现象。

⑥ 计算出使主体结构产生共振时的外激励转数以及此时子结构相同频率时的质量。在子结构上加相应的质量，调节外激励频率至主体结构固有频率，观察实验现象。

## 参考文献

[1] 唐柏鉴,阮含婷,顾盛.预应力技术在钢结构抗侧体系中的创新与研究[J].江苏科技大学学报:自然科学版,2010,24(6):539-545.

[2] 董军,唐柏鉴.预应力钢结构[M].北京:中国建筑工业出版社,2008.

[3] 单建.趣味结构力学[M].北京:高等教育出版社,2008.

[4] 黄刚,吴会鹏,高博青,等.荷载缓和体系的研究现状[J].空间结构,2006,12(1):48-51,58.

[5] 顾磊,宋寒,齐宏拓,等.广州2010亚运会网球中心结构设计与研究[J].建筑结构,2011,41(1):35-39.

[6] 王光远.论时变结构力学[J].土木工程学报,2000,33(6):105-108.

[7] [日]秋山宏.基于能量平衡的建筑结构抗震设计[M].裴星洙,叶列平,译.北京:清华大学出版社,2010.

[8] 高进.工程技能训练和创新制作实践[M].北京:清华大学出版社,2012.

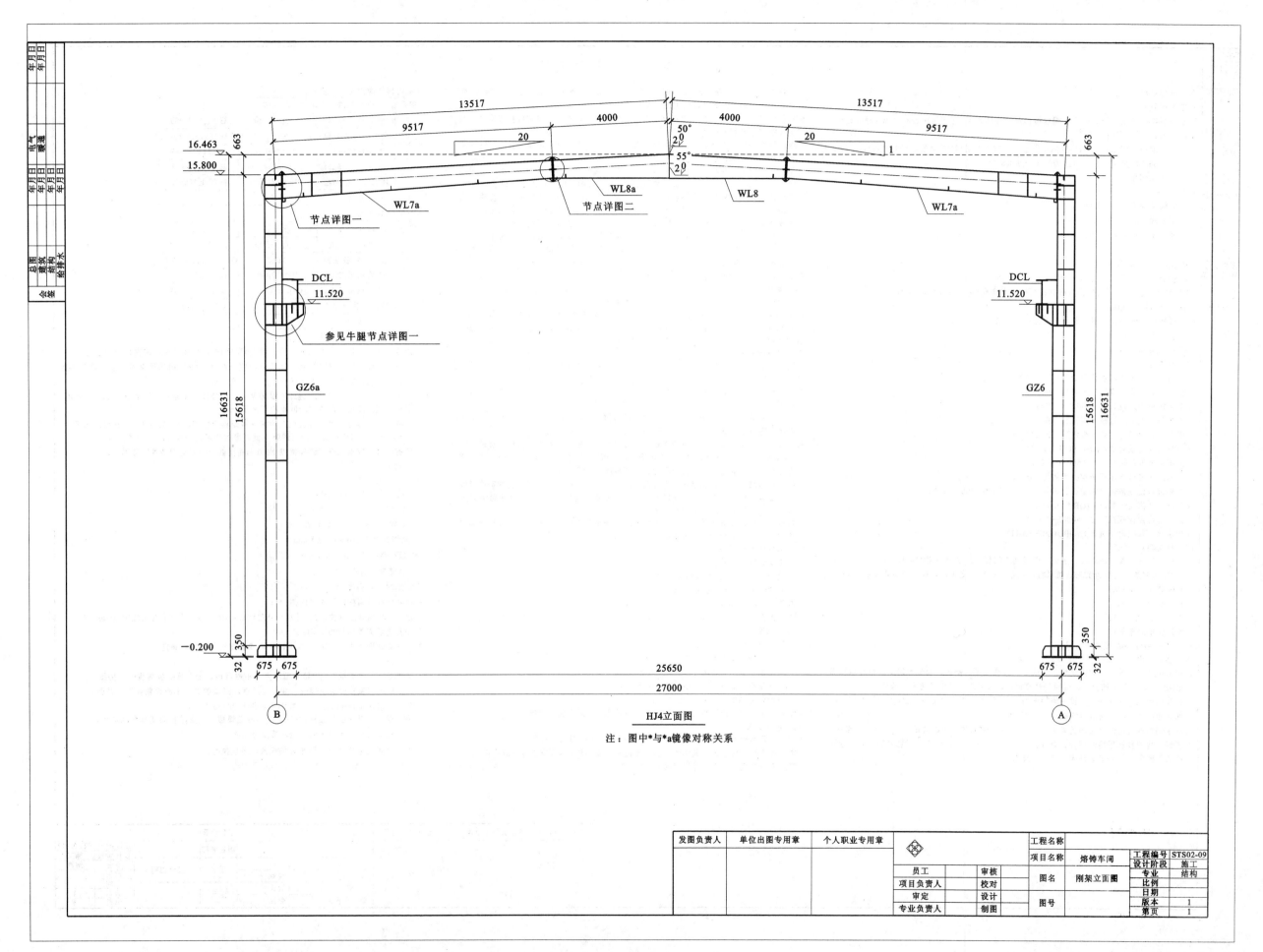

图 3-8　单层轻型门式刚架结构设计图

# 钢结构施工详图设计说明

**一、一般说明**

1. 本工程为×××。
2. 建筑面积4050 m²。层数一层，钢柱檐口高度为15.8 m，开间为20 m×7.5 m，进深27 m。
3. 结构形式为轻钢结构。
4. 屋顶外围护用0.6mm厚U-450隐式压型板，檩条为镀锌C形檩条。外墙在0.9m标高以下为240 mm厚粉煤灰砖墙，以上为0.5 mm厚U-820彩板围护。

**二、荷载及作用**

1. 恒载。
   屋面板及檩条：0.17 kN/m²。
   屋面活载：0.3 kN/m²。
   屋面悬吊荷载：0.3 kN/m²。
2. 风载。
   基本风压：0.4 kN/m²。
   风高系数：按《建筑结构荷载规范》(GB 50009—2012)
   体型系数：按《门式刚架轻型房屋钢结构技术规程》(CECS 102：2002)
3. 地面堆载：80 kN/m²
4. 地震作用：结构计算不考虑，节点按七度考虑。
5. 温度作用：±30℃。
6. 吊车：20 t桥式调车台，中级工作制，$L_k$=25.5 m。

**三、执行标准**

《钢结构工程施工质量验收规范》(GB 50205—2001)
《钢结构防火涂料应用技术规程》(CECS 24：1990)
《钢结构设计规范》(GB 50017—2003)
《冷弯薄壁型钢结构技术规范》(GB 50018—2002)
《压型金属板设计与施工规程》(YBJ 216—88)
《建筑结构荷载规范》(GB 50009—2012)
《建筑抗震设计规范》(GB 50011—2010)
《门式刚架轻型房屋钢结构技术规程》(CECS 102：2002)
《上海市建设规范轻型钢结构技术规程》(DG/TJ08—2089—2012)
《混凝土结构设计规范》(GB 50010—2010)
《砌体结构设计规范》(GB 50003—2011)
《建筑地基基础设计规范》(GB 50007—2011)

**四、材料要求**

1. 所有刚架柱、梁、吊车梁、屋面托梁及其连接板、加劲板采用Q345B。屋面、墙面檩条采用C形檩条，材质为Q235。抗风柱、门梁、门柱、支撑、系杆、拉条均采用Q235。
2. 高强螺栓：10.9级。
3. 安装螺栓：6.8级。
4. 焊条：E43型、E50型。
5. 摩擦面抗滑系数：≥0.45。
6. 灌浆采用BY-40高强灌浆材料。

**五、制作及焊接要求**

1. 钢结构放样、号料、切割、矫正、成型、边缘加工、制孔、管节点加工、组装均应满足GB 50205—2001的要求，需对构件摩擦面进行处理，并做抗滑系数检验。
2. 钢管焊接采用电弧焊：平板件焊接采用$CO_2$气体保护焊，$CO_2$气体纯度不应低于99.5%(体积法)，其含水量不应大于0.005%(重量法)。
3. 从事钢结构各种焊接工作的焊工，应按JGJ 82—2011的规定经考试合格，方可进行操作。
4. 在钢结构中首次采用的钢种、焊接材料、接头形式、坡口形式及工艺方法，应进行焊接工艺评定。其评定结果应符合设计要求。

---

5. 焊接H型钢的上下翼缘板和腹板应采用半自动或自动气割机进行切割，切割面的质量及制作要求应遵循GB 50205—2001。
6. 构件制作、组装、安装时应制定合理的焊接顺序，必要时采取有效技术措施，减少焊接变形及焊接应力。
7. 钢管等空心构件的外露端口采用PL-6作为封头板，并采用连续焊缝密闭，使内外空气隔绝，并确保组装、安装过程中构件内不会积水。
8. 梁、柱翼缘板，腹板的对接焊缝等级为一级，其余对接焊缝(如节点板、加劲肋等处)为二级，角焊缝为三级。按照GB 50205—2001的要求对工厂及现场焊缝进行内部缺陷超声波探伤和外观缺陷检查。焊缝质量等级为一级时超声波探伤比例为100%，二级时为20%，探伤比例按每条焊缝长度的百分数计，至少为200 mm。焊缝外观检查，未焊满、根部收缩、咬边、裂纹、弧坑裂纹、电弧擦伤、飞溅、接头不良、焊瘤、表面夹渣、表面气孔、角焊缝厚度不足、角焊缝焊角不对称等缺陷。对于钢管及厚度≥50 mm以上的钢板拼接焊缝还需做2%，至少一张底片的X射线探伤，焊缝抽检要求按GB/T 3323—2005进行。
9. 低合金钢结构焊缝，在同一处返修次数不得超过两次。
10. 钢结构涂层完毕，应在构件明显部位印制构件编号。编号应与施工图构件编号一致，重大构件还应标明重量、重心位置和定位标记。
11. 根据施工图要求和构件的外形尺寸、发运数量及运输情况，编制包装工艺，采取措施防止构件变形。钢结构的包装和发运，应按袋装顺序配套进行。钢结构成品发运时，必须与收货单位有严格的交接手续。

**六、钢结构安装要求**

1. 钢结构的安装应编制详尽的施工组织设计。临时支撑及稳定措施必须进行计算，绘制详细图纸。安装程序必须保证结构的稳定性和不导致永久变形。
2. 钢结构制作、安装、验收及土建施工用的量具，应按同一标准进行鉴定，并应具有相同的精度。
3. 钢结构安装前，应根据工程的特点对安装的测量和校正制定相应的工艺，对钢板焊接、高强度螺栓安装、栓钉焊接等主要工艺，编制相应的施工工艺。
4. 高强度大六角头螺栓连接副应按出厂复验扭矩系数，其平均值和标准差应符合JGJ 82—2011的规定。螺栓的施拧和检查采用扭矩扳手。扭矩扳手在每班作业前后，均应进行校正，其扭矩误差分别为使用扭矩的±5%和±3%。
5. 桁架的吊装，应经计算确定。保证吊装过程中结构及构件的强度、刚度和稳定性。当天安装的钢构件应形成稳定的空间体系。吊装机械、临时支撑点对主体混凝土结构的反作用力，应以书面形式提供给业主。
6. 安装工程中应做好大跨度钢桁架的现场安装与土建工程的进度配合及其他结构的技术配合，尽量减少对楼面混凝土结构的影响。
7. 结构外形容许误差：
   拼装单元节点偏移：5.0 mm。
   分块分条单元长度大于20 m：±10.0 mm，≤(20 m±5.0) mm。
   刚架的侧向弯曲矢高($a$为弧长)：$a$/1000，15.0 mm。
   刚架长度：$L$/2000，15.0 mm。
   刚架垂直度(跨中)：$h$/250，10.0 mm。
   刚架间距：±5.0 mm。
   刚架上弧顶面标高：±5.0 mm。
   柱顶支座偏移(跨中)：$L$/3000，5.0mm。
   柱顶支座偏移(开间向)：$L$/1000，5.0 mm。
   相邻支座高差(距离≥12 m)：$L_s$/800，5.0 mm。
   节点处杆件轴线交点错位：3.0 mm。
8. 安装前需对所有预埋件进行测量，并将测量结果书面报告本设计。

**七、涂装要求**

1. 钢构件采用抛丸或喷砂(石英砂，不得重复使用)除锈，除锈等级Sa2.5级。
2. 本工程所有构件在出厂前均需喷涂水性无机富锌底漆(耐盐雾试验10000 h)。喷砂除锈完成后至底漆喷涂的时间间隔不得大于3$h$。

---

**3.室内钢结构涂装技术要求。**

| 序号 | 涂装要求 | 设计值 | 备注 |
|---|---|---|---|
| 1 | 表面净化处理 | 无油、干燥 | GB 11373—89 |
| 2 | 抛丸、喷砂除锈 | Sa2.5 | GB/T 8923.1—2011 |
| 3 | 表面粗糙度Ra | 40~70μm | GB 11373—89 |
| 4 | 水性无机富锌底漆 | 100μm(2×50) | 高压无气喷涂 |
| 5 | 环氧云铁中间漆 | 50μm(2×25) | 高压无气喷涂 |
| 6 | 面漆 | 待定 | |

**4.室外钢结构涂装技术要求。**

| 序号 | 涂装要求 | 设计值 | 备注 |
|---|---|---|---|
| 1 | 表面净化处理 | 无油、干燥 | GB 11373—89 |
| 2 | 抛丸、喷砂除锈 | Sa2.5 | GB/T 8923.1—2011 |
| 3 | 表面粗糙度Ra | 40~70μm | GB 11373—89 |
| 4 | 水性无机富锌底漆 | 100μm(2×50) | 高压无气喷涂 |
| 5 | 环氧云铁中间漆 | 50μm(2×25) | 高压无气喷涂 |
| 6 | 面漆 | 待定 | |

**八、钢结构施工构造要求。**

1. 所有杆件应按最大长度下料。图上无注明时，拼接位置应留在内力较小处，一般可留在节间长度1/3附近。对于桁架腹杆在长度2m以内的尽量不拼接。对于桁架弦杆，可拼接接缝，但拼接缝间距不应小于5 m。
2. 钢管、钢板拼接用全熔透连续对接焊缝。钢管最小调整长度不小于0.8 m，钢板两端最小拼接长度，但拼接缝间距不少于5 m。
3. 除注标注、焊缝形式、焊缝施工标准按《钢结构焊接规范》(GB 50661—2011)。除图上注明外，所有焊缝为凸凹形焊缝。但突出构件表面高度以1mm左右为宜。
4. 所有焊缝应打磨光滑，楼面以上5.0 m高度以内的可见焊缝表面需磨平。

**九、结构**

施工及技术要求：

1.混凝土结构施工技术要求
① 基础面标高：±10 mm。
② 基础轴线偏差：±10 mm。
③ 预埋螺栓中心偏移：±5 mm。
④ 预埋螺栓顶标高：±5 mm。
⑤ 预埋中心偏移：±10 mm。

**十、地坪堆载程序**

1.地坪堆载需离高柱边及外墙内侧1.5 m。
2.地坪堆载需分级到位，2个月内不得超过40 kN/m²，4个月内不得超过60 kN/m²，4个月之后能达到80 k N/m²。
3.室外临时堆载需离外墙5m以上，长期堆载需经计算方可确定。

**十一、吊车**

1.吊车梁上下翼缘板在1/3跨长范围内，不得拼接。上下翼缘板和腹板的拼接，应采用加引弧板的对接焊缝，并保证焊透，三者的对接不应设置在同一截面，并相互错开200mm以上。与加劲板也错开200mm以上。
2.吊车梁上下翼缘板与腹板的T形连接焊缝应焊透，且采用自动或半自动焊接。
3.吊车梁下翼缘拼接焊缝为一级，其余为二级。

**十二、说明未详之处，请按有关规范、规程执行。**

---

| 发图负责人 | 单位出图专用章 | 个人职业专用章 | ◇ | | 工程名称 | | |
|---|---|---|---|---|---|---|---|
| | | | | | 项目名称 | | 工程编号 STS02-09 |
| | | 员工 | | 审核 | | | 设计阶段 施工 |
| | | 项目负责人 | | 校对 | 图名 | 设计说明 | 专业 结构 |
| | | 审定 | | 设计 | | | 比例 |
| | | | | | | | 日期 |
| | | 专业负责人 | | 制图 | 图号 | | 版本 1 |
| | | | | | | | 第页 1 |

图 3-9　详图设计总说明

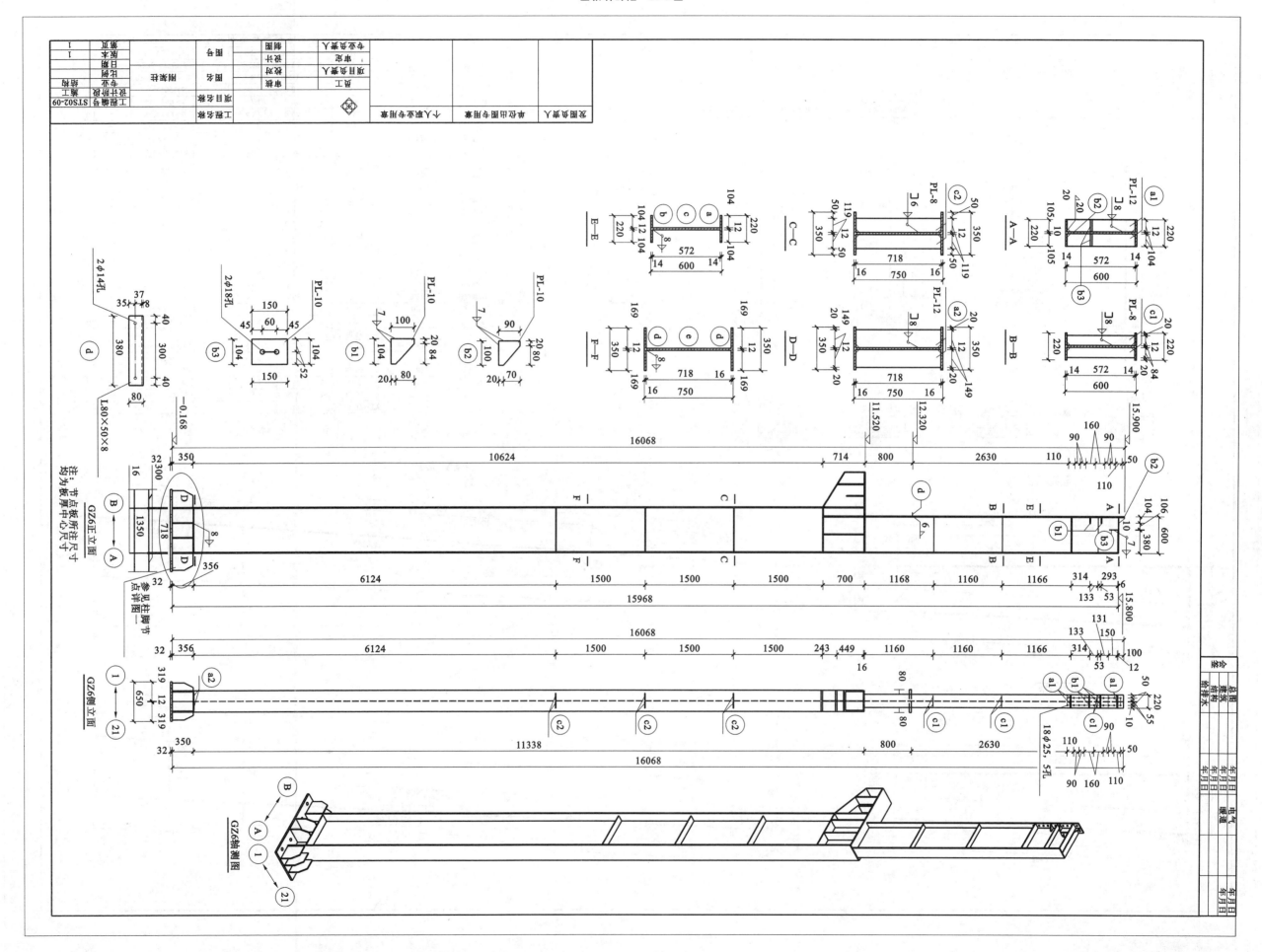

图 3-10 钢梯柱详图

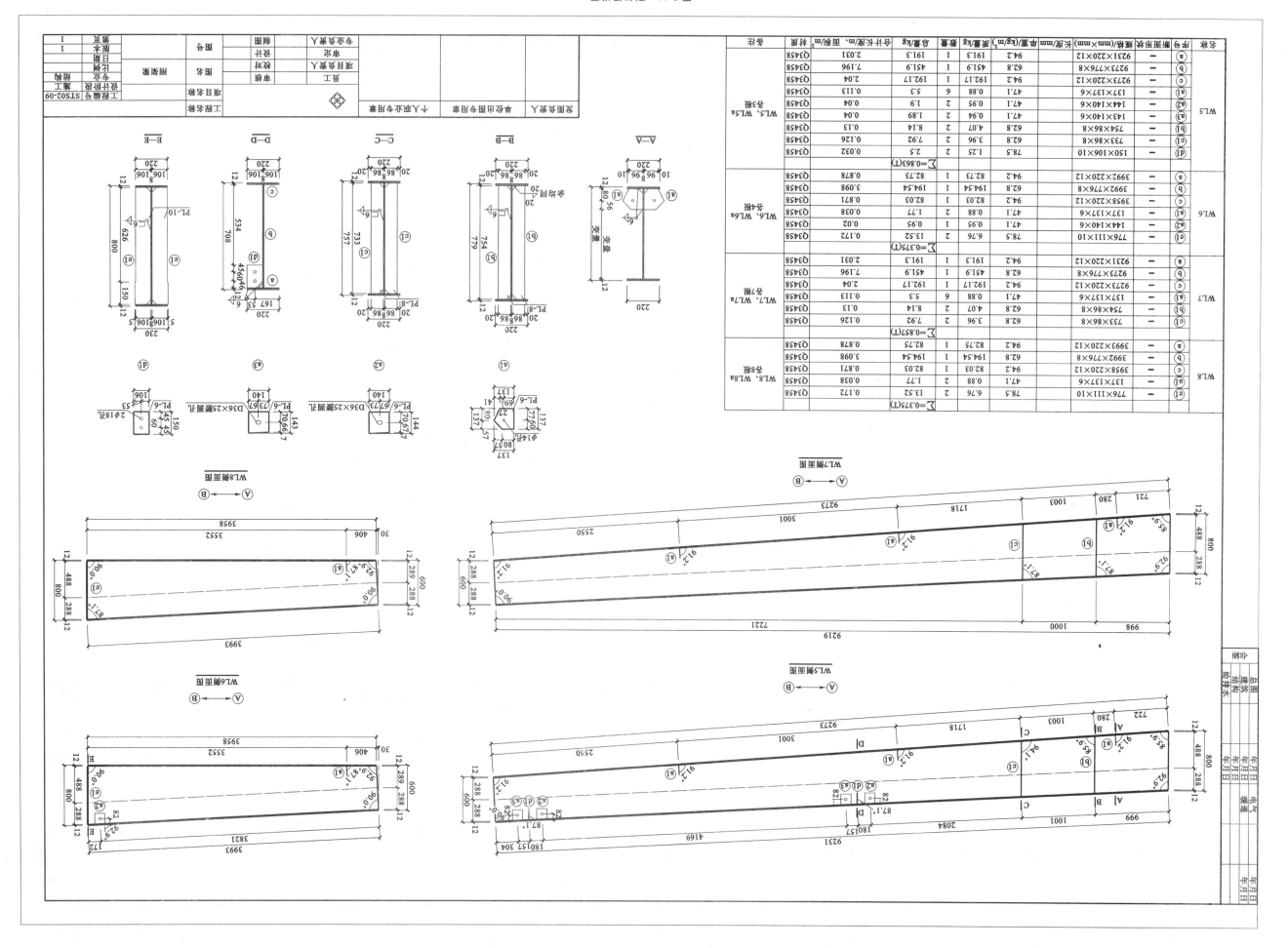

图 3-11 钢梁详图

## 左侧

### GZ8 ∑=2.418(T)

| 名称 | 序号 | 断面形状 | 规格/(mm×mm) | 长度/mm | 单重/(kg/m²) | 质量/kg | 数量 | 总量/kg | 合计长度/m、面积/m² | 材质 | 备注 |
|---|---|---|---|---|---|---|---|---|---|---|---|
| | 安装螺栓 | | M12 | | | | 2 | | | | |
| GZ8 | (e1) | L | L80×50×8 | 380 | 7.745 | 2.94 | 1 | 2.94 | 0.38 | Q345B | 计1根 |
| | (d1) | — | 140×145×6 | 47.1 | 0.96 | 1 | 0.96 | | 0.02 | Q345B | |
| | (c2) | — | 119×718×8 | 62.8 | 5.37 | 6 | 32.19 | | 0.513 | Q345B | |
| | (c1) | — | 84×572×8 | 62.8 | 3.02 | 4 | 12.07 | | 0.192 | Q345B | |
| | (b3) | — | 104×100×10 | 78.5 | 0.82 | 4 | 3.27 | | 0.042 | Q345B | |
| | (b2) | — | 104×150×10 | 78.5 | 1.22 | 2 | 2.45 | | 0.031 | Q345B | |
| | (b1) | — | 100×90×10 | 78.5 | 0.71 | 1 | 0.71 | | 0.009 | Q345B | |
| | (a6) | — | 149×718×12 | 94.2 | 10.08 | 2 | 20.16 | | 0.214 | Q345B | |
| | (a5) | — | 169×718×12 | 94.2 | 11.43 | 1 | 11.43 | | 0.121 | Q345B | |
| | (a4) | — | 169×718×12 | 94.2 | 11.43 | 3 | 34.29 | | 0.364 | Q345B | |
| | (a3) | — | 177×177×12 | 94.2 | 2.95 | 1 | 2.95 | | 0.031 | Q345B | |
| | (a2) | — | 104×572×12 | 94.2 | 5.6 | 6 | 33.62 | | 0.357 | Q345B | |
| | (a1) | — | 210×286×12 | 94.2 | 5.66 | 1 | 5.66 | | 0.06 | Q345B | |
| | (e) | — | 718×11672×12 | 94.2 | 789.44 | 1 | 789.44 | | 8.38 | Q345B | |
| | (d) | — | 350×11672×16 | 125.6 | 513.1 | 2 | 1026.2 | | 8.17 | Q345B | |
| | (c) | — | 572×4280×12 | 94.2 | 230.62 | 1 | 230.62 | | 2.448 | Q345B | |
| | (b) | — | 220×4380×14 | 109.9 | 105.9 | 1 | 105.9 | | 0.964 | Q345B | |
| | (a) | — | 220×4280×14 | 109.9 | 103.48 | 1 | 103.48 | | 0.942 | Q345B | |

### GZ7 ∑=3.29(T)

| 名称 | 序号 | 断面形状 | 规格/(mm×mm) | 长度/mm | 单重/(kg/m²) | 质量/kg | 数量 | 总量/kg | 合计长度/m、面积/m² | 材质 | 备注 |
|---|---|---|---|---|---|---|---|---|---|---|---|
| | 高强螺栓 | | M20 | | | | 4 | | | | |
| | 安装螺栓 | | M12 | | | | 8 | | | | |
| GZ7 | (f) | L | L80×50×8 | 380 | 7.745 | 2.94 | 1 | 2.94 | 0.38 | Q345B | 计1根 |
| | (e4) | — | 167×260×30 | 235.5 | 10.23 | 1 | 10.23 | | 0.043 | Q345B | |
| | (e3) | — | 167×301×30 | 235.5 | 11.84 | 1 | 11.84 | | 0.05 | Q345B | |
| | (e2) | — | 167×318×30 | 235.5 | 12.51 | 1 | 12.51 | | 0.053 | Q345B | |
| | (e1) | — | 167×356×30 | 235.5 | 14 | 1 | 14 | | 0.059 | Q345B | |
| | (d1) | — | 140×145×6 | 47.1 | 0.96 | 1 | 0.96 | | 0.02 | Q345B | |
| | (c5) | — | 250×100×8 | 62.8 | 1.57 | 1 | 1.57 | | 0.025 | Q345B | |
| | (c4) | — | 220×250×8 | 62.8 | 3.45 | 1 | 3.45 | | 0.055 | Q345B | |
| | (c3) | — | 117×760×8 | 62.8 | 5.58 | 6 | 33.51 | | 0.534 | Q345B | |
| | (c2) | — | 102×610×8 | 62.8 | 3.91 | 1 | 3.91 | | 0.062 | Q345B | |
| | (c1) | — | 82×610×8 | 62.8 | 3.14 | 4 | 12.57 | | 0.2 | Q345B | |
| | (b3) | — | 104×100×10 | 78.5 | 0.82 | 4 | 3.27 | | 0.042 | Q345B | |
| | (b2) | — | 102×150×10 | 78.5 | 1.2 | 2 | 2.4 | | 0.031 | Q345B | |
| | (b1) | — | 100×90×10 | 78.5 | 0.71 | 1 | 0.71 | | 0.009 | Q345B | |
| | (a7) | — | 322×576×12 | 94.2 | 17.47 | 1 | 17.47 | | 0.185 | Q345B | |
| | (a6) | — | 147×760×12 | 94.2 | 10.52 | 2 | 21.05 | | 0.223 | Q345B | |
| | (a5) | — | 167×760×12 | 94.2 | 11.96 | 1 | 11.96 | | 0.127 | Q345B | |
| | (a4) | — | 167×760×12 | 94.2 | 11.96 | 5 | 59.78 | | 0.635 | Q345B | |
| | (a3) | — | 175×177×12 | 94.2 | 2.92 | 1 | 2.92 | | 0.031 | Q345B | |
| | (a2) | — | 102×610×12 | 94.2 | 5.86 | 6 | 35.17 | | 0.373 | Q345B | |
| | (a1) | — | 209×286×12 | 94.2 | 5.63 | 1 | 5.63 | | 0.06 | Q345B | |
| | (e) | — | 760×11664×16 | 125.6 | 1113.4 | 1 | 1113.4 | | 8.865 | Q345B | |
| | (d) | — | 350×11664×20 | 157 | 640.94 | 2 | 1281.87 | | 8.165 | Q345B | |
| | (c) | — | 610×4280×16 | 125.6 | 327.92 | 1 | 327.92 | | 2.611 | Q345B | |
| | (b) | — | 220×4280×20 | 157 | 147.83 | 1 | 147.83 | | 0.942 | Q345B | |
| | (a) | — | 220×4380×20 | 157 | 151.29 | 1 | 151.29 | | 0.946 | Q345B | |

### GZ6 ∑=2.368(T)

| 名称 | 序号 | 断面形状 | 规格/(mm×mm) | 长度/mm | 单重/(kg/m²) | 质量/kg | 数量 | 总量/kg | 合计长度/m、面积/m² | 材质 | 备注 |
|---|---|---|---|---|---|---|---|---|---|---|---|
| GZ6 | (d) | L | L80×50×8 | 380 | 7.745 | 2.94 | 1 | 2.94 | 0.38 | Q345B | GZ6、GZ6a 各7根 |
| | (c2) | — | 119×718×8 | 62.8 | 5.37 | 6 | 32.19 | | 0.513 | Q345B | |
| | (c1) | — | 84×572×8 | 62.8 | 3.02 | 6 | 18.1 | | 0.288 | Q345B | |
| | (b3) | — | 104×150×10 | 78.5 | 1.22 | 2 | 2.45 | | 0.031 | Q345B | |
| | (b2) | — | 100×90×10 | 78.5 | 0.71 | 1 | 0.71 | | 0.009 | Q345B | |
| | (b1) | — | 208×200×10 | 78.5 | 3.27 | 4 | 13.06 | | 0.166 | Q345B | |
| | (a2) | — | 149×718×12 | 94.2 | 10.08 | 2 | 20.16 | | 0.214 | Q345B | |
| | (a1) | — | 104×572×12 | 94.2 | 5.6 | 4 | 22.42 | | 0.238 | Q345B | |
| | (e) | — | 718×11672×12 | 94.2 | 789.44 | 1 | 789.44 | | 8.38 | Q345B | |
| | (d) | — | 350×11672×16 | 125.6 | 513.1 | 2 | 1026.2 | | 8.17 | Q345B | |
| | (c) | — | 572×4280×12 | 94.2 | 230.62 | 1 | 230.62 | | 2.448 | Q345B | |
| | (b) | — | 220×4380×14 | 109.9 | 105.9 | 1 | 105.9 | | 0.964 | Q345B | |
| | (a) | — | 220×4280×14 | 109.9 | 103.48 | 1 | 103.48 | | 0.942 | Q345B | |

| 名称 | 序号 | 断面形状 | 规格/(mm×mm) | 长度/mm | 单重/(kg/m²) | 质量/kg | 数量 | 总量/kg | 合计长度/m、面积/m² | 材质 | 备注 |

## 右侧

### GZ12 ∑=2.368(T)

| 名称 | 序号 | 断面形状 | 规格/(mm×mm) | 长度/mm | 单重/(kg/m²) | 质量/kg | 数量 | 总量/kg | 合计长度/m、面积/m² | 材质 | 备注 |
|---|---|---|---|---|---|---|---|---|---|---|---|
| GZ12 | (d) | L | L80×50×8 | 380 | 7.745 | 2.94 | 1 | 2.94 | 0.38 | Q345B | |
| | (c2) | — | 119×718×8 | 62.8 | 5.37 | 6 | 32.19 | | 0.513 | Q345B | |
| | (c1) | — | 84×572×8 | 62.8 | 3.02 | 6 | 18.1 | | 0.288 | Q345B | |
| | (b3) | — | 104×150×10 | 78.5 | 1.22 | 2 | 2.45 | | 0.031 | Q345B | |
| | (b2) | — | 100×90×10 | 78.5 | 0.71 | 1 | 0.71 | | 0.009 | Q345B | |
| | (b1) | — | 208×200×10 | 78.5 | 3.27 | 4 | 13.06 | | 0.166 | Q345B | |
| | (a2) | — | 149×718×12 | 94.2 | 10.08 | 2 | 20.16 | | 0.214 | Q345B | |
| | (a1) | — | 104×572×12 | 94.2 | 5.6 | 4 | 22.42 | | 0.238 | Q345B | |
| | (e) | — | 718×11672×12 | 94.2 | 789.44 | 1 | 789.44 | | 8.38 | Q345B | |
| | (d) | — | 350×11672×16 | 125.6 | 513.1 | 2 | 1026.2 | | 8.17 | Q345B | |
| | (c) | — | 572×4280×12 | 94.2 | 230.62 | 1 | 230.62 | | 2.448 | Q345B | |
| | (b) | — | 220×4380×14 | 109.9 | 105.9 | 1 | 105.9 | | 0.964 | Q345B | |
| | (a) | — | 220×4280×14 | 109.9 | 103.48 | 1 | 103.48 | | 0.942 | Q345B | |

### GZ11 ∑=3.199(T)

| 名称 | 序号 | 断面形状 | 规格/(mm×mm) | 长度/mm | 单重/(kg/m²) | 质量/kg | 数量 | 总量/kg | 合计长度/m、面积/m² | 材质 | 备注 |
|---|---|---|---|---|---|---|---|---|---|---|---|
| | 高强螺栓 | | M20 | | | | 4 | | | | |
| | 安装螺栓 | | M12 | | | | 4 | | | | |
| GZ11 | (e1) | L | L80×50×8 | 380 | 7.745 | 2.94 | 1 | 2.94 | 0.38 | Q345B | 计1根 |
| | (c5) | — | 250×100×8 | 62.8 | 1.57 | 1 | 1.57 | | 0.025 | Q345B | |
| | (c4) | — | 220×250×8 | 62.8 | 3.45 | 1 | 3.45 | | 0.055 | Q345B | |
| | (c3) | — | 117×760×8 | 62.8 | 5.58 | 6 | 33.51 | | 0.534 | Q345B | |
| | (c2) | — | 102×610×8 | 62.8 | 3.91 | 1 | 3.91 | | 0.062 | Q345B | |
| | (c1) | — | 102×610×8 | 62.8 | 3.91 | 4 | 15.63 | | 0.249 | Q345B | |
| | (b3) | — | 102×150×10 | 78.5 | 1.2 | 2 | 2.4 | | 0.031 | Q345B | |
| | (b2) | — | 100×90×10 | 78.5 | 0.71 | 1 | 0.71 | | 0.009 | Q345B | |
| | (b1) | — | 104×100×10 | 78.5 | 0.82 | 4 | 3.27 | | 0.042 | Q345B | |
| | (a4) | — | 147×760×12 | 94.2 | 10.52 | 2 | 21.05 | | 0.223 | Q345B | |
| | (a3) | — | 322×576×12 | 94.2 | 17.47 | 1 | 17.47 | | 0.185 | Q345B | |
| | (a2) | — | 167×760×12 | 94.2 | 11.96 | 4 | 47.82 | | 0.508 | Q345B | |
| | (a1) | — | 102×610×12 | 94.2 | 5.86 | 4 | 23.44 | | 0.249 | Q345B | |
| | (e) | — | 760×11664×16 | 125.6 | 1113.4 | 1 | 1113.4 | | 8.865 | Q345B | |
| | (d) | — | 350×11664×20 | 157 | 640.94 | 2 | 1281.87 | | 8.165 | Q345B | |
| | (c) | — | 610×4280×16 | 125.6 | 327.92 | 1 | 327.92 | | 2.611 | Q345B | |
| | (b) | — | 220×4280×20 | 157 | 147.83 | 1 | 147.83 | | 0.942 | Q345B | |
| | (a) | — | 220×4380×20 | 157 | 151.29 | 1 | 151.29 | | 0.964 | Q345B | |

### GZ10 ∑=2.64(T)

| 名称 | 序号 | 断面形状 | 规格/(mm×mm) | 长度/mm | 单重/(kg/m²) | 质量/kg | 数量 | 总量/kg | 合计长度/m、面积/m² | 材质 | 备注 |
|---|---|---|---|---|---|---|---|---|---|---|---|
| GZ10 | (e1) | L | L80×50×8 | 380 | 7.745 | 2.94 | 1 | 2.94 | 0.38 | Q345B | 计1根 |
| | (c2) | — | 118×714×8 | 62.8 | 5.29 | 6 | 31.75 | | 0.506 | Q345B | |
| | (c1) | — | 84×572×8 | 62.8 | 3.02 | 6 | 18.1 | | 0.288 | Q345B | |
| | (b3) | — | 104×100×10 | 78.5 | 0.82 | 4 | 3.27 | | 0.042 | Q345B | |
| | (b2) | — | 104×150×10 | 78.5 | 1.22 | 2 | 2.45 | | 0.031 | Q345B | |
| | (b1) | — | 100×90×10 | 78.5 | 0.71 | 1 | 0.71 | | 0.009 | Q345B | |
| | (a2) | — | 148×714×12 | 94.2 | 9.95 | 2 | 19.91 | | 0.211 | Q345B | |
| | (a1) | — | 104×568×12 | 94.2 | 5.56 | 4 | 22.26 | | 0.236 | Q345B | |
| | (e) | — | 714×11672×14 | 109.9 | 915.89 | 1 | 915.89 | | 8.334 | Q345B | |
| | (d) | — | 350×11672×18 | 141.3 | 577.24 | 2 | 1154.48 | | 8.17 | Q345B | |
| | (c) | — | 568×4280×12 | 94.2 | 229 | 1 | 229 | | 2.431 | Q345B | |
| | (b) | — | 220×4380×16 | 125.6 | 121.03 | 1 | 121.03 | | 0.964 | Q345B | |
| | (a) | — | 220×4280×16 | 125.6 | 118.26 | 1 | 118.26 | | 0.942 | Q345B | |

### GZ9 ∑=0.5(T)

| 名称 | 序号 | 断面形状 | 规格/(mm×mm) | 长度/mm | 单重/(kg/m²) | 质量/kg | 数量 | 总量/kg | 合计长度/m、面积/m² | 材质 | 备注 |
|---|---|---|---|---|---|---|---|---|---|---|---|
| | 安装螺栓 | | M18 | | | | 2 | | | | |
| | 安装螺栓 | | M12 | | | | 32 | | | | |
| GZ9 | (b2) | — | 200×196×6 | 47.1 | 1.85 | 16 | 29.54 | | 0.627 | Q345B | 计1根 |
| | (b1) | — | 196×80×6 | 47.1 | 0.74 | 16 | 11.82 | | 0.251 | Q345B | |
| | (a3) | — | 100×230×10 | 78.5 | 1.81 | 1 | 1.81 | | 0.023 | Q345B | |
| | (a2) | — | 200×310×10 | 78.5 | 4.87 | 2 | 9.73 | | 0.124 | Q345B | |
| | (a1) | — | 310×150×10 | 78.5 | 3.65 | 2 | 7.3 | | 0.093 | Q345B | |
| | (b) | — | 230×9597×8 | 62.8 | 138.62 | 1 | 138.62 | | 2.207 | Q345B | |
| | (a) | — | 200×9597×10 | 78.5 | 150.67 | 2 | 301.35 | | 3.839 | Q345B | |

| 名称 | 序号 | 断面形状 | 规格/(mm×mm) | 长度/mm | 单重/(kg/m²) | 质量/kg | 数量 | 总量/kg | 合计长度/m、面积/m² | 材质 | 备注 |

发图负责人 | 单位出图专用章 | 个人职业专用章 | 工程名称 | 项目名称 | 工程编号 STS02-09

员工 | 审核 | 图名 刚架梁柱表 | 设计阶段 施工 | 专业 结构
项目负责人 | 校对 | 比例
审定 | 设计 | 图号 | 日期
专业负责人 | 制图 | 版本 1 | 第页 1

图 3-12　刚架梁柱材料清单

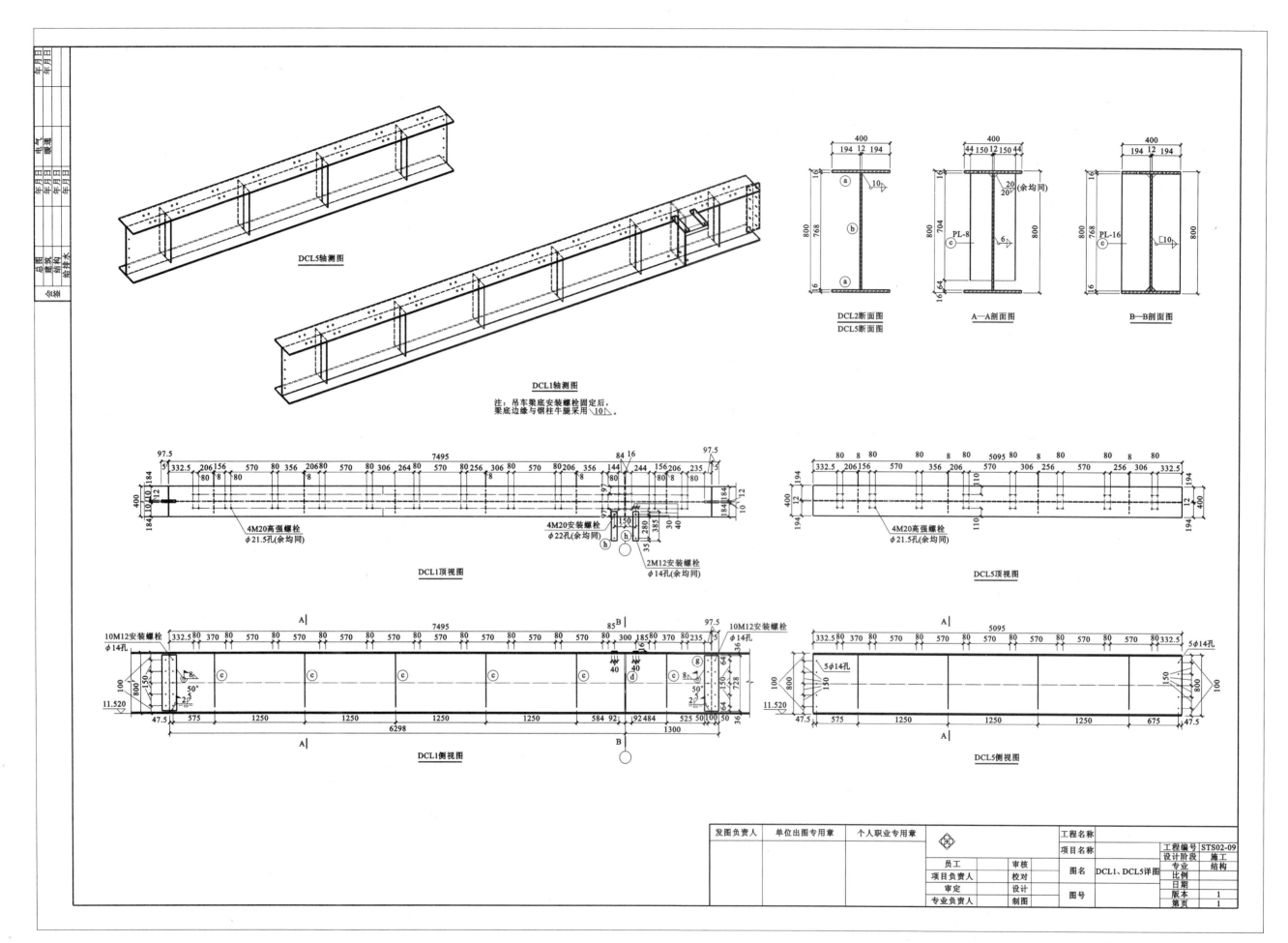

图 3-13 吊车梁详图

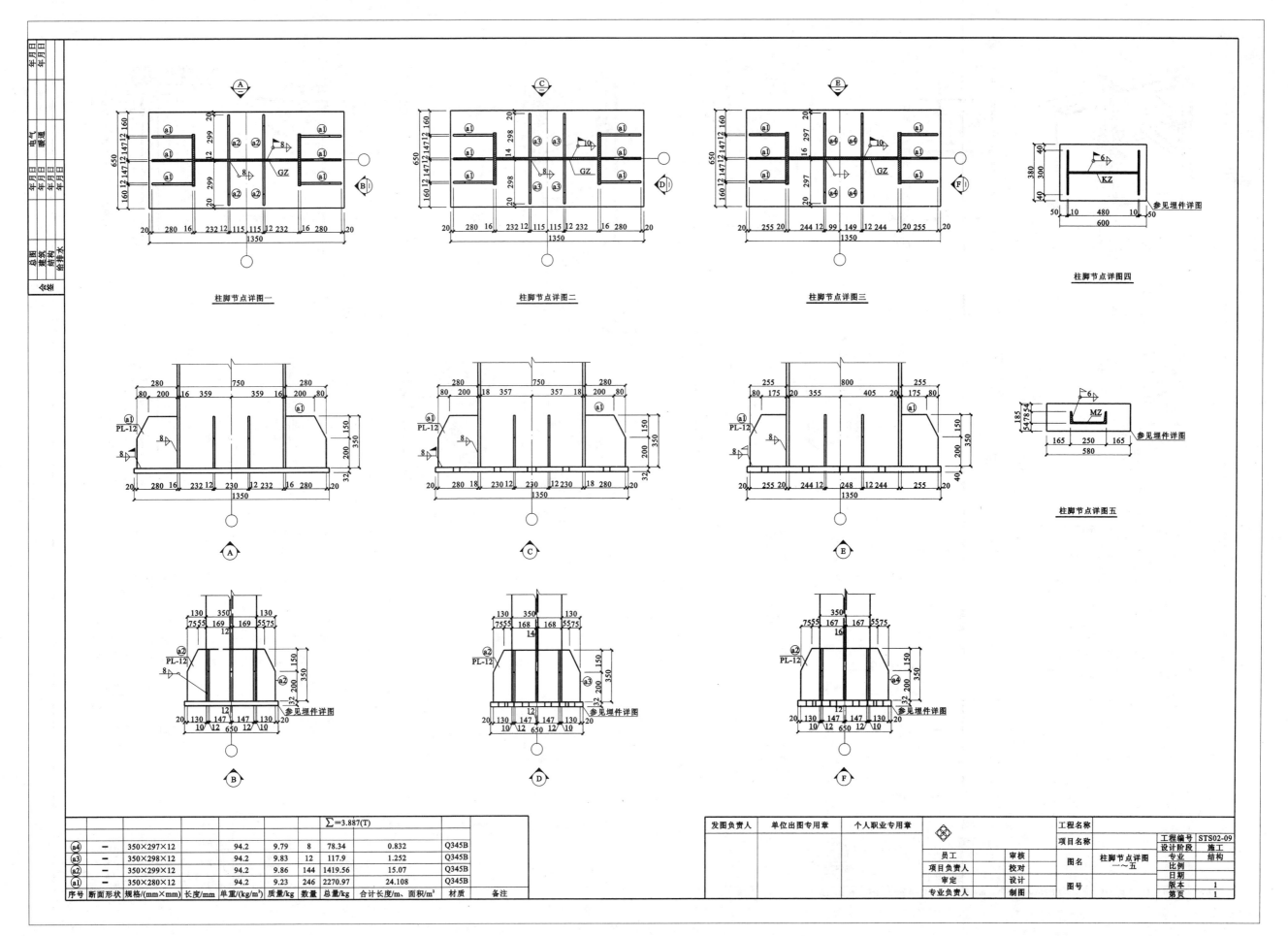

図 3-14　柱脚节点详图

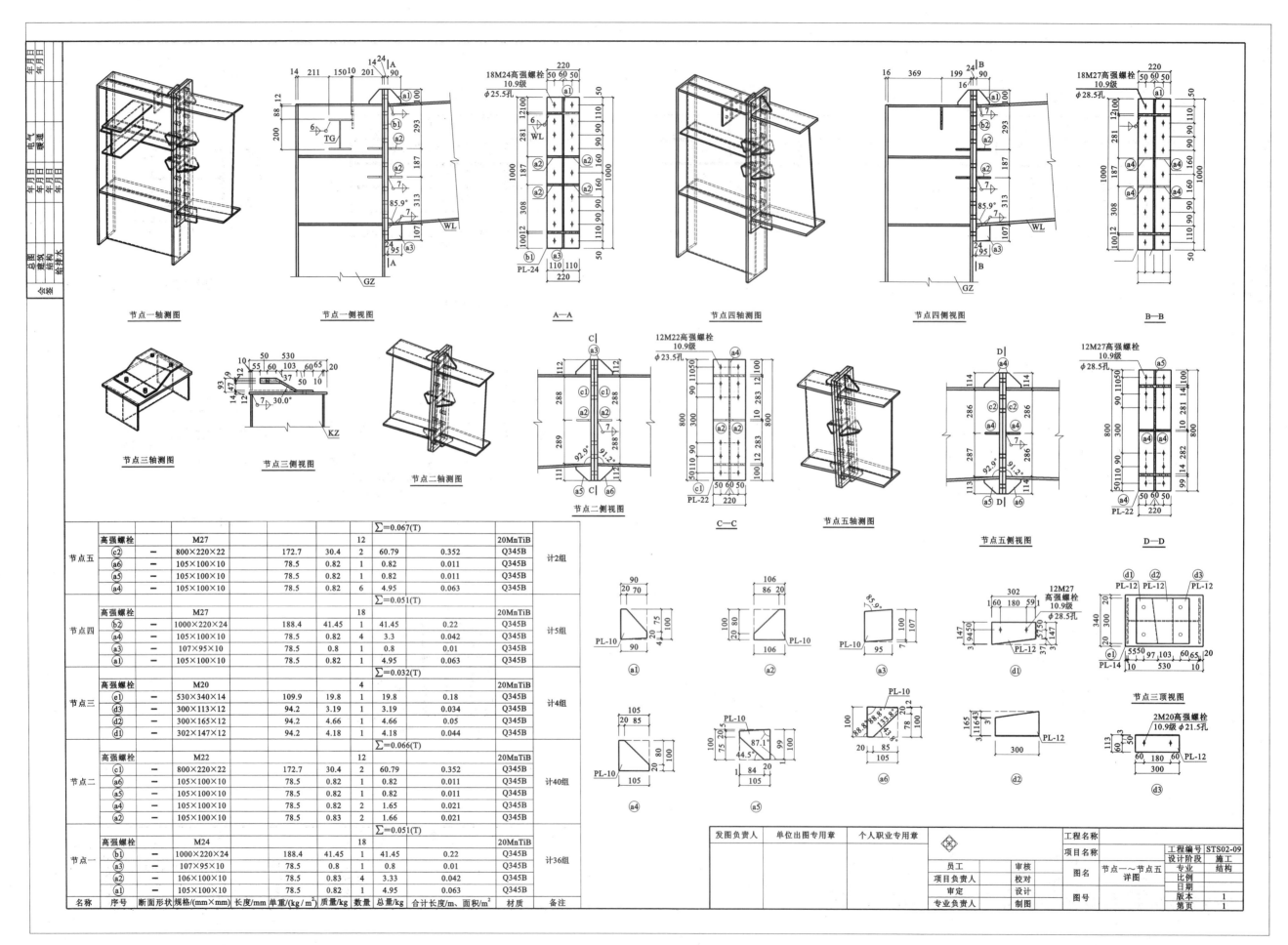

节点一轴测图　　节点一侧视图　　A—A　　节点四轴测图　　节点四侧视图　　B—B

节点三轴测图　　节点三侧视图　　节点二轴测图　　节点二侧视图　　C—C　　节点五轴测图　　节点五侧视图　　D—D

节点三顶视图

| 名称 | 序号 | 断面形状 | 规格/(mm×mm) | 长度/mm | 单重/(kg/m²) | 质量/kg | 数量 | 总量/kg | 合计长度/m、面积/m² | 材质 | 备注 |
|---|---|---|---|---|---|---|---|---|---|---|---|
| | 高强螺栓 | | M27 | | | | 12 | ∑=0.067(T) | | 20MnTiB | |
| 节点五 | c2 | — | 800×220×22 | 172.7 | 30.4 | 2 | 60.79 | 0.352 | Q345B | 计2组 |
| | a6 | — | 105×100×10 | 78.5 | 0.82 | 1 | 0.82 | 0.011 | Q345B | |
| | a5 | — | 105×100×10 | 78.5 | 0.82 | 1 | 0.82 | 0.011 | Q345B | |
| | a4 | — | 105×100×10 | 78.5 | 0.82 | 6 | 4.95 | 0.063 | Q345B | |
| | 高强螺栓 | | M27 | | | | 18 | ∑=0.051(T) | | 20MnTiB | |
| 节点四 | b2 | — | 1000×220×24 | 188.4 | 41.45 | 1 | 41.45 | 0.22 | Q345B | 计5组 |
| | a4 | — | 105×100×10 | 78.5 | 0.82 | 4 | 3.3 | 0.042 | Q345B | |
| | a3 | — | 107×95×10 | 78.5 | 0.8 | 1 | 0.8 | 0.01 | Q345B | |
| | a1 | — | 105×100×10 | 78.5 | 0.82 | 1 | 4.95 | 0.063 | Q345B | |
| | 高强螺栓 | | M20 | | | | 4 | ∑=0.032(T) | | 20MnTiB | |
| 节点三 | e1 | — | 530×340×14 | 109.9 | 19.8 | 1 | 19.8 | 0.18 | Q345B | 计4组 |
| | d3 | — | 300×113×12 | 94.2 | 3.19 | 1 | 3.19 | 0.034 | Q345B | |
| | d2 | — | 300×165×12 | 94.2 | 4.66 | 1 | 4.66 | 0.05 | Q345B | |
| | d1 | — | 302×147×12 | 94.2 | 4.18 | 1 | 4.18 | 0.044 | Q345B | |
| | 高强螺栓 | | M22 | | | | 12 | ∑=0.066(T) | | 20MnTiB | |
| 节点二 | c1 | — | 800×220×22 | 172.7 | 30.4 | 2 | 60.79 | 0.352 | Q345B | 计40组 |
| | a6 | — | 105×100×10 | 78.5 | 0.82 | 1 | 0.82 | 0.011 | Q345B | |
| | a5 | — | 105×100×10 | 78.5 | 0.82 | 1 | 0.82 | 0.011 | Q345B | |
| | a4 | — | 105×100×10 | 78.5 | 0.82 | 2 | 1.65 | 0.021 | Q345B | |
| | a2 | — | 105×100×10 | 78.5 | 0.83 | 2 | 1.66 | 0.021 | Q345B | |
| | 高强螺栓 | | M24 | | | | 18 | ∑=0.051(T) | | 20MnTiB | |
| 节点一 | b1 | — | 1000×220×24 | 188.4 | 41.45 | 1 | 41.45 | 0.22 | Q345B | 计36组 |
| | a3 | — | 107×95×10 | 78.5 | 0.8 | 1 | 0.8 | 0.01 | Q345B | |
| | a2 | — | 106×100×10 | 78.5 | 0.83 | 4 | 3.33 | 0.042 | Q345B | |
| | a1 | — | 105×100×10 | 78.5 | 0.82 | 1 | 4.95 | 0.063 | Q345B | |

工程名称
项目名称
工程编号 STS02-09
设计阶段 施工
专业 结构
比例
日期
图号
版本 1
第页 1
图名 节点一~节点五详图

发图负责人　单位出图专用章　个人职业专用章
员工　审核
项目负责人　校对
审定　设计
专业负责人　制图

图 3-15　刚架梁节点详图

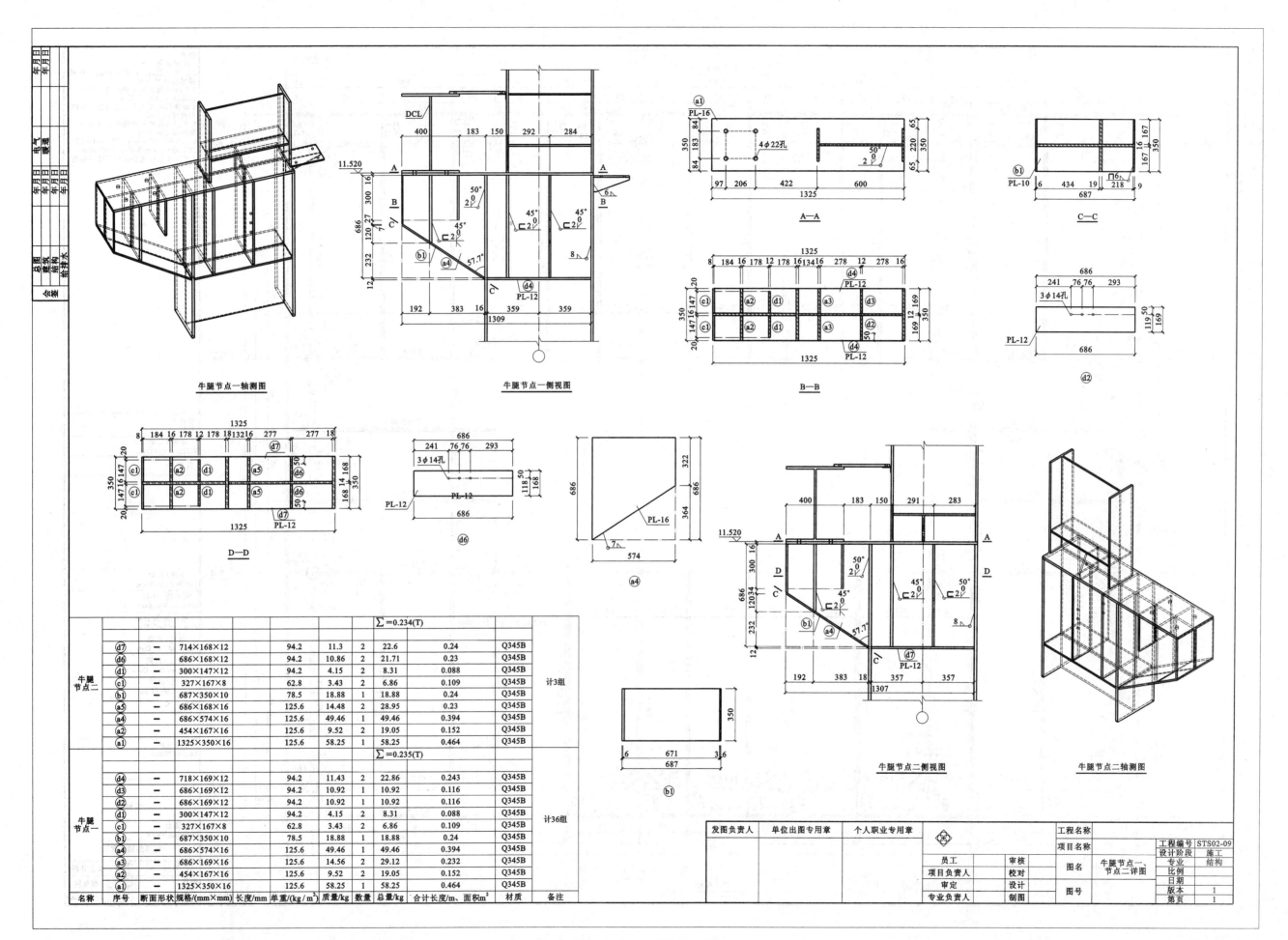

牛腿节点一轴测图

牛腿节点一侧视图

A—A

C—C

B—B

D—D

牛腿节点二侧视图

牛腿节点二轴测图

| 名称 | 序号 | 断面形状 | 规格/(mm×mm) | 长度/mm | 单重(kg/㎡) | 质量/kg | 数量 | 总量/kg | 合计长度/m、面积㎡ | 材质 | 备注 |
|---|---|---|---|---|---|---|---|---|---|---|---|
| | | | | | ∑=0.234(T) | | | | | | |
| 牛腿节点二 | d7 | — | 714×168×12 | 94.2 | 11.3 | 2 | 22.6 | 0.24 | Q345B | |
| | d6 | — | 686×168×12 | 94.2 | 10.86 | 2 | 21.71 | 0.23 | Q345B | |
| | d1 | — | 300×147×12 | 94.2 | 4.15 | 2 | 8.31 | 0.088 | Q345B | |
| | c1 | — | 327×167×8 | 62.8 | 3.43 | 2 | 6.86 | 0.109 | Q345B | 计3组 |
| | b1 | — | 687×350×10 | 78.5 | 18.88 | 1 | 18.88 | 0.24 | Q345B | |
| | a5 | — | 686×168×16 | 125.6 | 14.48 | 2 | 28.95 | 0.23 | Q345B | |
| | a4 | — | 686×574×16 | 125.6 | 49.46 | 1 | 49.46 | 0.394 | Q345B | |
| | a2 | — | 454×167×16 | 125.6 | 9.52 | 2 | 19.05 | 0.152 | Q345B | |
| | a1 | — | 1325×350×16 | 125.6 | 58.25 | 1 | 58.25 | 0.464 | Q345B | |
| | | | | | ∑=0.235(T) | | | | | | |
| 牛腿节点一 | d4 | — | 718×169×12 | 94.2 | 11.43 | 2 | 22.86 | 0.243 | Q345B | |
| | d3 | — | 686×169×12 | 94.2 | 10.92 | 1 | 10.92 | 0.116 | Q345B | |
| | d2 | — | 686×169×12 | 94.2 | 10.92 | 1 | 10.92 | 0.116 | Q345B | |
| | d1 | — | 300×147×12 | 94.2 | 4.15 | 2 | 8.31 | 0.088 | Q345B | |
| | c1 | — | 327×167×8 | 62.8 | 3.43 | 2 | 6.86 | 0.109 | Q345B | 计36组 |
| | b1 | — | 687×350×10 | 78.5 | 18.88 | 1 | 18.88 | 0.24 | Q345B | |
| | a4 | — | 686×574×16 | 125.6 | 49.46 | 1 | 49.46 | 0.394 | Q345B | |
| | a3 | — | 686×169×16 | 125.6 | 14.56 | 2 | 29.12 | 0.232 | Q345B | |
| | a2 | — | 454×167×16 | 125.6 | 9.52 | 2 | 19.05 | 0.152 | Q345B | |
| | a1 | — | 1325×350×16 | 125.6 | 58.25 | 1 | 58.25 | 0.464 | Q345B | |

| 发图负责人 | 单位出图专用章 | 个人职业专用章 | ◆ | | 工程名称 | |
|---|---|---|---|---|---|---|
| | | | | | 项目名称 | 工程编号 STS02-09 |
| 员工 | | 审核 | | | | 设计阶段 施工 |
| 项目负责人 | | 校对 | | 图名 | 牛腿节点一、节点二详图 | 专业 结构 |
| | | | | | | 比例 |
| 审定 | | 设计 | | | | 日期 |
| 专业负责人 | | 制图 | | 图号 | | 版本 1 |
| | | | | | | 第页 1 |

图 3-16　刚架柱牛腿节点详图

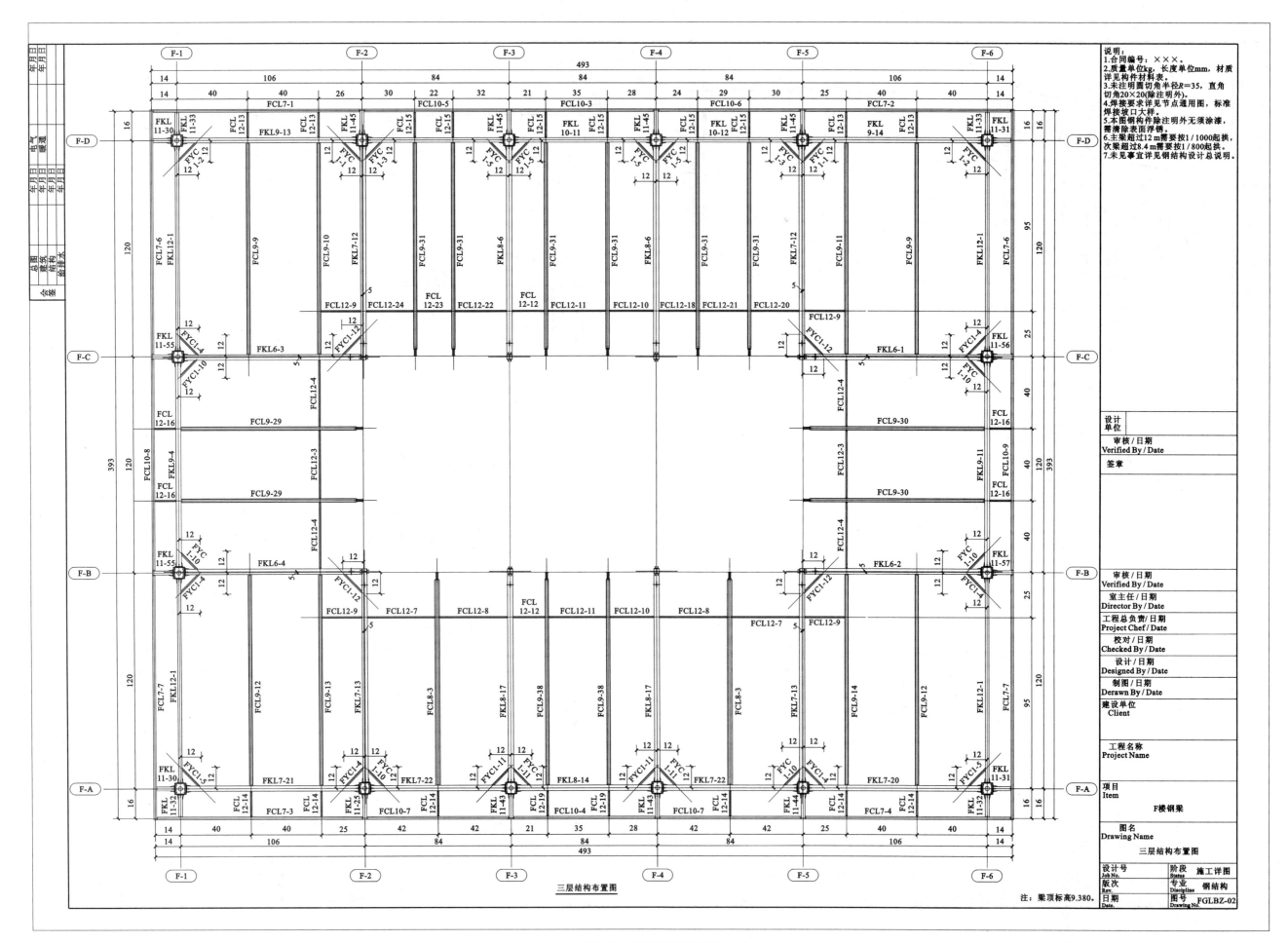

图 3-17　结构平面布置详图

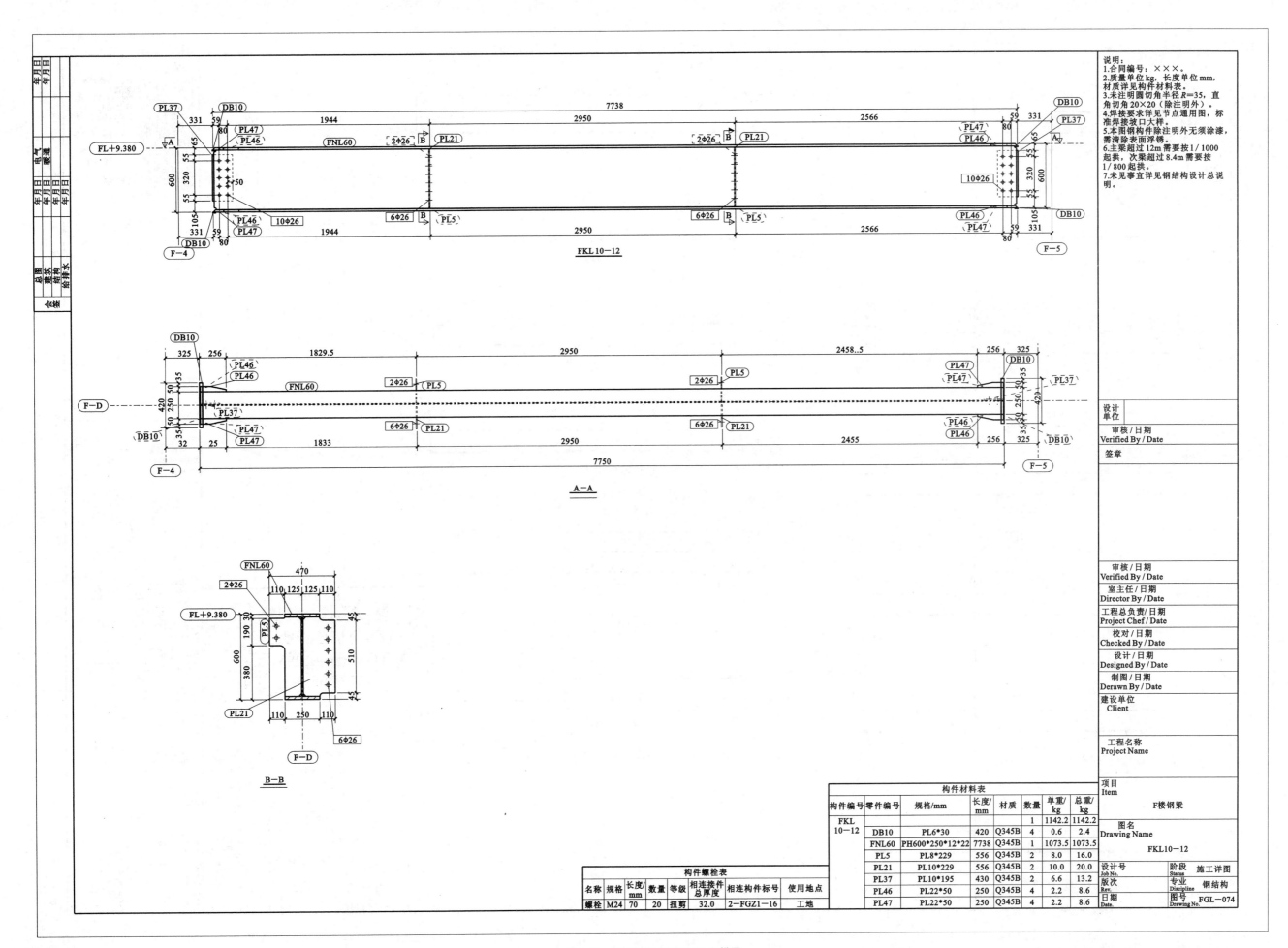

图 3-18　钢框架梁 FKL10-12 翻样图

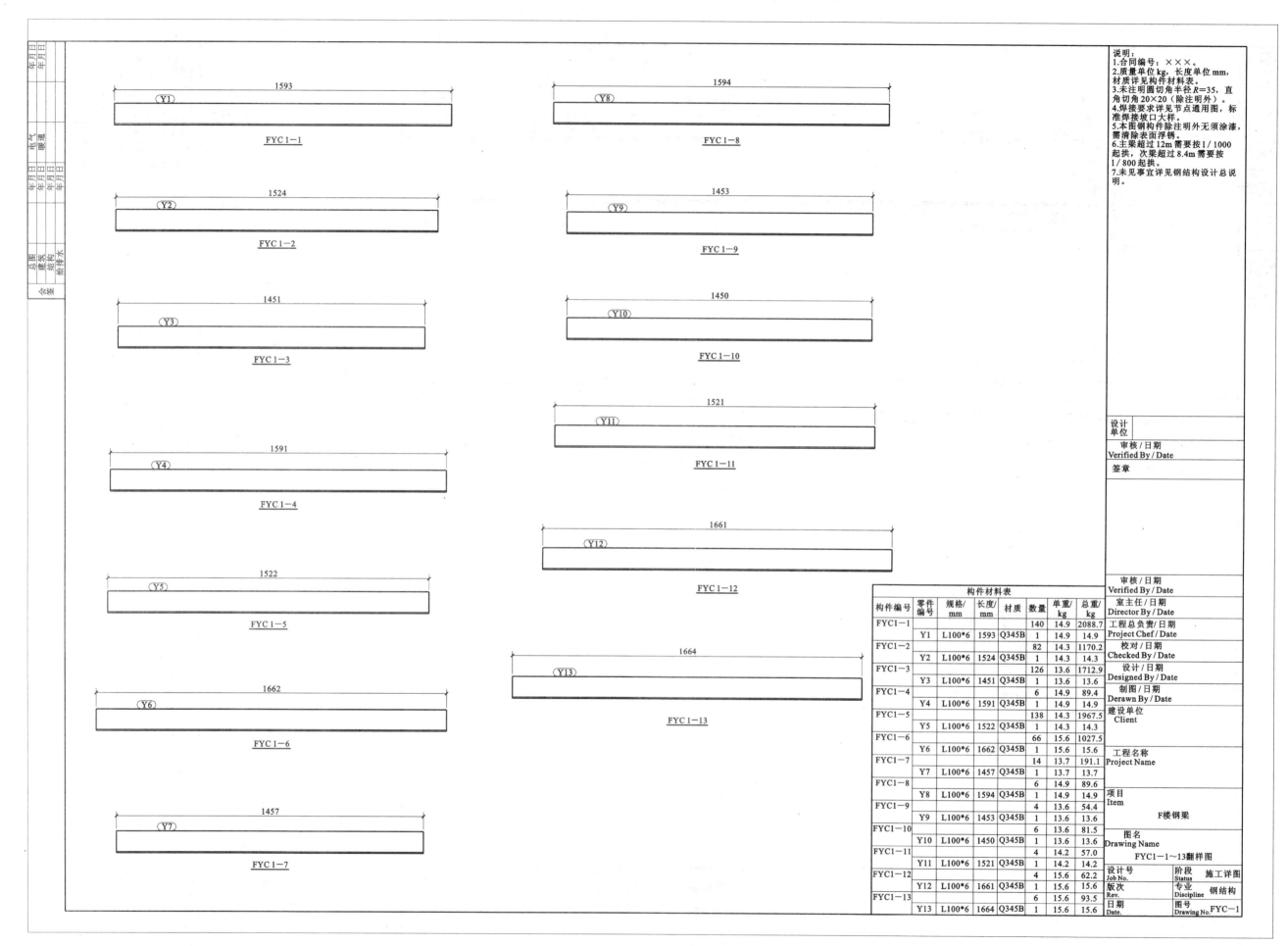

图 3-19　FYC 翻样图

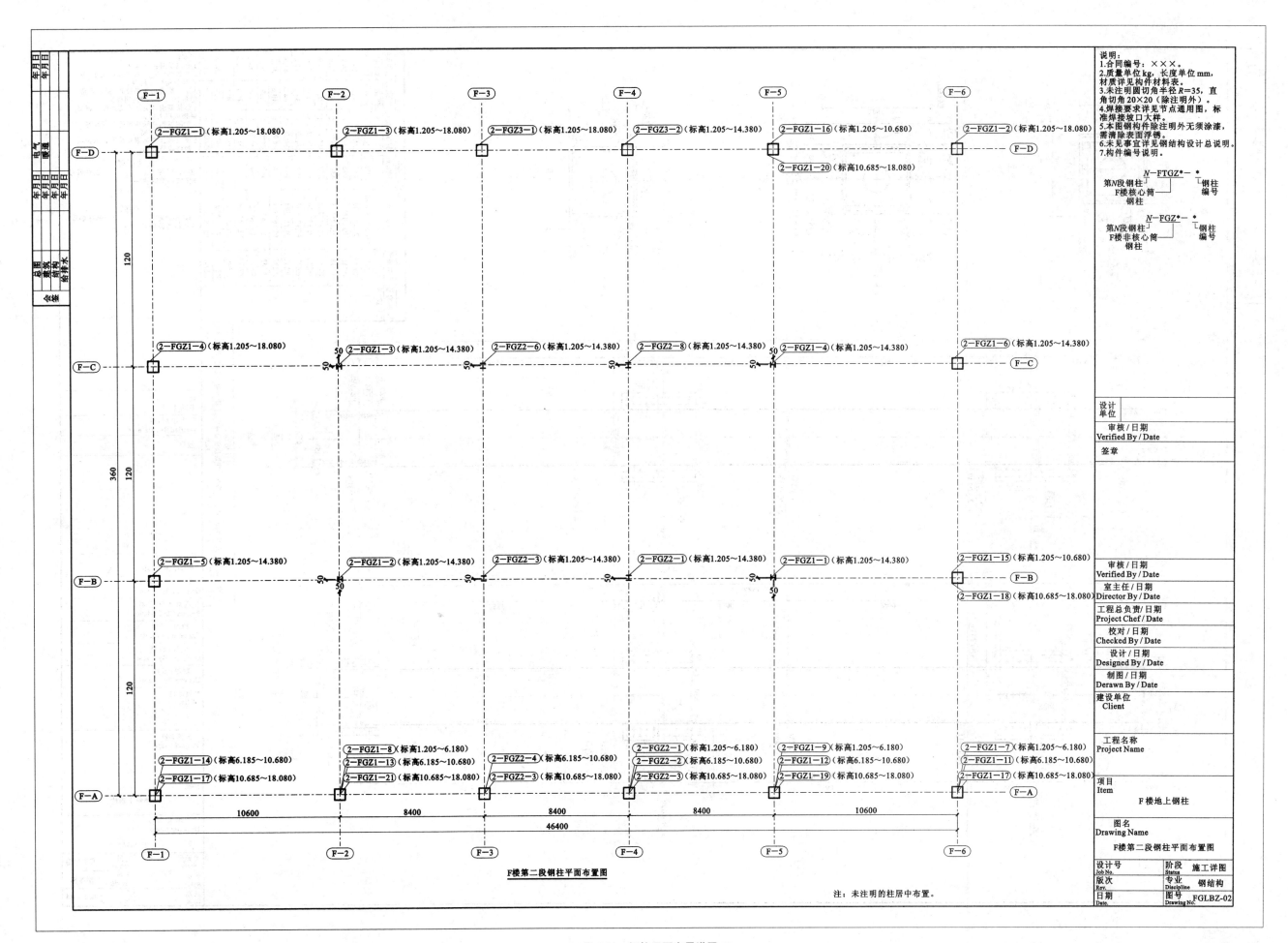

图 3-20 钢柱平面布置详图

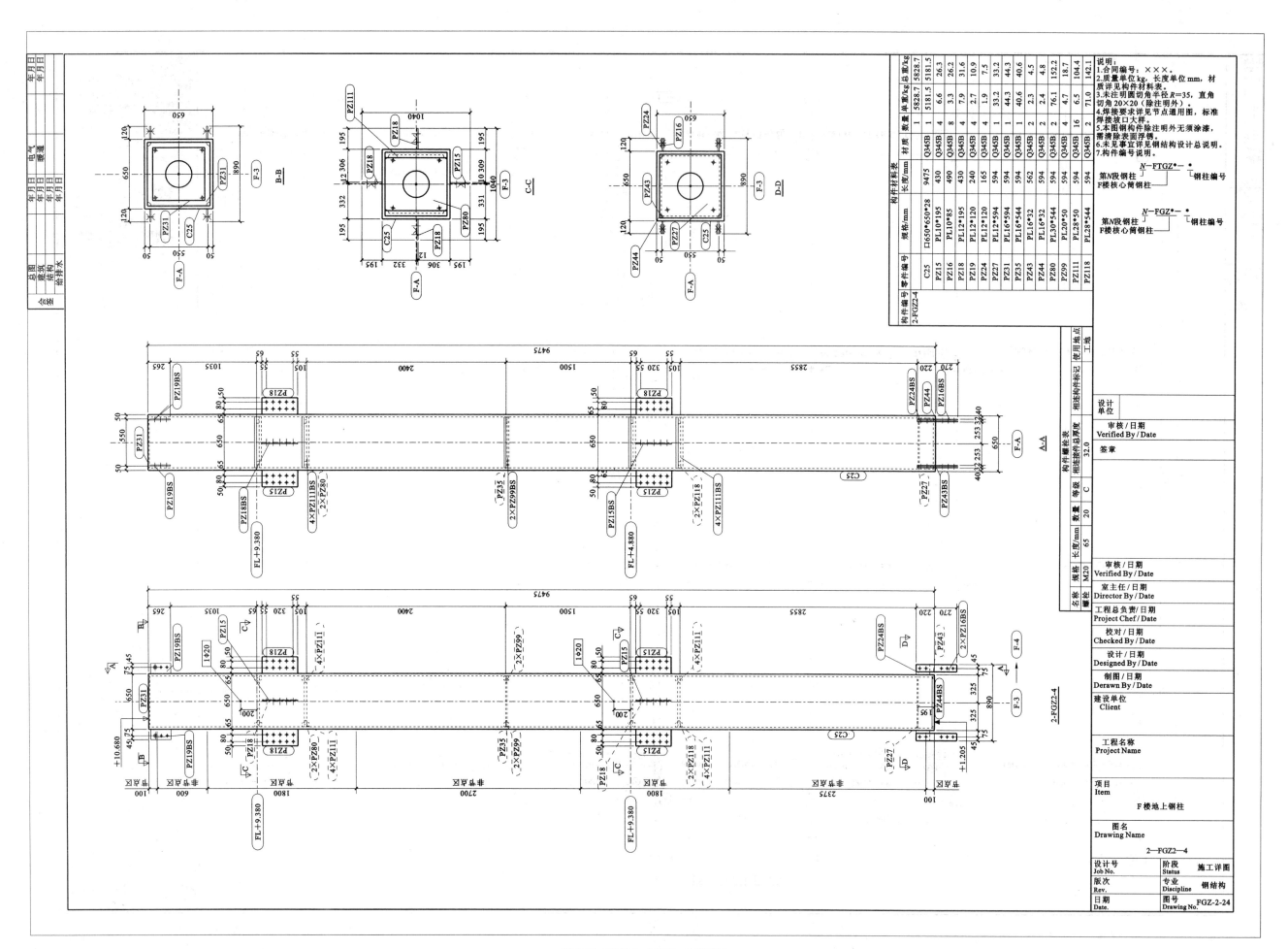

图 3-21 钢柱 2—FGZ2—4 翻样图

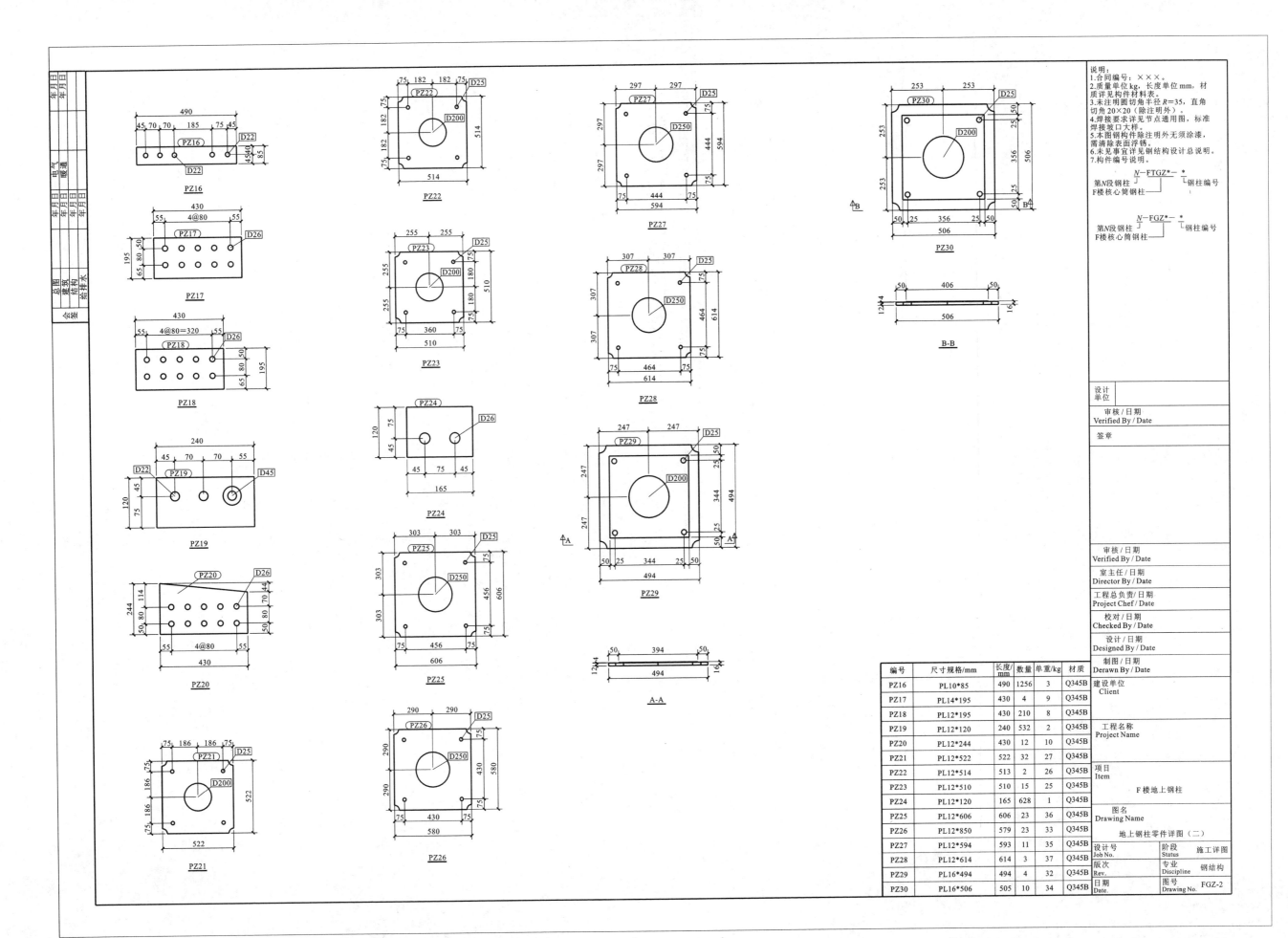

图 3-22　钢柱零件详图